国家示范性（骨干）高职院校建设项目成果
高等职业教育教学改革系列精品教材

工程力学应用

（静力学、材料力学）

辛　岚　张夕琴　主　编

黄晓萍　副主编

電子工業出版社
Publishing House of Electronics Industry
北京 • BEIJING

内 容 简 介

本书是根据高职高专院校工科类教学标准，针对高职高专机械类、建筑类及相关专业“工程力学”课程特点编写的。

全书由基础篇、拓展篇和应用篇组成。基础篇主要包括静力学和材料力学，拓展篇的内容适用于参加力学竞赛和对力学兴趣浓厚的学生进一步提高，应用篇为部分“全国高职高专大学生基础力学邀请赛”真题及答案。本书所涵盖的内容以“必需、够用”为度，重点培养学生分析问题和解决实际问题的能力。

本书不仅适合高职高专、应用型本科学生使用，也可供成人高校有关师生及参加竞赛的同学参考使用。

图书在版编目（CIP）数据

工程力学应用. 静力学、材料力学 / 辛岚，张夕琴主编. —北京：电子工业出版社，2017.7
ISBN 978-7-121-31643-2

Ⅰ. ①工… Ⅱ. ①辛… ②张… Ⅲ. ①工程力学－高等学校－教材②静力学－高等学校－教材③材料力学－高等学校－教材 Ⅳ. ①TB12②O312③TB301

中国版本图书馆 CIP 数据核字（2017）第 118963 号

策划编辑：王艳萍
责任编辑：王艳萍
印　　刷：北京捷迅佳彩印刷有限公司
装　　订：北京捷迅佳彩印刷有限公司
出版发行：电子工业出版社
　　　　　北京市海淀区万寿路 173 信箱　邮编 100036
开　　本：787×1 092　1/16　印张：12.5　字数：320 千字
版　　次：2017 年 7 月第 1 版
印　　次：2024 年 8 月第 7 次印刷
定　　价：31.00 元

凡所购买电子工业出版社图书有缺损问题，请向购买书店调换。若书店售缺，请与本社发行部联系，联系及邮购电话：（010）88254888，88258888。

质量投诉请发邮件至 zlts@phei.com.cn，盗版侵权举报请发邮件至 dbqq@phei.com.cn。

本书咨询联系方式：（010）88254574，wangyp@phei.com.cn。

前　言

本书根据高职高专院校工科类教学标准编写，内容以“必需、够用”为度，是编者在教学过程中所积累的经验总结和近年来的教学改革成果。全书由基础篇、拓展篇和应用篇三部分内容组成。全书内容由浅入深，循序渐进，符合学生的认知规律。基础篇适用于48～56课时的基本教学；拓展篇的内容根据“全国高职高专大学生基础力学邀请赛”（即江苏省大学生“高职组”力学竞赛，中国力学学会教育工作委员会主办）的考纲编写，适用于参加力学竞赛和对力学兴趣浓厚的学生进一步提高；应用篇则是部分“全国高职高专大学生基础力学邀请赛”的真题，适用于学生竞赛前的实战演练或对知识学习的检验。

本书主要有以下特点：

（1）本书在编写过程中力求针对高职高专院校力学课程教学的特点，基础篇部分以项目形式编写，体现任务驱动的教学理念。为避免项目教材中理论知识系统性的欠缺，在每个项目前编绘了知识分布网络图，使读者对该项目涵盖的知识脉络一目了然。

（2）本书在编写过程中紧密结合工程实践，突出工程观念的培养和力学在工程实际中的应用；力求概念清楚，重点突出，叙述简明，易学易懂，在兼顾理论严密性的同时，重点培养学生分析问题和解决实际问题的能力。

（3）本书内容简洁实用，删除了繁杂的理论推导，注重实用性，便于培养学生理论联系实际的能力。为便于学生复习掌握每章节的基本知识和基本技能，培养分析问题和解决问题的能力，本书每个项目后面都进行了内容小结，并给出了一定的练习题，不同专业学生可以根据具体情况选用。

（4）本书为11个重点、难点知识点配备了微课，可通过扫描二维码的方式进行学习。

全书由常州机电职业技术学院辛岚、张夕琴担任主编，南京机电职业技术学院黄晓萍担任副主编。辛岚负责编写基础篇中项目1的1.1、1.2，项目3，项目4的4.1及拓展篇；张夕琴负责编写基础篇中项目1的1.3，项目4的4.2、4.3，黄晓萍负责编写项目2、应用篇及附录A，感谢张吉玲、陈秀珍、孙立芸等在编写中给予的支持与帮助。全书由辛岚统稿并制作了微课。

本书配有免费的电子教学课件和习题答案，请有需要的教师登录华信教育资源网（www.hxedu.com.cn）免费注册后下载，如果有问题请在网站留言或与作者联系（E-mail: 602596671@qq.com）。由于编者水平有限，书中难免会有疏漏之处，恳请各位同行和广大读者批评指正。

编　者

目　录

一　基础篇

二 拓展篇

三 应用篇

一 基 础 篇

项目 1 吊装减速器绳索的受力分析

知识分布网络图

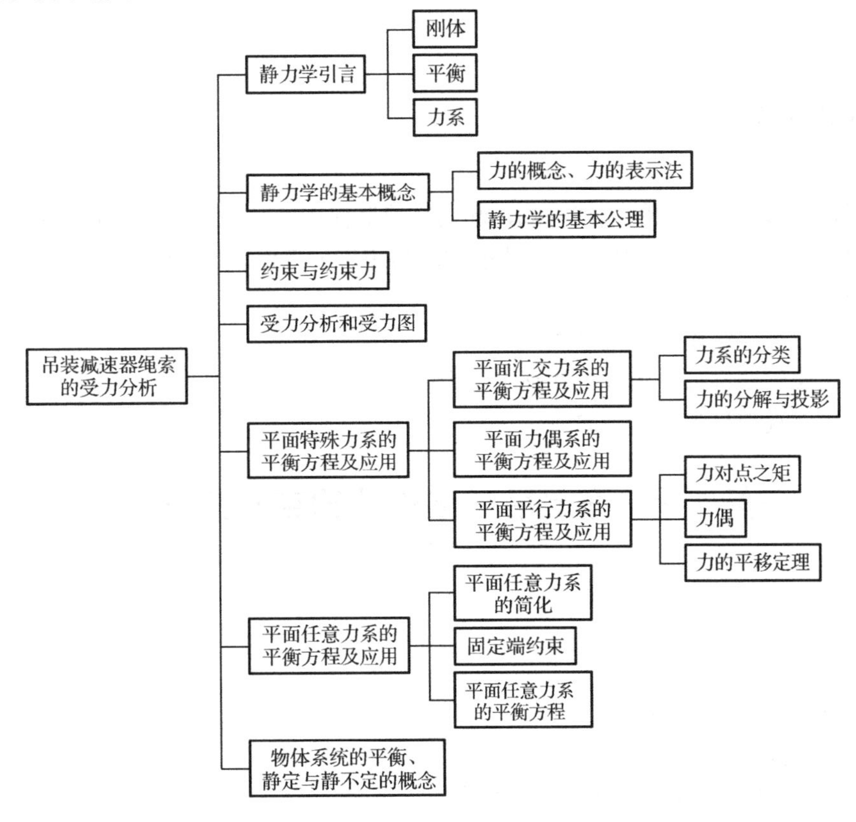

学习目标

1. 了解约束的种类及其特点；
2. 掌握受力分析，会画受力图；
3. 能将简单的工程问题抽象为力学问题进行分析。

学习任务

永进机械厂设计处接到任务，要对一台减速器的吊装及其关键组件进行检测。根据分工，设计一室需对图 1-1-1 所示吊装结构的受力情况进行分析检测。

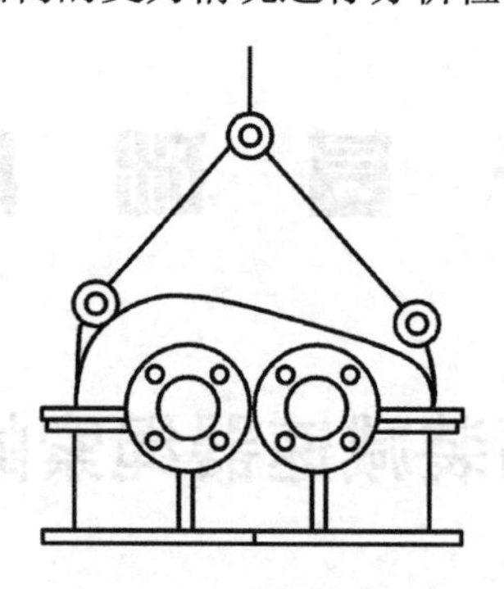

图 1-1-1　减速器的吊装

通过对吊装减速器结构的观察可知，起吊减速器使用的是金属链条。起吊后，链条需要承受因减速器重量所产生的力的作用，才能成功实施吊装工作。此工作过程属于静力学范畴。

经研究，工作过程如下：

（1）确定该吊装结构的约束形式；

（2）对吊装结构进行受力分析并画出受力图；

（3）校核此次起吊工作能否完成。

任务 1.1　确定吊装结构的约束形式与受力

1. 能区分不同约束形式；
2. 掌握各种约束力的特点；
3. 进行吊装结构的受力分析，给出结论。

任务呈现：如图 1-1-1 所示实施起吊减速器工作，试确定吊装结构的约束形式。

链条对减速器的约束力作用在链条与箱盖的接触点上，方向沿链条的中心线，其指向背

离受力体。此约束形式属于柔索约束。

1.1.1 静力学引言

工程静力学研究的是刚体在力系作用下的平衡规律。它包括确定研究对象、进行受力分析、简化力系、建立平衡条件及求解未知量等内容。

1. 刚体

所谓刚体，就是在力的作用下大小和形状都不变的物体。刚体是静力学中对物体进行分析简化得到的力学模型，是一种理想化的模型。

2. 平衡

所谓平衡，是指物体保持静止或做匀速直线运动的状态，是物体各种运动状态中的特殊情形，是相对的。

3. 力系

力系是指作用在物体上的一群力。如果力系可使物体处于平衡状态，则称这个力系为平衡力系；两个效应相等的力系称为等效力系；若一个力与一个力系等效，则该力称为力系的合力，力系中的每个力就称为力系的分力。

1.1.2 静力学的基本概念

1. 力的概念

力的概念来自于实践，人们在劳动或日常生活中推、拉、提、举物体时，肌肉有紧张感，逐渐产生了对力的感性认识。大量的感性认识经过科学的抽象，并加以概括，形成了力的概念。力是物体之间的相互机械作用。这种作用对物体产生两种效应，即引起物体机械运动状态的变化或使物体产生变形。前者称为力的外效应或运动效应，是静力学和运动力学研究的内容；后者称为力的内效应或变形效应，属于材料力学的研究范围。

力的作用离不开物体，因此谈到力时，必须指明相互作用的两个物体，并且要根据研究对象的不同来明确受力体和施力体。

实践证明，力对物体的作用效应取决于力的大小、方向和作用点，这三个因素称为力的三要素。当这三个要素中有任何一个改变时，力的作用效应也将改变。

为了表示力的大小，必须确定力的单位。本书采用国际单位制（SI），以“牛顿”作为力的单位，记做“N”；有时也以“千牛顿”作为单位，记做“kN”。

2. 力的表示法

力是一种有大小和方向的量，又满足平行四边形计算法则，所以力是矢量（简称力矢）。如图1-1-2所示，力常用一带箭头的线段表示，线段长度 AB 按一定比例表示力的大小；线段的方位和箭头的指向表示力的方向；线段的起点（或终点）表示力的作用点；与线段重合的直线称为力的作用线。本书中，矢量用黑体字母表示，如 $\boldsymbol{F}$；力的大小是标量，用一般字母表示，如 F。

3. 静力学的基本公理

『公理 1』二力平衡公理

刚体上仅受两力作用而平衡的必要与充分条件：此两力必须等值、反向、共线，即 $\boldsymbol{F}_1=-\boldsymbol{F}_2$，如图 1-1-3 所示。这一性质揭示了作用于刚体上最简单的力系平衡时所必须满足的条件。工程上常将只受两个力作用而平衡的构件称为二力构件。根据公理 1，二力构件上的两力必沿两力作用点的连线，且等值、反向。

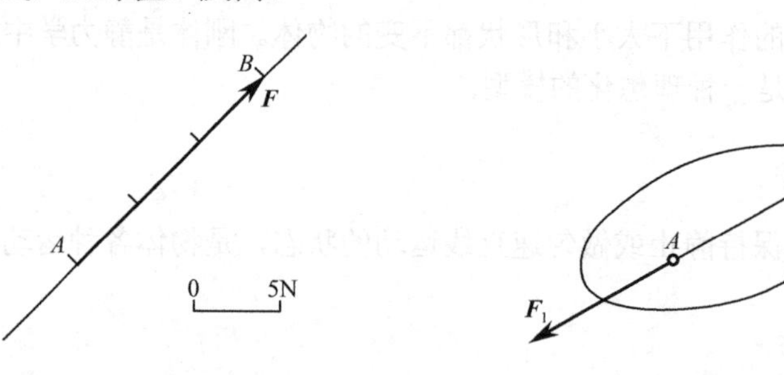

图 1-1-2　力的表示形式　　图 1-1-3　二力平衡公理

『公理 2』加减平衡力系公理

在已知力系上，加上或减去任一平衡力系，并不改变原力系对刚体的作用效应。

推论 1　力的可传性：作用在刚体上的某力可沿其作用线移动到该刚体上任一点而不改变此力对刚体的作用效应。

证明：设力 $\boldsymbol{F}$ 作用于刚体上的 A 点，如图 1-1-4（a）所示，在其作用线上任取一点 B，并在 B 点处添加一对平衡力 $\boldsymbol{F}_1$ 和 $\boldsymbol{F}_2$，使 $\boldsymbol{F}$、$\boldsymbol{F}_1$、$\boldsymbol{F}_2$ 共线，且 $\boldsymbol{F}_2=-\boldsymbol{F}_1=\boldsymbol{F}$，如图 1-1-4（b）所示。根据公理 2，将 $\boldsymbol{F}$、$\boldsymbol{F}_1$ 所组成的平衡力系去掉，刚体上仅剩下 $\boldsymbol{F}_2$，且 $\boldsymbol{F}_2=\boldsymbol{F}$，如图 1-1-4（c）所示，由此得证。

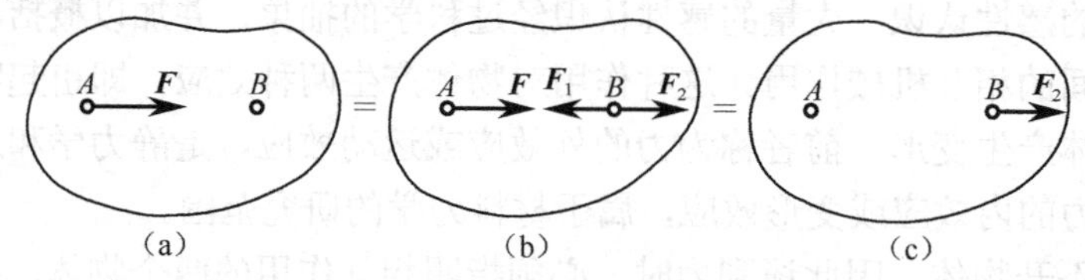

图 1-1-4　力的可传性

力的可传性说明，对刚体而言，力是滑移矢量，它可沿其作用线滑移至刚体上的任一位置。需要指出的是，此原理只适用于刚体而不适用于变形体。

『公理 3』力的平行四边形法则

作用于物体上同一点的两个力，可以合成为一个合力。合力的作用点仍在原作用点，且合力的大小和方向可用这两个力为邻边所作的平行四边形的对角线来确定。

该公理说明，力矢可按平行四边形法则进行合成与分解，如图 1-1-5 所示，合力矢量 $\boldsymbol{F}_{\mathrm{R}}$ 与分力矢量 $\boldsymbol{F}_1$、$\boldsymbol{F}_2$ 间的关系符合矢量运算法则，为

$$\boldsymbol{F}_{\mathrm{R}}=\boldsymbol{F}_1+\boldsymbol{F}_2$$

即合力等于两分力的矢量和。

在工程中常利用平行四边形法则将一力沿两个规定方向分解，使力的作用效应更加突出。例如，在进行直齿圆柱齿轮的受力分析时，常将齿面的法向正压力 $\boldsymbol{F}_{\mathrm{n}}$ 分解为沿齿轮分度圆圆

周切线方向的分力 F_t 和指向轴心的压力 F_r，如图 1-1-6 所示。F_t 称为圆周力或切向力，作用是推动齿轮绕轴转动；F_r 称为径向力，该力对支承齿轮的轴有影响。

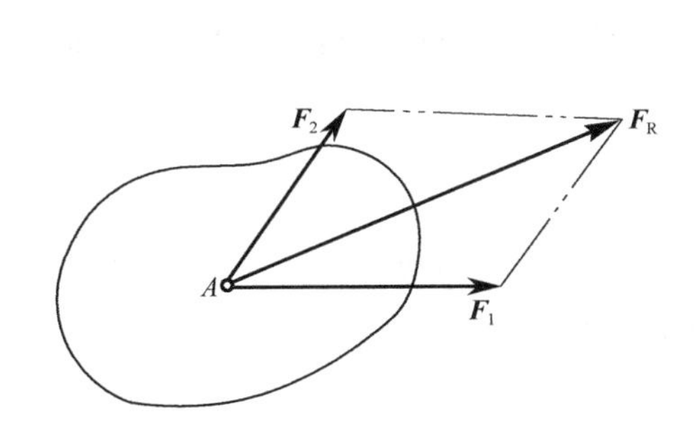

图 1-1-5　力的平行四边形法则

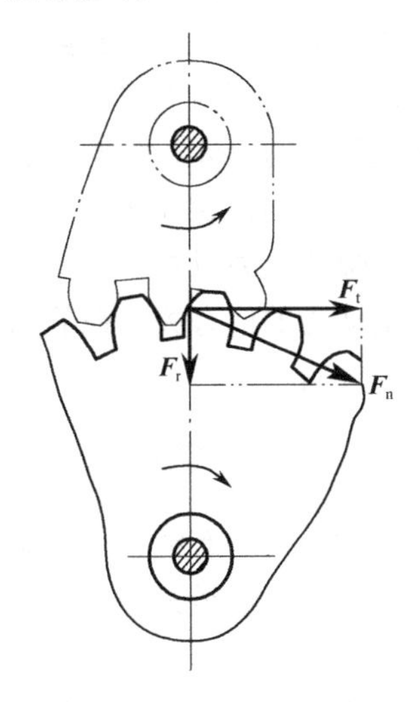

图 1-1-6　直齿圆柱齿轮受力分析

推论 2　三力平衡汇交定理：刚体受三个共面但互不平行的力作用而平衡时，三力必汇交于一点。

证明：设刚体上 A_1、A_2、A_3 三点受共面且平衡的三力 F_1、F_2、F_3 作用，如图 1-1-7 所示，根据力的可传性将 F_1、F_2 移到其作用线交点 B，并根据公理 3 将其合成为 F_R，则刚体上仅有 F_3 和 F_R 作用。根据公理 1，F_3 和 F_R 必在同一直线上，所以 F_3 一定通过点 B，于是得证 F_1、F_2、F_3 均通过点 B。

此推论说明了不平行的三力平衡的必要条件，当两个力的作用线相交时，可用来确定第三个力的作用线的方位。

『公理 4』作用与反作用定律

两物体间相互作用的力总是同时存在的，并且两力等值、反向、共线，分别作用于两个物体。这两个力互为作用与反作用的关系。

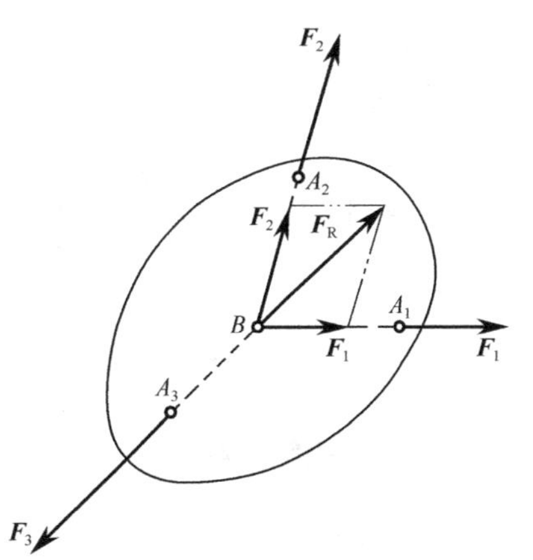

图 1-1-7　三力平衡汇交定理

此公理概括了自然界中物体间相互作用的关系，表明一切力总是成对出现的，揭示了力的存在形式和力在物体间的传递方式。

1.1.3　约束与约束力

自然界中，运动的物体可分为两类：一类为自由体；一类为非自由体。如空中的飞鸟、水中的游鱼、运行的炮弹等，它们的位置和运动没有受到任何限制，这样的物体称做自由体。如果物体的位置和运动受到某些限制，如火车车轮受到铁轨的限制，它们只能沿铁轨运动；又如电机转子受轴承限制，只能做定轴转动；再如用绳索悬挂的重物，受绳索限制不能下落等。以上这些物体（车轮、电机转子、重物等）均称为非自由体，工程中所遇到的物体，大部分是非自由体。

对于非自由体来说，限制物体的位置和运动的条件称做物体所受的约束。实现这些约束条件的物体称为约束体，受到约束条件限制的物体称做被约束体。如火车车轮被限制只能沿铁轨运动，这一限制条件称做车轮所受的约束。实现这种约束的铁轨称为约束体，而受到限制的车轮称为被约束体。按照习惯，今后我们把约束体简称为约束，将被约束体简称为物体。

约束对物体的位置和运动进行限制时产生了力的作用。这里，把约束对物体的作用力称为约束力。除约束力以外，其他如重力、推力等，统称为主动力。约束力的大小往往是未知的，它与主动力的值有关，在静力学中将通过刚体的平衡条件求得。约束力的方向与物体被限制的运动方向相反。

1. 柔索（绳索、链条、带等）约束

属于这类约束的有绳索、链条和带等。柔索本身只能承受拉力，不能承受压力。其约束特点是限制物体沿着柔索伸长方向的运动，因此它只能给物体提供拉力，这类约束的约束力常用符号 $\boldsymbol{F}_T$ 表示。

如图 1-1-8（a）所示，起吊一减速箱箱盖，链条对箱盖的约束力作用在链条与箱盖的接触点上，方向沿着链条的中心线，其指向背离受力体，如图 1-1-8（b）所示。当链条或皮带绕过轮子时，约束力沿轮缘的切线方向，如图 1-1-9 所示。

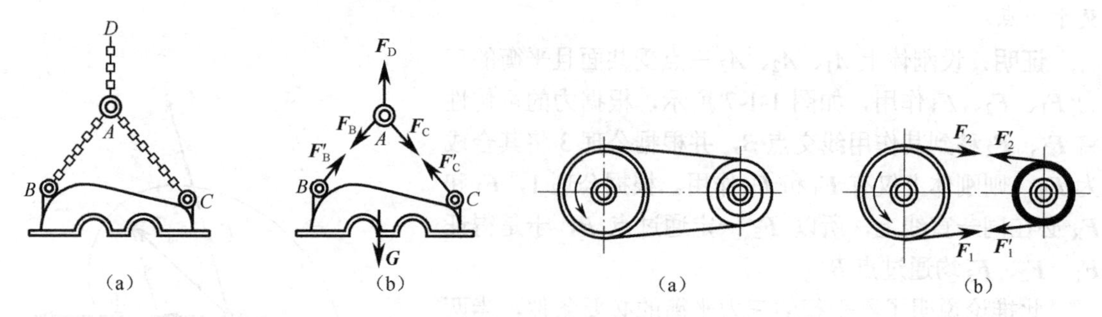

图 1-1-8　链条受力分析　　图 1-1-9　皮带受力分析

2. 光滑接触面约束

当物体之间以点、线、面形式接触时，可以认为是光滑接触面约束（接触处摩擦力很小，可以略去不计）。这种约束不限制物体沿约束面的切向位移，只阻止物体沿接触面公法线向约束体内运动。因此，光滑接触面对物体的约束力，是沿接触点的公法线并指向被约束物体的，这类约束的约束力简称为法向压力，常用 $\boldsymbol{F}_N$ 表示，如图 1-1-10 所示。

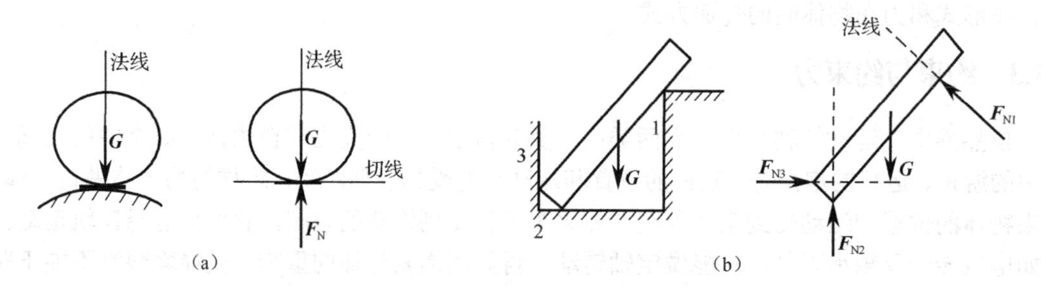

图 1-1-10　光滑接触面受力分析

3. 圆柱形铰链约束

工程中，常将两个物体用圆柱形销钉连接起来。受约束的两个物体都只能绕销钉轴线转动，销钉对被连接的物体沿垂直于销钉轴线方向的移动形成约束，这类约束称为圆柱形铰链约束。一般根据被连接物体的形状、位置及作用，可分为以下几种形式。

（1）中间铰约束

如图 1-1-11（a）所示，1、2 分别是带圆孔的两个物体，将圆柱销穿入物体 1 和 2 的圆孔中，便构成中间铰，如图 1-1-11（b）所示，简图如图 1-1-11（c）表示。

由于销与物体的圆孔表面都是光滑的，两者之间总有缝隙，产生局部接触，本质上属于光滑接触面约束，故销对物体的约束力应通过物体圆孔中心。但由于接触点不确定，则中间铰对物体的约束力的特点为作用线通过销钉中心，垂直于销轴线，方向不定，可表示为图 1-1-11（d）中单个力 $\boldsymbol{F}_{\mathrm{R}}$ 和未知角 α 或两个正交分力 $\boldsymbol{F}_{\mathrm{R}x}$、$\boldsymbol{F}_{\mathrm{R}y}$。$\boldsymbol{F}_{\mathrm{R}}$ 与 $\boldsymbol{F}_{\mathrm{R}x}$、$\boldsymbol{F}_{\mathrm{R}y}$ 为合力与分力的关系。

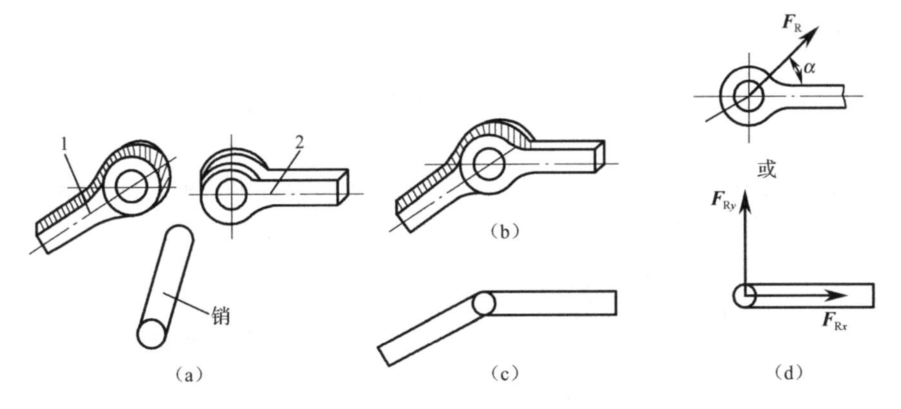

图 1-1-11　中间铰约束形式

（2）固定铰链支座约束

如图 1-1-12（a）所示，将中间铰结构中物体 1 换成支座，且与基础固定在一起，则构成固定铰链支座约束，符号如图 1-1-12（b）所示。约束力的特点与中间铰相同，如图 1-1-12（c）所示。

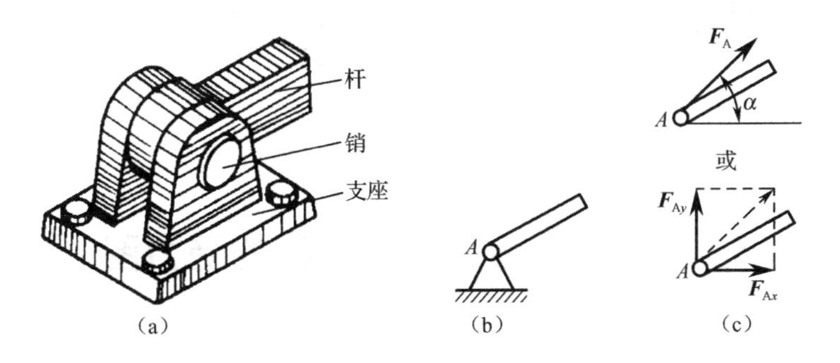

图 1-1-12　固定铰链支座约束

（3）活动铰链支座约束

将固定铰链支座底部安放若干滚子，并与支承面接触，则构成活动铰链支座，又称辊轴支座，如图 1-1-13（a）所示。这类支座常见于桥梁、屋架等结构中，通常用简图 1-1-13（b）

表示。活动铰链支座只能限制构件沿支承面垂直方向的移动，不能阻止物体沿支承面的运动或绕销钉轴线的转动。因此活动铰链支座的约束力通过销钉中心，垂直于支承面，如图 1-1-13（c）所示。

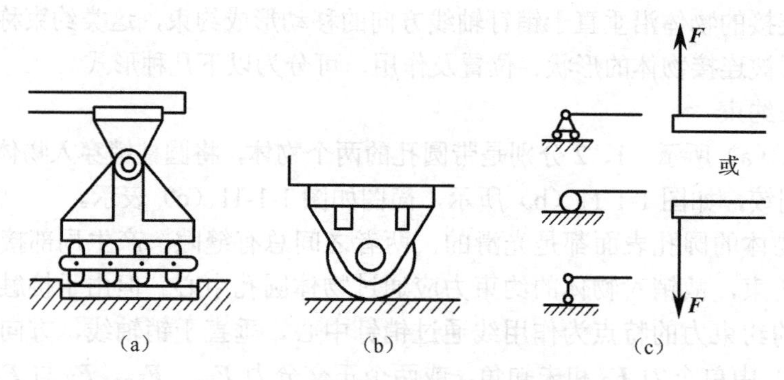

图 1-1-13　活动铰链支座

4. 二力杆约束

不计自重，两端均用铰链的方式与周围物体相连接，且不受其他外力作用的杆件，称为二力构件，简称二力杆。

根据二力平衡条件，二力杆的约束力必沿杆件两端铰链中心的连线，指向不定。如图 1-1-14（a）中的构件 *CB*、图 1-1-14（b）中的杆 *DC* 均为二力杆。

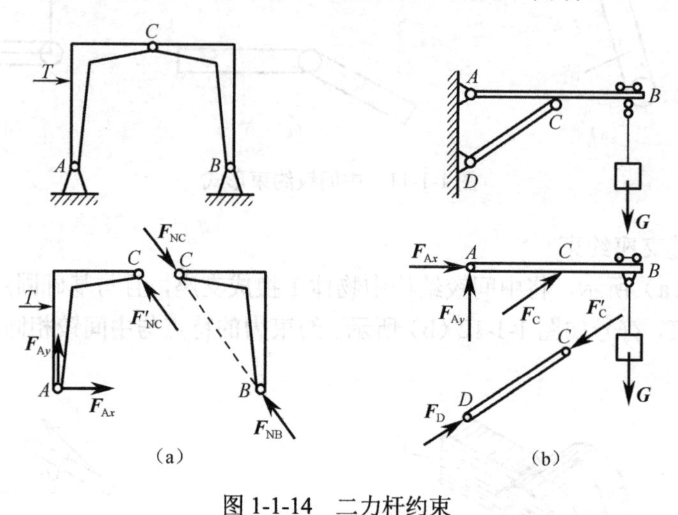

图 1-1-14　二力杆约束

任务 1.2　绘制吊装结构的受力图

学习目标

1．对单个物体与物系进行受力分析；
2．会画受力图。

学习任务

设计一室的技术人员按研究决定的工作过程，已经确定该吊装减速器结构的约束形式为“柔索约束”，为校核最终是否能成功完成起吊任务，还需要对该受力情况绘制具体的受力分析图。

任务分析

根据柔索约束的受力特点，以及作用力与反作用力公理等，绘制吊装柔索及减速器的受力分析如图 1-1-15 所示。

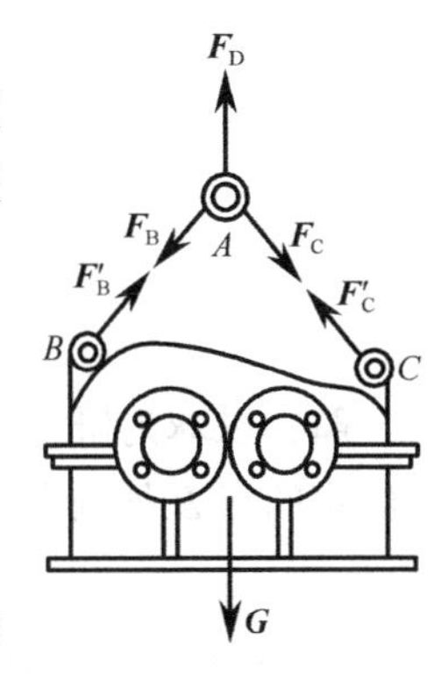

图 1-1-15　吊装减速器的受力分析图

柔索只能承受拉力，不能承受压力。其约束特点：限制物体沿着柔索伸长方向的运动。力的方向如图 1-1-15 所示，为沿柔索方向背离受力体。

1.2.1　受力分析与受力图

解决静力学问题时，首先要明确研究对象，再考虑它的受力情况，然后用相应的平衡方程去计算。工程中的结构十分复杂，为了清楚地表达出某个物体的受力情况，必须将它从与其相联系的周围物体中分离出来。分离的过程就是解除约束的过程。在解除约束的地方用相应的约束力来代替约束的作用。被解除约束后的物体叫分离体。在分离体上画上物体所受的全部主动力和约束力，此图称为研究对象的受力图。整个过程就是对所研究的对象进行受力分析。

画受力图的基本步骤：

（1）确定研究对象，取分离体；

（2）在分离体上画出全部主动力；

（3）在分离体上画出全部约束力。

如研究对象为几个物体组成的物体系统，还必须区分外力和内力。物体系统以外的周围物体对系统的作用力称为系统的外力。系统内部各物体之间的相互作用力称为系统的内力。随着所取系统的范围不同，某些内力和外力也会相互转化。由于系统的内力总是成对出现的，且等值、共线、反向，在系统内自成平衡力系，不影响系统整体的平衡。因此，当研究对象是物体系统时，只画作用于系统的外力，不画系统的内力。

1.2.2　受力图的画法

下面举例说明受力图的画法。

【例 1-1-1】 如图 1-1-16（a）所示，绳 *AB* 悬挂一重为 ***G*** 的球。试画出球 *C* 的受力图（摩擦不计）。

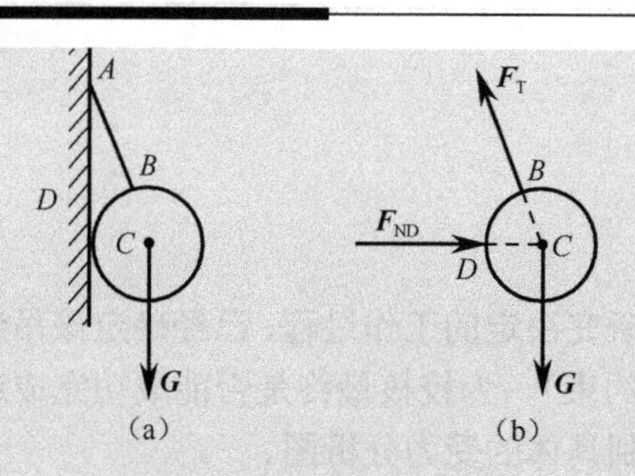

图 1-1-16　球的受力图

解： 以球为研究对象，画出球的分离体图。在球心点 C 处标上主动力 $\boldsymbol{G}$（重力）；在解除约束的点 B 处画上柔性约束力 $\boldsymbol{F}_{\mathrm{T}}$，在点 D 处画上光滑接触面约束力 $\boldsymbol{F}_{\mathrm{ND}}$，如图 1-1-16（b）所示。

【例 1-1-2】 如图 1-1-17（a）所示为三铰拱结构简图。B、C 为固定铰支座，A 为连接左、右半拱的中间铰。若左半拱受到垂直力 $\boldsymbol{F}$ 的作用，拱重不计。试分别画出左、右半拱及整体的受力图。

解：（1）先取右半拱为研究对象，画出其分离体图。因其本身重量不计，只在 A、C 两铰处各受一个力的作用而平衡，所以它是二力杆。因此可以确定约束力 $\boldsymbol{F}_{\mathrm{A}}$、$\boldsymbol{F}_{\mathrm{C}}$ 的作用线必沿连线 AC，而方向相反，如图 1-1-17（b）所示。

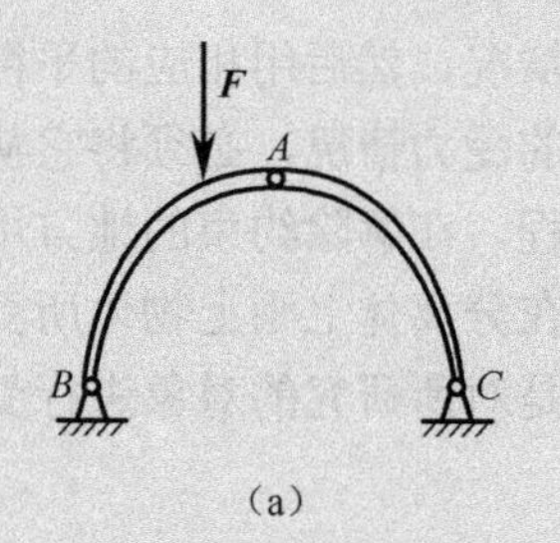

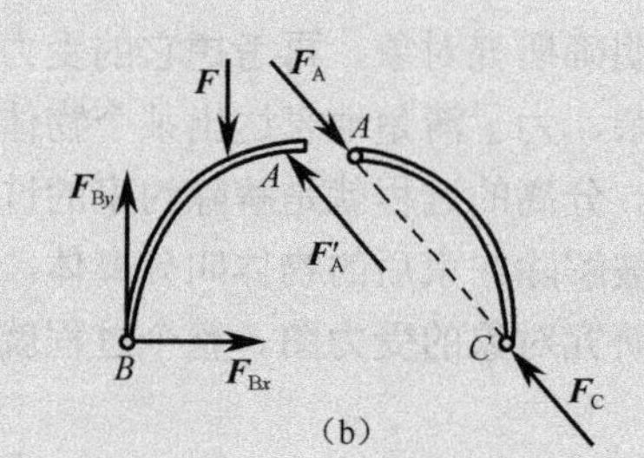

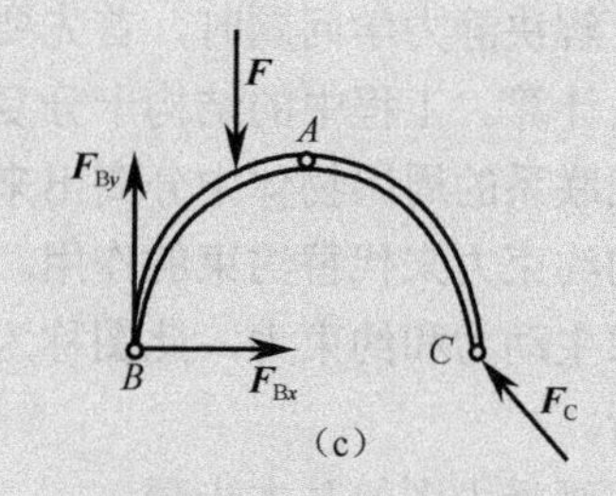

图 1-1-17　三铰拱的受力图

（2）再取左半拱为研究对象，并画出其分离体图。作用于其上的主动力有垂直推力；此外，右半拱通过铰链 A 对左半拱所作用的力是 $\boldsymbol{F}'_{\mathrm{A}}$，力 $\boldsymbol{F}'_{\mathrm{A}}$ 与 $\boldsymbol{F}_{\mathrm{A}}$ 互为作用力与反作用力，因此 $\boldsymbol{F}'_{\mathrm{A}}$ 与 $\boldsymbol{F}_{\mathrm{A}}$ 等值、反向、共线；固定铰链支座 B 处有 $\boldsymbol{F}_{\mathrm{B}x}$、$\boldsymbol{F}_{\mathrm{B}y}$ 两个正交约束力，指向暂时任意假定，如图 1-1-17（b）所示。

（3）取整个三铰拱为研究对象。则整个三铰拱只受到主动力 $\boldsymbol{F}$，B 处的约束力 $\boldsymbol{F}_{\mathrm{B}x}$、$\boldsymbol{F}_{\mathrm{B}y}$，$C$ 处的约束力 $\boldsymbol{F}_{\mathrm{C}}$ 的作用，其受力图如图 1-1-17（c）所示。而铰 A 处的约束力 $\boldsymbol{F}'_{\mathrm{A}}$ 与 $\boldsymbol{F}_{\mathrm{A}}$ 是系统的内力，它们总是成对出现的，彼此等值、反向、共线，所以相互抵消。

【例 1-1-3】 如图 1-1-18（a）所示的屋架结构中，已知主动力 $\boldsymbol{F}$ 作用于铰 D 上。杆 AB 上作用有竖向载荷 $\boldsymbol{G}$，杆件与杆件之间均为铰链。不计杆件自重，试分析杆 AB、BC 及 DE 的受力并画出受力图。

解： 根据题意分别取杆 AB、BC、DE 及整体为研究对象。

（1）取整体为研究对象。不考虑 AB、BC 以及 DE 之间的相互作用力（即全部内力），整体只受外力 $\boldsymbol{G}$ 和外力 $\boldsymbol{F}$，以及 A、C 两处的反力 $\boldsymbol{F}_{\mathrm{A}x}$、$\boldsymbol{F}_{\mathrm{A}y}$ 和 $\boldsymbol{F}_{\mathrm{C}}$ 作用，受力图如图 1-1-18（b）所示。

（2）以杆 AB 为研究对象。它受主动力 $\boldsymbol{G}$ 和 $\boldsymbol{F}$、杆 DE 的拉力 $\boldsymbol{F}_D$，以及 A、B 两处铰链的约束力 $\boldsymbol{F}_{Ax}$、$\boldsymbol{F}_{Ay}$ 和 $\boldsymbol{F}_{Bx}$、$\boldsymbol{F}_{By}$，受力图如图 1-1-18（c）所示。

（3）取杆 DE 为研究对象。它在杆的两端铰接，是二力杆，因此受到沿杆件的两个力 $\boldsymbol{F}'_D$ 和 $\boldsymbol{F}'_E$ 作用，$\boldsymbol{F}'_D$ 与 $\boldsymbol{F}_D$、$\boldsymbol{F}'_E$ 与 $\boldsymbol{F}_E$ 分别等值且反向，受力图如图 1-1-18（d）所示。

（4）以杆 BC 为研究对象。它受杆 DE 的拉力 $\boldsymbol{F}_E$（与 $\boldsymbol{F}_D$ 等值、反向、共线）以及 C 端活动铰支座的约束反力 $\boldsymbol{F}_C$，B 处受到杆 AB 的约束反力 $\boldsymbol{F}'_{Bx}$、$\boldsymbol{F}'_{By}$（分别与 $\boldsymbol{F}_{Bx}$、$\boldsymbol{F}_{By}$ 等值、反向、共线），BC 的受力图如图 1-1-18（e）所示。

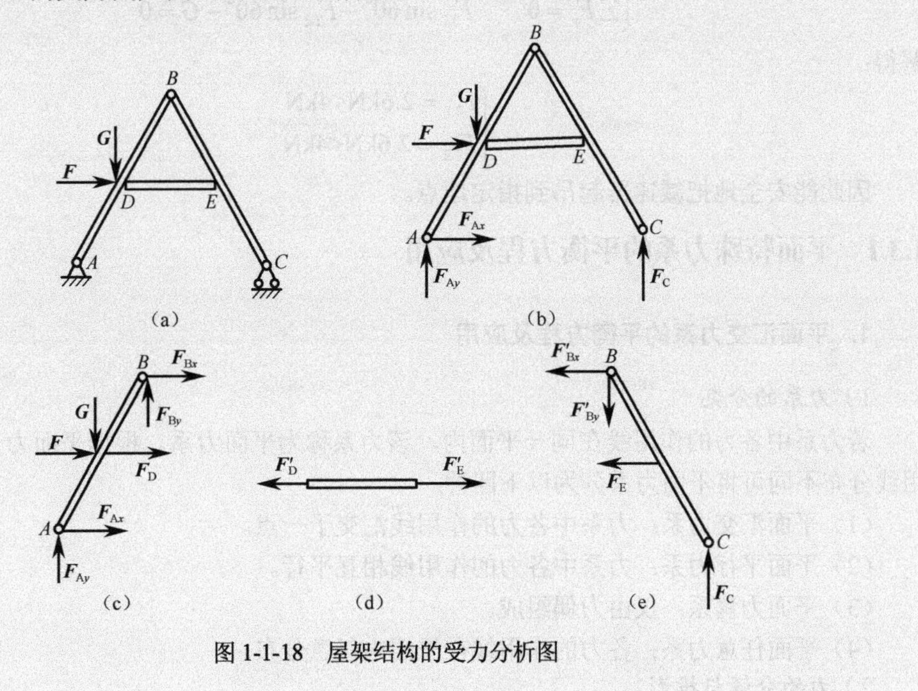

图 1-1-18　屋架结构的受力分析图

任务 1.3　校核吊装结构的受力情况

学习目标

1．能将工程问题抽象为力学问题进行分析。
2．能求解平面力系的约束反力。

学习任务

如图 1-1-19 所示，常州永进机械厂装配车间需要起吊一台重为 2.6kN 的减速器，现有最大能承受 4.0kN 的链条，问能否安全地把减速器送到指定地点（已知每根链条与水平面的夹角为 60°）。

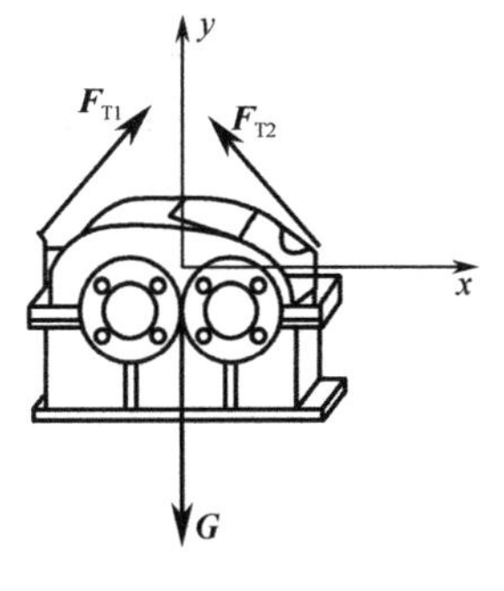

图 1-1-19　减速器的受力图

任务分析

（1）选取减速器为研究对象，画出分离体的受力图。

（2）选坐标轴，列平衡方程式求解。

$$\begin{cases}\sum F_x = 0 & F_{\mathrm{T1}}\cos 60^\circ - F_{\mathrm{T2}}\cos 60^\circ = 0 \\ \sum F_y = 0 & F_{\mathrm{T1}}\sin 60^\circ - F_{\mathrm{T2}}\sin 60^\circ - G = 0\end{cases}$$

解得：

$$\begin{cases}F_{\mathrm{T1}} = 2.6\mathrm{kN} < 4\mathrm{kN} \\ F_{\mathrm{T2}} = 2.6\mathrm{kN} < 4\mathrm{kN}\end{cases}$$

因此能安全地把减速器起吊到指定地点。

1.3.1 平面特殊力系的平衡方程及应用

1. 平面汇交力系的平衡方程及应用

1）力系的分类

若力系中各力的作用线在同一平面内，该力系称为平面力系。根据平面力系中各力的作用线分布不同可将平面力系分为以下四种：

（1）平面汇交力系：力系中各力的作用线汇交于一点。

（2）平面平行力系：力系中各力的作用线相互平行。

（3）平面力偶系：仅由力偶组成。

（4）平面任意力系：各力的作用线在平面内任意分布。

2）力的分解与投影

（1）力的分解

给定两个作用于一点的力，可以用力的平行四边形法则求两力的合力，且此合力是唯一确定的。如果给定一个力，也可以用力的平行四边形法则将其分解为两个分力，为得到唯一确定的结果，则需要对分力的大小、方向等给出一定的限制条件。工程上经常用到的一种情况是给定两个分力的作用线方向，求分力大小。

已知力矢量 $\boldsymbol{F}_{\mathrm{R}}=\boldsymbol{AB}$，给定它的两个分力的作用线与矢量 $\boldsymbol{F}_{\mathrm{R}}$ 的夹角分别为 α 和 β。此时，以 $\boldsymbol{F}_{\mathrm{R}}=\boldsymbol{AB}$ 为对角线，以与 $\boldsymbol{F}_{\mathrm{R}}$ 的夹角分别为 α 和 β 的边 AC 和 AD 为边作平行四边形 $ADBC$，得到两个分力 $\boldsymbol{F}_1=\boldsymbol{AD}$、$\boldsymbol{F}_2=\boldsymbol{AC}$，分力的大小可以从△$ABC$ 中解出，如图 1-1-20 所示。

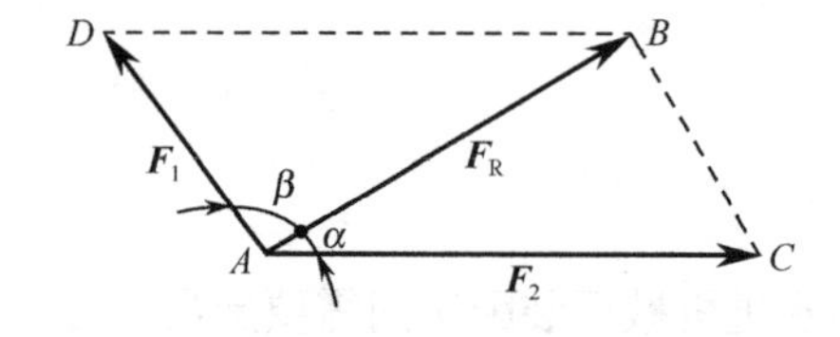

图 1-1-20　力的分解

（2）力的投影

力 $\boldsymbol{F}$ 在直角坐标轴 x、y 上的投影：过力矢 $\boldsymbol{F}$ 两端向两坐标轴引垂线得垂足 ab 和 $a'b'$，

如图 1-1-21 所示。线段 ab、$a'b'$分别为力 $\boldsymbol{F}$ 在 x 轴和 y 轴上的投影的大小。投影的正负号规定：由起点 a 到终点 b（或由起点 a' 到终点 b'）的指向与坐标轴正向相同时为正，反之为负。

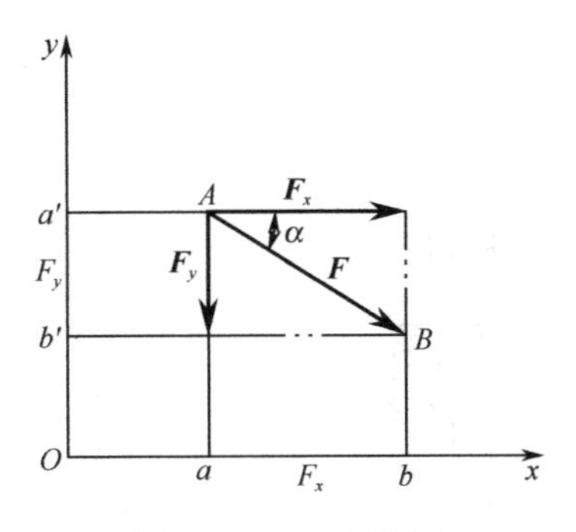

图 1-1-21　力的投影

图 1-1-21 中力 $\boldsymbol{F}$ 在 x 轴和 y 轴上的投影分别为

$$\begin{aligned} F_x &= F\cos\alpha \\ F_y &= -F\sin\alpha \end{aligned} \qquad (1\text{-}1\text{-}1)$$

若已知力的矢量表达式，则力 $\boldsymbol{F}$ 的大小及方向为

$$\begin{aligned} F &= \sqrt{F_x^{\ 2} + F_y^{\ 2}} \\ \tan\alpha &= \left|\frac{F_y}{F_x}\right| \end{aligned} \qquad (1\text{-}1\text{-}2)$$

注意：力的分量和力的投影是两个不同的概念。力的分量（分力）是矢量，而力的投影是代数量；分力必须作用在原力的作用点上，而力的投影无作用点。另外，仅在直角坐标系中，力在坐标轴上投影的绝对值和力沿该轴的分量的大小相等。

3）平面汇交力系的合成

（1）合力投影定理

在平面直角坐标系中，如果 $\boldsymbol{F}_{\mathrm{R}}$ 的投影为 $F_{\mathrm{R}x}$、$F_{\mathrm{R}y}$ ；$\boldsymbol{F}_1$ 的投影为 F_{1x}、F_{1y}；$\boldsymbol{F}_2$ 的投影为 F_{2x}、F_{2y}，则有

$$F_{\mathrm{R}x}=F_{1x}+F_{2x}\,,\quad F_{\mathrm{R}y}=F_{1y}+F_{2y} \qquad (1\text{-}1\text{-}3)$$

由此可推广到 n 个力作用的情况。设一刚体上受力系 $\boldsymbol{F}_1$、$\boldsymbol{F}_2$、…、$\boldsymbol{F}_n$ 作用，力系中各力的作用线共面且汇交于同一点，可将此力系合成为一个合力 $\boldsymbol{F}_{\mathrm{R}}$，且有

$$\boldsymbol{F}_{\mathrm{R}}=\boldsymbol{F}_1+\boldsymbol{F}_2+\cdots+\boldsymbol{F}_x=\sum\boldsymbol{F} \qquad (1\text{-}1\text{-}4)$$

可见，平面汇交力系的合力矢量等于力系各分力的矢量和。

根据式（1-1-3）可得：

$$\begin{aligned} F_{\mathrm{R}x}&=F_{1x}+F_{2x}+\cdots+F_{nx}=\sum F_x \\ F_{\mathrm{R}y}&=F_{1y}+F_{2y}+\cdots+F_{ny}=\sum F_y \end{aligned} \qquad (1\text{-}1\text{-}5)$$

式（1-1-5）称为合力投影定理，即力系的合力在某轴上的投影等于力系中各分力在同轴上投影的代数和。

用解析法求平面汇交力系的合成时，首先在其所在平面内选定坐标系 Oxy，求出力系中各分力在 x、y 轴上的投影，再由合力投影定理求得合力。

（2）平面汇交力系的平衡

平面汇交力系平衡的充分和必要条件是力系的合力为零，即

$$\begin{cases}\sum F_x = 0 \\ \sum F_y = 0\end{cases} \tag{1-1-6}$$

上式为平面汇交力系的平衡方程，最多可求解包括力的大小和方向在内的 2 个未知量。

【例 1-1-4】 图 1-1-22 所示三角支架由杆 AB、AC 铰接而成，在 A 处作用有重力 G=10kN，求出图中 AB、AC 所受的力（不计杆自重）。

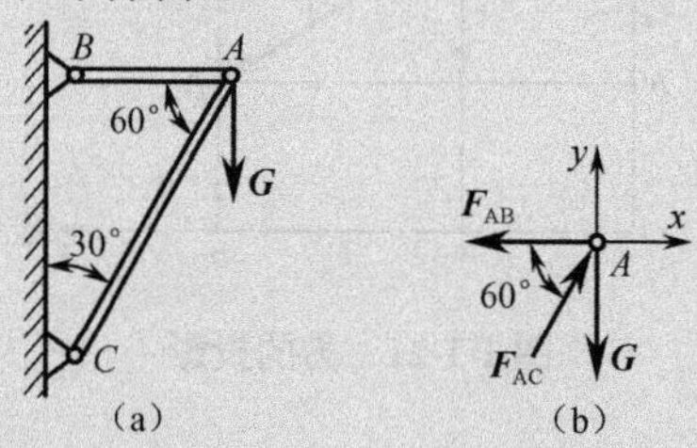

图 1-1-22　三角支架

解：（1）取研究对象，画受力图。

取销钉 A 为研究对象。主动力：重力 $\boldsymbol{G}$；约束力：由于杆 AB、AC 自重不计，且杆两端均为铰链约束，故杆 AB、AC 均为二力杆，杆两端受力必沿杆件的轴线，根据作用力与反作用力的关系，两杆的 A 端对销钉有反作用力 $\boldsymbol{F}_{AB}$、$\boldsymbol{F}_{AC}$，受力图如图 1-1-22（b）所示。

（2）建立直角坐标系 Axy，列平衡方程并求解。

$$\sum F_x = 0 \qquad -F_{AB} + F_{AC}\cos 60^\circ = 0 \tag{1}$$

$$\sum F_y = 0 \qquad F_{AC}\sin 60^\circ - G = 0 \tag{2}$$

（3）求解未知量。

解方程（1）和（2）得：

$$F_{AB}=0.577G=5.77\text{kN}$$

$$F_{AC}=1.155G=11.55\text{kN}$$

根据作用力与反作用力公理，杆 AB 所受的力为 5.77kN，且为拉力；AC 杆所受的力为 11.55kN，且为压力。

【例 1-1-5】 图 1-1-23 所示的圆球重 G=100N，放在倾斜角为 α=30° 的光滑斜面上，并用绳子 AB 系住，绳子 AB 与斜面平行。求绳子 AB 的拉力和斜面对球的约束力。

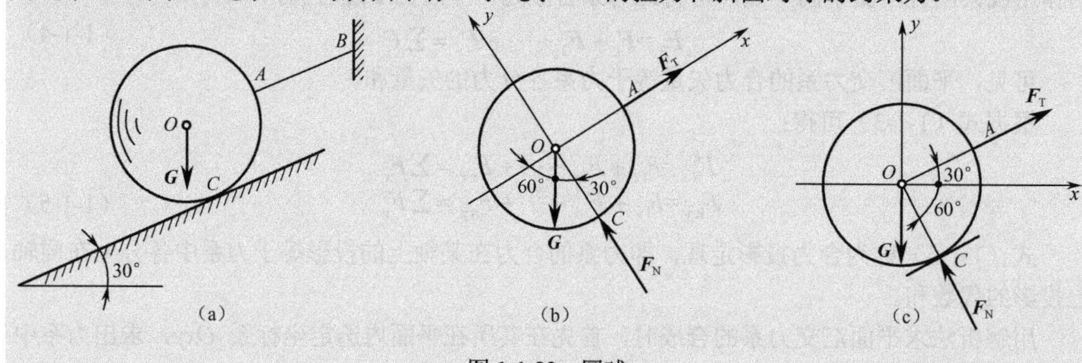

图 1-1-23　圆球

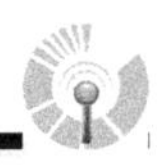

解：（1）选取圆球为研究对象，取分离体并画受力图。

主动力：重力 $\boldsymbol{G}$；约束反力：绳子 AB 的拉力 $\boldsymbol{F}_{\mathrm{T}}$、斜面对球的约束力 $\boldsymbol{F}_{\mathrm{N}}$，受力图如图 1-1-23（b）所示。

（2）建立直角坐标系 Oxy，列平衡方程并求解。

$$\sum F_x = 0 \qquad F_{\mathrm{T}} - G\sin 30° = 0$$

$$\sum F_y = 0 \qquad F_{\mathrm{N}} - G\cos 30° = 0$$

解方程求得 F_{T}=50N，F_{N}=86.6N，两个力的方向如图 1-1-23（b）所示。

（3）若选如图 1-1-23（c）所示的直角坐标系，列平衡方程得：

$$\sum F_x = 0 \qquad F_{\mathrm{T}}\cos 30° - F_{\mathrm{N}}\cos 60° = 0$$

$$\sum F_y = 0 \qquad F_{\mathrm{T}}\sin 30° + F_{\mathrm{N}}\sin 60° - G = 0$$

联立方程求解得 F_{T}=50N，F_{N}=86.6N，两个力的方向如图 1-1-23（c）所示。

从上述例题可知：建立如图 1-1-23（b）所示的坐标系可以简化计算。

2. 平面力偶系的平衡方程及应用

1）力对点之矩

（1）力矩的概念

力不仅能使刚体产生移动效应，还能使刚体产生转动效应。如图 1-1-24 所示，用扳手转动螺母时，作用于扳手 A 点的力 $\boldsymbol{F}$ 可使扳手与螺母一起绕螺母中心点 O 转动。力的这种转动作用不仅与力的大小、方向有关，还与转动中心至力的作用线的垂直距离 d 有关。因此，定义 Fd 的乘积为力使物体对点 O 产生转动效应的度量，称为力 $\boldsymbol{F}$ 对点 O 之矩，用 M_{O}（$\boldsymbol{F}$）表示，即

$$M_{\mathrm{O}}(\boldsymbol{F}) = \pm Fd \tag{1-1-7}$$

式中，点 O 称为力矩中心，简称矩心；d 称为力臂；乘积 Fd 称为力矩的大小；“±”表示力矩的转向，规定在平面问题中，逆时针转向取正号，顺时针转向取负号，故平面上力对点之矩为代数量。力矩的单位为 N·m 或 kN·m。

注意：一般来说，同一个力对不同点产生的力矩是不同的，因此不指明矩心而求力矩是无任何意义的。在表示力矩时，必须标明矩心。

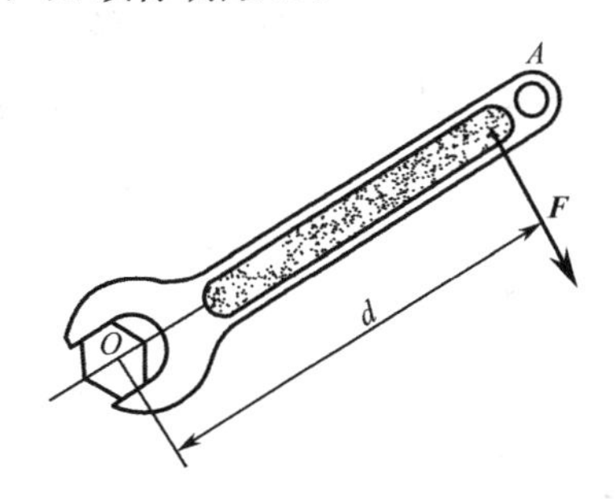

图 1-1-24　扳手转动螺母

（2）力矩的性质

① 力 $\boldsymbol{F}$ 对点 O 之矩不仅取决于 $\boldsymbol{F}$ 的大小，同时还与矩心的位置即力臂 d 有关。

② 力 $\boldsymbol{F}$ 对于任一点之矩，不因该力的作用点沿其作用线移动而改变。

③ 力的大小等于零或者力的作用线通过矩心时，力矩等于零。

显然，互成平衡的两个力对同一点之矩的代数和等于零。

（3）合力矩定理

若力 $\boldsymbol{F}_R$ 是平面汇交力系 $\boldsymbol{F}_1$、$\boldsymbol{F}_2$、…、$\boldsymbol{F}_n$ 的合力，由于力 $\boldsymbol{F}_R$ 与力系等效，则合力对任一点 O 之矩等于力系各分力对同一点之矩的代数和，即

$$M_O(\boldsymbol{F}_R)=M_O(\boldsymbol{F}_1)+M_O(\boldsymbol{F}_2)+\cdots+M_O(\boldsymbol{F}_n)=\sum M_O(\boldsymbol{F}) \tag{1-1-8}$$

式（1-1-8）称为合力矩定理。

【例 1-1-6】 如图 1-1-25 所示，数值相同的三个力按不同方式分别施加在同一扳手的 A 端。若 F=200N，试求三种情况下力对点 O 之矩。

解： 图示三种情况下，虽然力的大小、作用点和矩心均相同，但力的作用线各异，致使力臂均不相同，因而三种情况下，力对点 O 之矩不同。根据式（1-1-7）可求出力对点 O 之矩分别如下。

① 图 1-1-25（a）中：

$$M_O(\boldsymbol{F})=-Fd=-200\text{N}\times 200\text{m}\times 10^{-3}\times\cos 30^\circ=-34.64\text{N}\cdot\text{m}$$

② 图 1-1-25（b）中：

$$M_O(\boldsymbol{F})=-Fd=200\text{N}\times 200\text{m}\times 10^{-3}\times\sin 30^\circ=20.00\text{N}\cdot\text{m}$$

③ 图 1-1-25（c）中：

$$M_O(\boldsymbol{F})=-Fd=-200\text{N}\times 200\text{m}\times 10^{-3}=-40.00\text{N}\cdot\text{m}$$

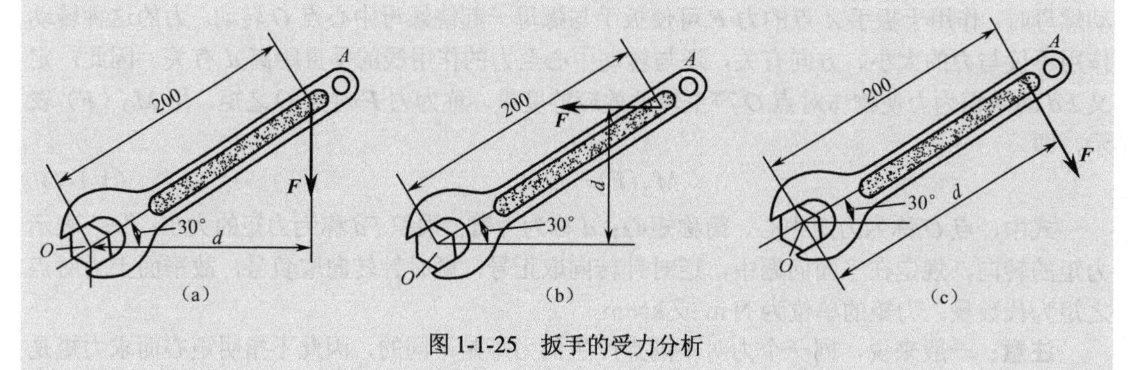

图 1-1-25　扳手的受力分析

【例 1-1-7】 作用于齿轮上的啮合力 $\boldsymbol{F}_n$=1000N，齿轮节圆直径 D=160mm，压力角（啮合力与齿轮节圆切线的夹角）α=20°，如图 1-1-26（a）所示。求啮合力 $\boldsymbol{F}_n$ 对轮心点 O 之矩。

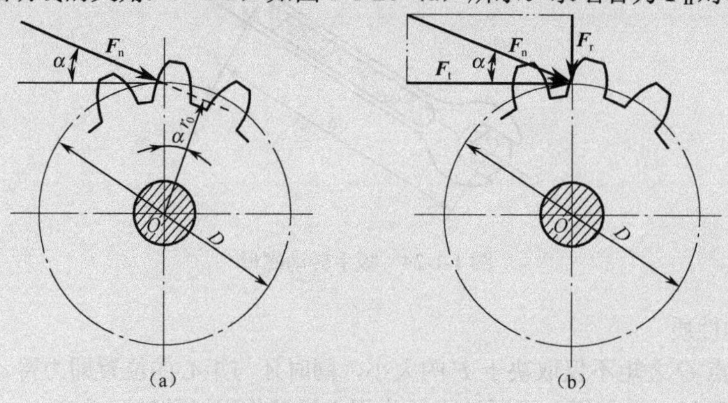

图 1-1-26　齿轮的受力分析

解法一： 用式（1-1-7）计算 F_n 对点 O 之矩。

$$M_O(F_n) = -F_n \frac{D}{2}\cos\alpha = -1000 \times \frac{160\times 10^{-3}}{2}\cos 20^\circ = -75.2\text{N}\cdot\text{m}$$

解法二： 用合力矩定理式（1-1-8）计算 F_n 对点 O 之矩。

如图 1-1-26（b）所示，将啮合力 F_n 在齿轮啮合点处分解为圆周力 F_t 和径向力 F_r，则 $F_t = F_n\cos\alpha$，$F_r = F_n\sin\alpha$，由合力矩定理可得：

$$M_O(F_n) = M_O(F_t) + M_O(F_r)$$

$$= -F_t\frac{D}{2} + 0 = -F_n\cos\alpha\frac{D}{2} = -1000\times\cos 20^\circ\times\frac{160\times 10^{-3}}{2} = -72.5\text{N}\cdot\text{m}$$

2）力偶

（1）力偶的概念

在生活和生产实践中，常见到某些物体同时受到大小相等、方向相反、作用线互相平行的两个力作用的情况。例如：司机用双手搬动方向盘（如图 1-1-27（a）所示）及钳工对丝锥的操作（如图 1-1-27（b）所示）。

一对等值、反向、不共线的平行力组成的特殊力系，称为力偶，记做（F，F'）。物体上有两个或两个以上力偶作用时，这些力偶组成力偶系。

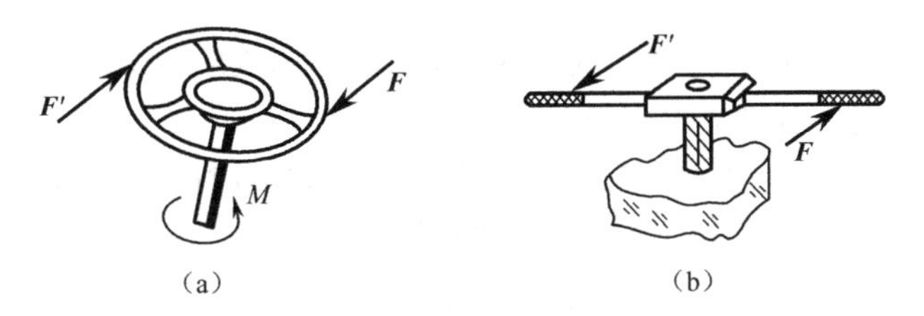

图 1-1-27　力偶

力对刚体的运动效应有两种：移动和转动。但力偶对刚体的作用效应仅仅是使其产生转动。力偶的两力作用线所决定的平面称为力偶的作用面，两力作用线间的垂直距离称为力偶臂。力学中，用力偶的任一力的大小 F 与力偶臂 d 的乘积再冠以相应的正负号，作为力偶在作用面内使物体产生转动效应的度量，称为力偶矩，记做 M（F, F'）或 M，即

$$M(F, F') = M = \pm Fd \tag{1-1-9}$$

式中，符号“±”表示力偶的转向，一般规定：力偶逆时针转向取正号，顺时针转向取负号，与力矩的“±”规定相同。力偶矩的单位与力矩的单位相同，为 N·m 或 kN·m。

力偶对刚体作用的转动效应取决于力偶的三要素：力偶矩的大小、力偶的转向、力偶作用面的方位。凡三要素相同的力偶彼此等效。对于同一平面内的两个力偶，由于力偶作用平面的方位相同，力偶的效应只取决于力偶矩的大小和力偶的转向。因此，只要保证这两个要素不变，两个力偶就彼此等效。

（2）力偶的性质

① 性质 1。力偶对其作用面内任意点的力矩恒等于此力偶的力偶矩，而与矩心的位置无关。

证明： 如图 1-1-28 所示，在刚体某平面上作用一力偶（F，F'），其 $M=Fd$，现求此力偶对任意点 O 的力矩。若 x 表示矩心 O 到 F'之垂直距离，按力矩定义，F 与 F'对点 O 的力矩和为

$$M_o(\boldsymbol{F})+M_o(\boldsymbol{F}')=F(d+x)-F'x=Fd$$

$$M_o(\boldsymbol{F})+M_o(\boldsymbol{F}')=M(\boldsymbol{F},\boldsymbol{F}')$$

不论点 O 选在何处，力偶对该点的矩恒等于它的力偶矩，而与力偶对矩心的相对位置无关。

② 性质 2。由图 1-1-29 可见，力偶在任意坐标轴上的投影之和为零，故力偶无合力，力偶不能与一个力等效，也不能用一个力来平衡。

力偶无合力，故力偶对物体的平移运动不会产生任何影响，力与力偶相互不能代替，不能构成平衡。因此，力与力偶是力系的两个基本元素。

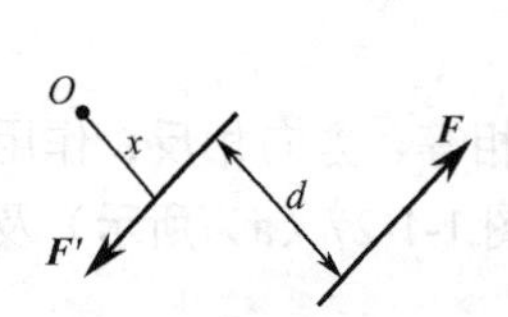

图 1-1-28 力偶对点 O 之矩

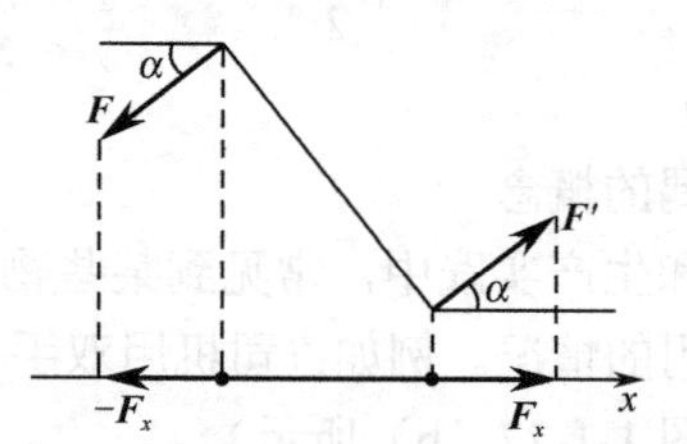

图 1-1-29 力偶在坐标轴上的投影

基于上述性质，可对力偶做如下处理：

① 力偶在它的作用面内，可以任意转移位置。其作用效应和原力偶相同，即力偶对于刚体上任意点的力偶矩值不因移位而改变。

② 力偶在不改变力偶矩大小和转向的条件下，可以同时改变力偶中两反向平行力的大小、方向以及力偶臂的大小，而力偶的作用效应保持不变。

图 1-1-30 中各力偶的作用效应都相同。力偶的力偶臂、力及其方向既然都可改变，就可简明地以一条带箭头的弧线并标出值来表示力偶，如图 1-1-30（d）所示。

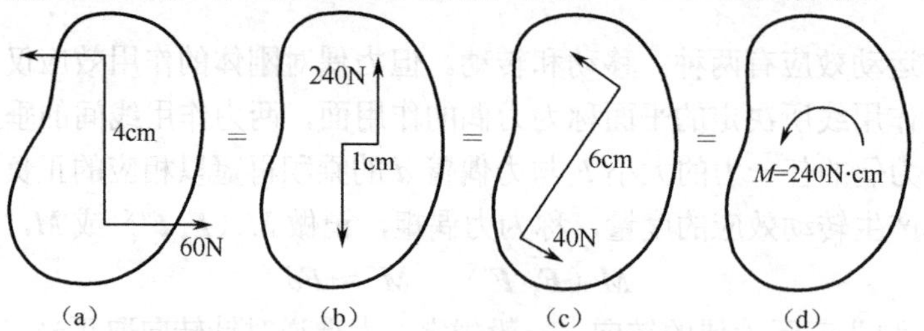

图 1-1-30 等效力偶

3）平面力偶系的合成

平面力偶系合成的结果为一合力偶，合力偶矩等于各力偶矩的代数和。即

$$M=M_1+M_2+\cdots+M_n=\sum M_i \tag{1-1-10}$$

证明：如图 1-1-31 所示，设在刚体某平面上作用力偶系 M_1，M_2，…，M_n，在力偶系作用面内任选两点 A、B，连接 AB，以 $AB=d$ 作为公共力偶臂，保持各力偶的力偶矩不变，将各力偶分别表示成作用在 A、B 两点的反向平行力，如图 1-1-31（b）所示，则有

$$F_1=M_1/d，F_2=M_2/d，F_n=M_n/d$$

于是在 A、B 两点处各得一组共线力系，其合力分别为 $\boldsymbol{F}_R$ 和 $\boldsymbol{F}'_R$，如图 1-1-31（c）所示，且有

$$\boldsymbol{F}_R=\boldsymbol{F}'_R=\boldsymbol{F}_1+\boldsymbol{F}_2+\cdots+\boldsymbol{F}_n=\sum\boldsymbol{F}$$

$\boldsymbol{F}_R$ 和 $\boldsymbol{F}'_R$ 为一对等值、反向、不共线的平行力，它们组成的力偶即为合力偶，其合力偶矩为

$$M = F_R d = (F_1 + F_2 + \cdots + F_n)d = M_1 + M_2 + \cdots + M_n = \sum M_i$$

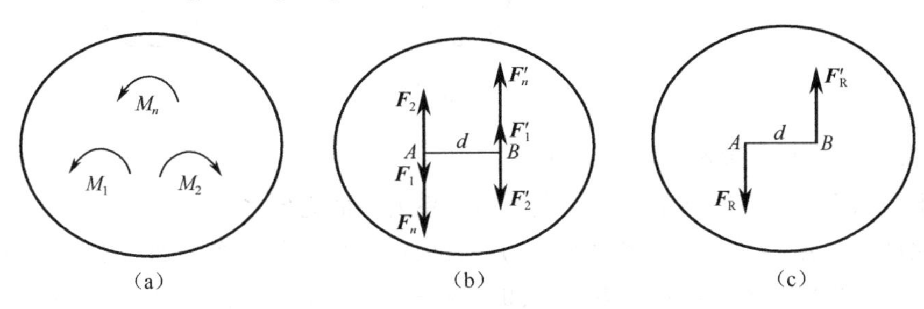

图 1-1-31　平面力偶系的合成

4）力的平移定理

作用在物体上的力 $\boldsymbol{F}$ 可以平行移动到物体内任一点 O，但必须同时附加一个力偶，才能与原来力的作用等效。其附加力偶的力偶矩等于原力 $\boldsymbol{F}$ 对平移点 O 的力矩。这就是力的平移定理，如图 1-1-32 所示。

证明：根据加减平衡力系公理，在任意点 O 加上一对与 $\boldsymbol{F}$ 等值的平衡力 $\boldsymbol{F}'$、$\boldsymbol{F}''$（见图 1-1-32（b）），则 $\boldsymbol{F}$ 与 $\boldsymbol{F}''$为一对等值、反向、不共线的平行力，组成了一个力偶，其力偶矩等于原力 $\boldsymbol{F}$ 对点 O 的矩，即

$$M = M_O(\boldsymbol{F}) = Fd$$

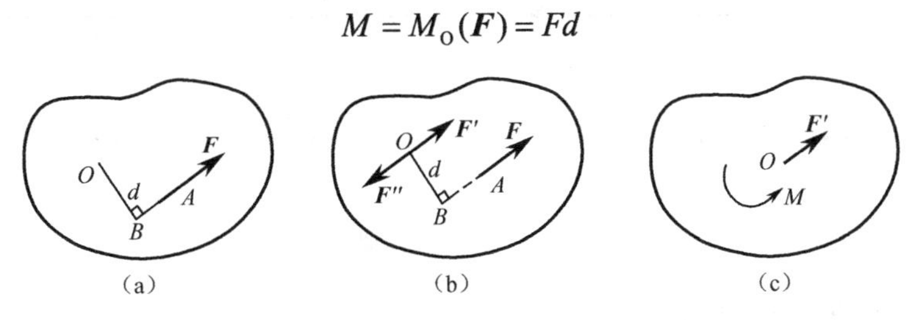

图 1-1-32　力的平移

于是作用在点 A 的力 $\boldsymbol{F}$ 就与作用于点 O 的平移力 $\boldsymbol{F}'$ 和附加力偶 M 的联合作用等效，如图 1-1-32（c）所示。

力的平移定理表明了力对绕力作用线外的中心转动的物体有两种作用：一是平移力的作用，二是附加力偶对物体产生的转动作用。

以乒乓球削球为例（见图 1-1-33），分析力 $\boldsymbol{F}$ 对球的作用效应：将力 $\boldsymbol{F}$ 平移至球心，得平移力 $\boldsymbol{F}'$与附加力偶，平移力 $\boldsymbol{F}'$决定球心的轨迹，而附加力偶则使球产生转动。

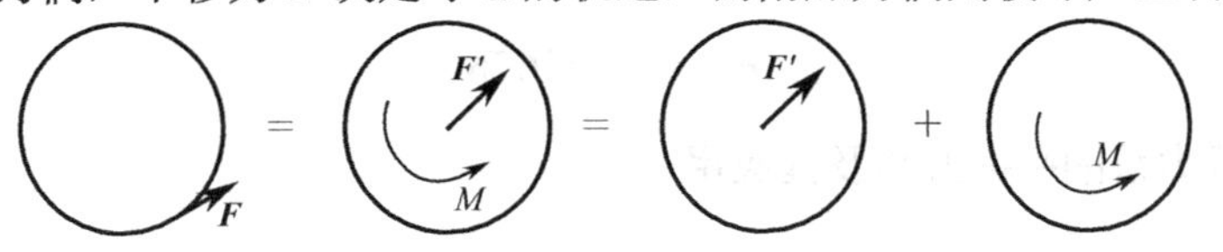

图 1-1-33　乒乓球削球受力

再以直齿圆柱齿轮传动为例（见图 1-1-34），圆周力 $\boldsymbol{F}$ 作用于转轴的齿轮上，为便于观察力 $\boldsymbol{F}$ 的作用效应，将力 $\boldsymbol{F}$ 平移至轴心点 O，则有平移力 $\boldsymbol{F}'$作用于轴上，同时有附加力偶 M 使齿轮绕轴旋转。

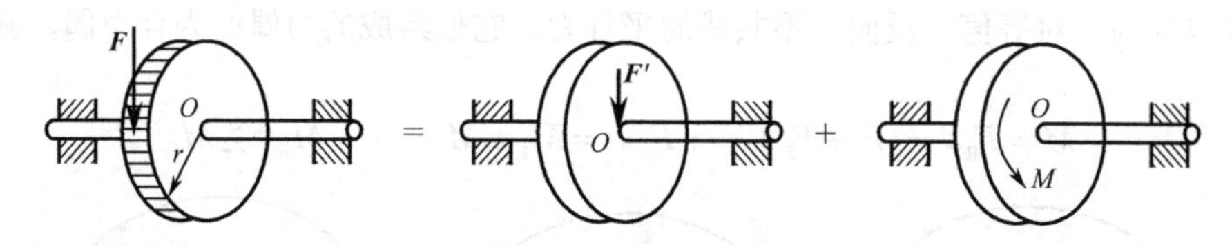

图 1-1-34　齿轮传动受力

5）平面力偶系的平衡方程及其应用

如果平面力系中只有力偶的作用，则称该力系为平面力偶系。

由力偶性质可知，平面力偶系没有合力，合成结果仍然是一个力偶，由于合力偶矩在任一坐标轴上的投影恒为零，所以若要使平面力偶系达到平衡状态，其合力偶矩必须等于零。因此其平衡方程为

$$M=\sum M_i=0 \tag{1-1-11}$$

由此可见，平面力偶系平衡的充分与必要条件为：平面力偶系中各分力偶矩的代数和等于零。

【例 1-1-8】 外伸梁 AB 的受力情况和尺寸如图 1-1-35（a）所示，梁的重量不计。如果已知 $Q=Q'=1.2\text{kN}$，$a=120\text{mm}$，$M=8\text{N·m}$，求支座 A、B 的约束力。

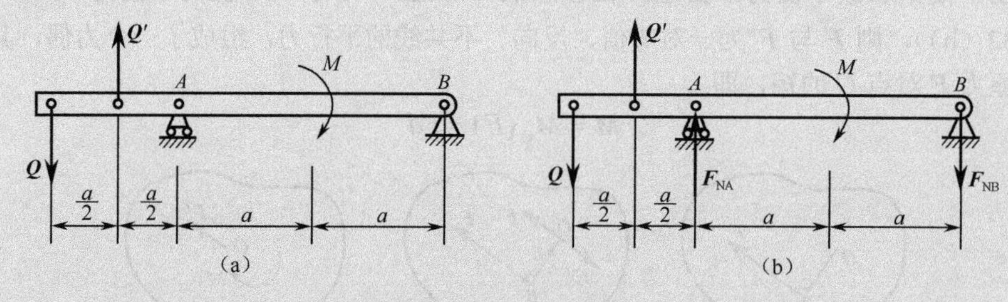

图 1-1-35　外伸梁

解：（1）取外伸梁为研究对象。

（2）画出其受力图如图 1-1-35（b）所示。梁上有 $\boldsymbol{Q}$、$\boldsymbol{Q}'$组成的主动力偶，其力偶矩为 M；A、B 处的约束力为 $\boldsymbol{F}_{NA}$ 及 $\boldsymbol{F}_{NB}$。力偶必须由力偶来平衡，则 $\boldsymbol{F}_{NA}$ 与 $\boldsymbol{F}_{NB}$ 必组成一对力偶。由于 $\boldsymbol{F}_{NA}$ 方向可以确定，所以 $\boldsymbol{F}_{NB}$ 的方向也随之确定。

（3）列方程并求解未知量。

$$\sum M=0 \qquad Qa/2-M-F_{NA}2a=0$$

可解得：

$$F_{NA}=(Qa/2-M)/2a=(1.2\times10^3\times120\times10^{-3}/2-8)/(2\times120\times10^{-3})\text{N}=267\text{N}$$

$$F_{NB}=F_{NA}=267\text{N}$$

3. 平面平行力系的平衡方程及其应用

各力作用线在同一平面内，且相互平行的力系称为平面平行力系。

设物体受平面平行力系 $\boldsymbol{F}_1$，$\boldsymbol{F}_2$，…，$\boldsymbol{F}_n$ 的作用，若取 x 轴与各力垂直，则 y 轴与各力平行（见图 1-1-36），则不论平面平行力系本身是否平衡，各力在 x 轴上投影的代数和恒等于零，即平面任意力系平衡方程中的$\sum F_x=0$ 恒成立。于是平面平行力系的平衡方程为

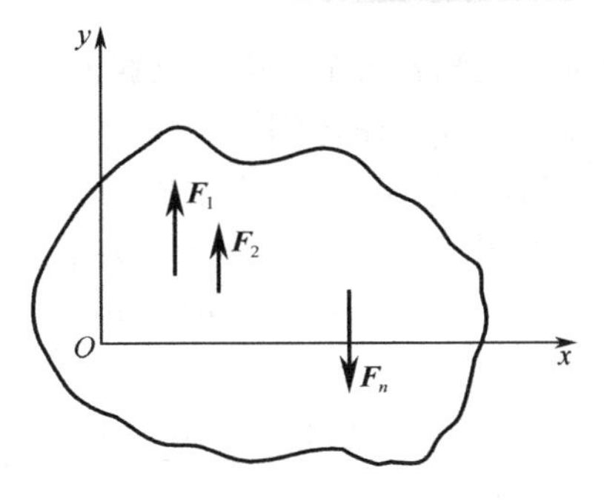

图 1-1-36　平面平行力系

$$\sum F_y = 0 \text{（或}\sum F_x = 0\text{）}$$

$$\sum M_O(\boldsymbol{F}) = 0 \qquad (1\text{-}1\text{-}12)$$

上式表明，平面平行力系平衡的充分与必要条件为：力系中的各力在与力平行的坐标轴上投影的代数和为零，以及这些力对任一点的力矩的代数和也为零。

平面平行力系的平衡方程也可以表示成二力矩形式，即

$$\sum M_A(\boldsymbol{F}) = 0$$

$$\sum M_B(\boldsymbol{F}) = 0 \text{（}A\text{、}B\text{ 连线不与各力 }\boldsymbol{F}\text{ 平行）} \qquad (1\text{-}1\text{-}13)$$

其中，矩心 A、B 为力作用线所在平面内任意两点，但 A、B 的连线不能与各力作用线平行。

由于平面平行力系只有两个独立的平衡方程，所以只能求解两个未知量。

【例 1-1-9】 如图 1-1-37 所示的塔式起重机。已知机架自重 G=500kN，重心在点 O，其作用线至右轨的距离为 b=1.5m，起重机的最大起重量为 F_P=250kN，其作用线至右轨的距离为 l=10m，起重机的平衡锤重为 $\boldsymbol{Q}$，其重心至左轨的距离为 x=6m，左右轨相距为 a=3m。试求起重机在满载时不向右倾倒，空载时不向左倾倒的平衡锤重 $\boldsymbol{Q}$ 的范围。

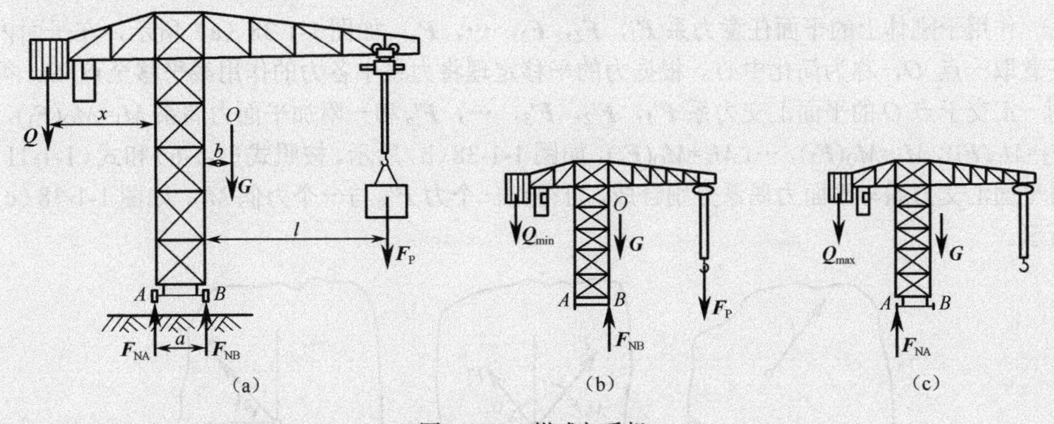

图 1-1-37　塔式起重机

解：（1）取起重机为研究对象。

（2）画出其受力图如图 1-1-37（a）所示。考虑起重机的整体平衡问题。起重机在起吊重物时，作用在它上面的力有机架自重 $\boldsymbol{G}$、载荷 $\boldsymbol{F}_P$、平衡锤重 $\boldsymbol{Q}$ 以及轨道的约束力 $\boldsymbol{F}_{NA}$、$\boldsymbol{F}_{NB}$，这些力组成了一组平面平行力系。起重机在平面平行力系作用下处于平衡。力系中有三个未知力，即平衡锤重和两轨的约束力，而平面平行力系却只有两个互相独立的平衡方程，问题

为不可解。但是，本题求的是起重机满载与空载都不致翻倒的平衡锤重 $\boldsymbol{Q}$ 的范围，因此，根据题意来讨论 $\boldsymbol{Q}$ 的临界情况，以确定 $\boldsymbol{Q}$ 值的范围。

（3）先考虑满载时（F_P=250kN）的情况。要保证机架满载时平衡而不向右倾倒，则必须满足 $F_{NA}=0$，$Q=Q_{min}$，其受力图如图 1-1-37（b）所示。列平衡方程并求解。

$$\sum M_B(\boldsymbol{F})=0 \qquad Q_{min}(x+a)-Gb-F_P l=0$$

由此可解得：

$$Q_{min}=\frac{Gb+pl}{x+a}=\frac{500\times1.5+250\times10}{9}=361.1\text{kN}$$

（4）再考虑空载时（F_P=0）的情况。要保证机架空载时平衡而不向左倾倒，则必须满足 $F_{NB}=0$，$Q=Q_{max}$，其受力图如图 1-1-37（c）所示。列平衡方程并求解。

$$\sum M_A(\boldsymbol{F})=0$$

$$Q_{max}x-G(a+b)=0$$

由此可解得：

$$Q_{max}=\frac{G(a+b)}{x}=\frac{500(3+1.5)}{6}=375\text{kN}$$

因此，要保证起重机不至于翻倒，平衡锤重 Q 必须在下面的范围内：

$$361.1\text{kN}\leqslant Q\leqslant 375\text{kN}$$

分析讨论：可以看出，$Q_{min}=(Gb+F_P)/(x+a)$，$Q_{max}=G(a+b)/x$，为了增加起重机的稳定性，可从减小 x 值或增加 a 值这两个方面来考虑。

1.3.2 平面任意力系的平衡方程及应用

1. 平面任意力系的简化

1）平面任意力系向一点简化

作用于刚体上的平面任意力系 $\boldsymbol{F}_1$，$\boldsymbol{F}_2$，$\boldsymbol{F}_3$，…，$\boldsymbol{F}_n$，如图 1-1-38（a）所示，在平面内任意取一点 O，称为简化中心。根据力的平移定理将力系中各力的作用线平移至点 O，得到一汇交于点 O 的平面汇交力系 $\boldsymbol{F}'_1$，$\boldsymbol{F}'_2$，$\boldsymbol{F}'_3$，…，$\boldsymbol{F}'_n$ 和一附加平面力偶系 $M_1=M_O(\boldsymbol{F}_1)$，$M_2=M_O(\boldsymbol{F}_2)$，$M_3=M_O(\boldsymbol{F}_3)$，…，$M_n=M_O(\boldsymbol{F}_n)$，如图 1-1-38（b）所示。按照式（1-1-6）和式（1-1-11）将平面汇交力系与平面力偶系分别合成，可得到一个力 $\boldsymbol{F}'_R$ 与一个力偶 M_O，如图 1-1-38（c）所示。

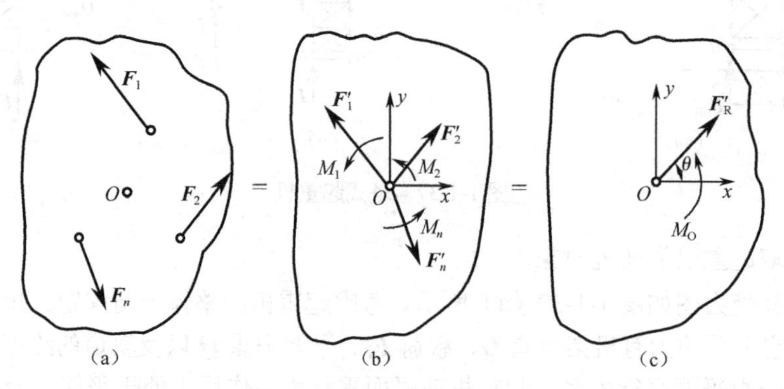

图 1-1-38　平面任意力系向一点简化

此共点力系 $\boldsymbol{F}'_1$，$\boldsymbol{F}'_2$，$\boldsymbol{F}'_3$，…，$\boldsymbol{F}'_n$ 的矢量和为 $\boldsymbol{F}'_\mathrm{R}$，显然，在一般情况下，$\boldsymbol{F}'_\mathrm{R}$ 不能代替原力系对物体的作用，故 $\boldsymbol{F}'_\mathrm{R}$ 称为平面任意力系的主矢，主矢的计算式为

$$\boldsymbol{F}'_\mathrm{R}=\boldsymbol{F}_1+\boldsymbol{F}_2+\cdots+\boldsymbol{F}_n=\sum\boldsymbol{F} \tag{1-1-14}$$

很明显，式（1-1-14）不会因为简化中心点 O 的不同而不同，所以主矢与简化中心的位置无关。式（1-1-14）在直角坐标系下的投影形式为

$$\begin{aligned}F'_{\mathrm{R}x}&=F_{1x}+F_{2x}+\cdots+F_{nx}=\sum F_x\\F'_{\mathrm{R}y}&=F_{1y}+F_{2y}+\cdots+F_{ny}=\sum F_y\end{aligned} \tag{1-1-15}$$

根据平面力偶理论可知，附加的平面力偶系可以合成为一个合力偶，其矩为

$$M_\mathrm{O}=M_1+M_2+\cdots+M_n=M_\mathrm{O}(\boldsymbol{F}_1)+M_\mathrm{O}(\boldsymbol{F}_2)+\cdots+M_\mathrm{O}(\boldsymbol{F}_n)$$

所以

$$M_\mathrm{O}=\sum M_\mathrm{O}(\boldsymbol{F}) \tag{1-1-16}$$

M_O 称为原力系对简化中心点 O 的主矩。它等于原力系中各力对简化中心力矩的代数和，一般情况下主矩与简化中心的位置有关。

综上所述，平面任意力系向平面内任一点 O 简化后，可以得到一个力和一个力偶，这个力等于力系中各力的矢量和，作用于简化中心，称为原力系的主矢；这个力偶的力偶矩等于原力系中各力对简化中心之矩的代数和，称为原力系的主矩。

2）简化结果分析

平面任意力系向一点简化，一般可得一个力（主矢）和一个力偶（主矩），但这并不是简化的最终结果。当主矢和主矩出现不同值时，简化最终结果将会是表 1-1-1 所列的情形。

表 1-1-1　平面任意力系简化结果

主矢 $\boldsymbol{F}'_\mathrm{R}$	主矩 M_O	简化结果	意　义
$F'_\mathrm{R}\neq0$	$M_\mathrm{O}\neq0$	合力 $\boldsymbol{F}_\mathrm{R}$	此时力系没有简化为最简单的形式，还可以根据力的平移定理，将 $\boldsymbol{F}'_\mathrm{R}$ 和 M_O 进一步合成为一个合力 $\boldsymbol{F}_\mathrm{R}$。$\boldsymbol{F}_\mathrm{R}=\boldsymbol{F}'_\mathrm{R}=\Sigma\boldsymbol{F}$，其作用线至简化中心点 O 的垂直距离为 $d=\lvert M_\mathrm{O}\rvert/F'_\mathrm{R}$（如图 1-1-39 所示，由力的平移定理逆定理得到）
	$M_\mathrm{O}=0$	合力 $\boldsymbol{F}'_\mathrm{R}$	原力系可简化为一个合力 $\boldsymbol{F}'_\mathrm{R}=\Sigma\boldsymbol{F}$，这个力就是原力系的合力，作用线通过简化中心点 O
$F'_\mathrm{R}=0$	$M_\mathrm{O}\neq0$	合力偶 M_O	$M_\mathrm{O}=\sum M_\mathrm{O}(\boldsymbol{F})$，主矩 M_O 与简化中心点 O 的位置无关
	$M_\mathrm{O}=0$	力系平衡	平面任意力系平衡的必要和充分条件为 $F'_\mathrm{R}=0$，$M_\mathrm{O}=0$

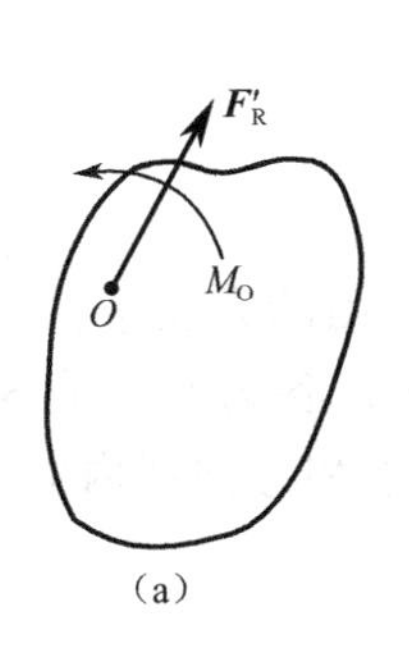

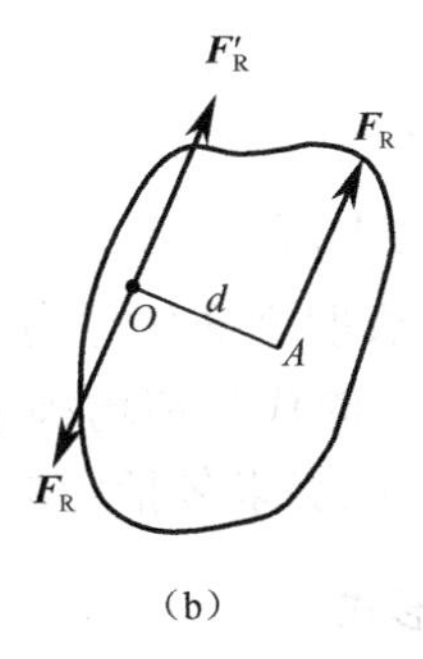

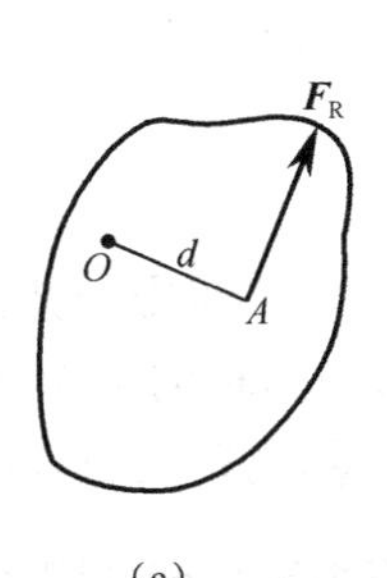

图 1-1-39　力的平移定理应用

2. 固定端约束

固定端约束是使被约束体插入约束内部，被约束体一端与约束成为一体而完全固定，既不能移动也不能转动的一种约束形式。工程中的固定端约束是很常见的，如机床上装卡加工工件的卡盘对工件的约束（见图 1-1-40（a））；大型机器中立柱对横梁的约束（见图 1-1-40（b））；房屋建筑中墙壁对阳台横梁的约束（见图 1-1-40（c））等。

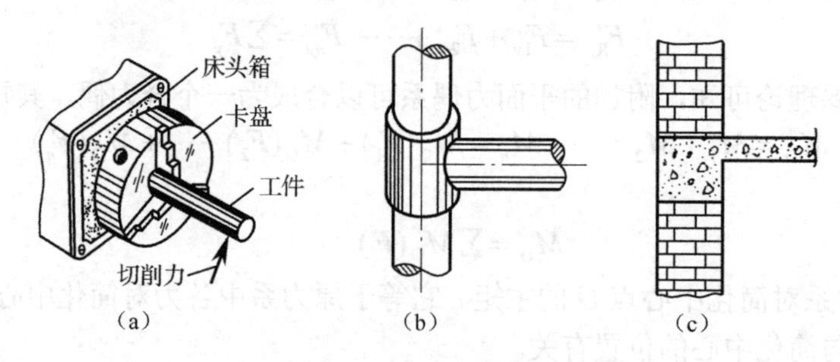

图 1-1-40 固定端约束

固定端约束的约束力是由约束与被约束体紧密接触而产生的一个分布力系，当外力为平面力系时，约束力所构成的这个分布力系也是平面力系，由于其中各个力的大小与方向均难以确定，因而可将该力系向点 A 简化，得到的主矢用一对正交分解的力 F_{Ax}、F_{Ay} 来表示，它们限制构件移动的约束作用，而将主矩用一个约束力偶 M_A 来表示，它对构件起限制转动的作用，如图 1-1-41 所示。

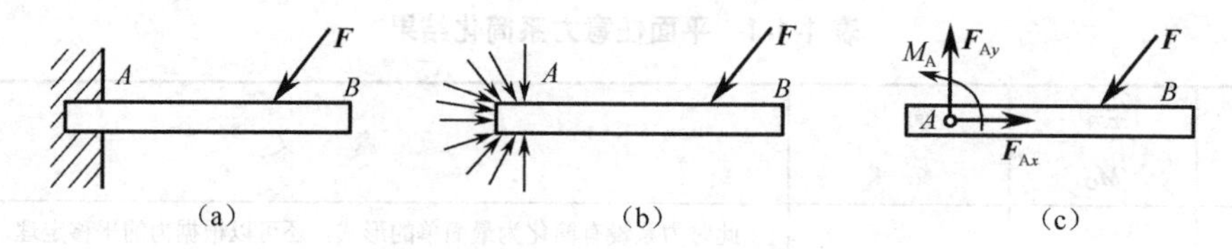

图 1-1-41 固定端约束力表示方法

3. 平面任意力系的平衡方程

由表 1-1-1 中得知，平面任意力系平衡的充分和必要条件为主矢与主矩同时为零，即

$$F_R' = \sqrt{(\sum F_x)^2 + (\sum F_y)^2} = 0$$

$$M_O = \sum M_O(\boldsymbol{F}) = 0$$

所以可得到平面任意力系的平衡方程的基本形式为

$$\sum F_x = 0 \qquad \sum F_y = 0$$

$$\sum M_O(\boldsymbol{F}) = 0 \tag{1-1-17}$$

式（1-1-17）简称为二投影一矩式。它表明平面任意力系平衡的充要条件为力系中各力在平面内两个任选坐标轴的每个轴上投影的代数和均等于零，各力对平面内任意一点之矩的代数和也等于零。式（1-1-17）最多能够求包括力的大小和方向在内的 3 个未知量。

4. 平面任意力系平衡方程的其他形式

平面任意力系平衡方程除了式（1-1-17）的基本形式外，还有其他两种形式。

（1）一投影两矩式平衡方程

$$\sum F_y = 0\ （或\sum F_x = 0），\sum M_A(\boldsymbol{F}) = 0，\sum M_B(\boldsymbol{F}) = 0 \quad (1\text{-}1\text{-}18)$$

其中 A、B 两点连线不能与投影轴 x（或 y）垂直。

（2）三矩式平衡方程

$$\sum M_A(\boldsymbol{F}) = 0，\sum M_B(\boldsymbol{F}) = 0，\sum M_C(\boldsymbol{F}) = 0 \quad (1\text{-}1\text{-}19)$$

其中 A、B、C 三点不共线。

在应用平衡方程解平衡问题时，应注意以下几个问题：

① 为了使计算简化，一般应将矩心选在几个未知力的交点上，并尽可能使较多的力的作用线与投影轴垂直或平行。

② 计算力矩时，如果其力臂不易计算，而它的正交分力的力臂容易求得，则可以用合力矩定理计算。

③ 解题前应先判断系统中的二力构件或二力杆。

④ 在解具体问题时，应根据已知条件和便于解题的原则，选用平衡条件的一种形式。

5. 解题步骤与方法

（1）确定研究对象，画受力图。应将已知和未知力共同作用的物体作为研究对象，取出分离体画受力图。

（2）选取投影坐标轴和矩心，列平衡方程。列平衡方程前应先确定力的投影坐标轴和矩心的位置，然后列方程。若受力图上有两个未知力相互平行，可选垂直于此二力的直线为投影轴；若无两个未知力相互平行，则选两个未知力的交点为矩心；若有两正交未知力，则分别选取两未知力所在直线为投影坐标轴，选两个未知力的交点为矩心。恰当选取坐标轴和矩心，可使单个平衡方程中未知量的个数减少，便于求解。

（3）求解未知量，讨论结果。将已知条件代入平衡方程中，联立方程求解未知量。必要时可对影响求解结果的因素进行讨论；还可以另选一不独立的平衡方程，对某一解答进行验算。

【例 1-1-10】 图 1-1-42 所示为水平横梁 AB，其 A 端为固定铰链支座，B 端为一活动支座。梁的长度为 $4a$。梁重 $\boldsymbol{P}$，作用在梁的中点 C。梁的 AC 端上受均布载荷 q 的作用，梁的 BC 段上受力偶的作用，力偶矩 $M=pa$，试求 A、B 两处的支座约束力。

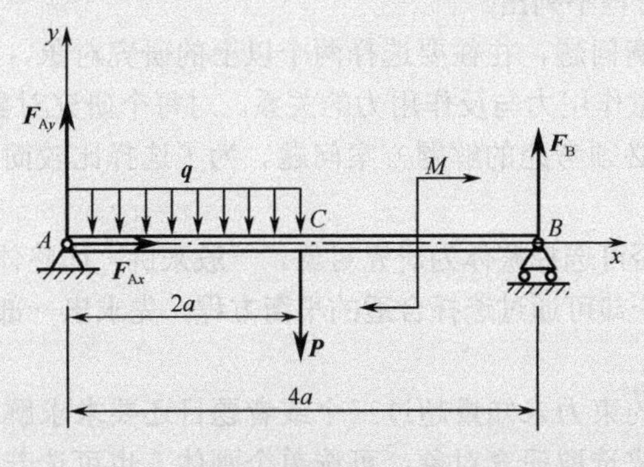

图 1-1-42　水平横梁

解： 按固定铰链和活动铰链的受力特点对杆 AB 进行受力分析，如图 1-1-42 所示。在计算约束力时，可将 AC 段的均布载荷用合力 $\boldsymbol{F}_q$ 表示，$\boldsymbol{F}_q=q\cdot 2a$，作用在 AC 段的中点处，方向与原均布载荷相同。

建立直角坐标系，列平衡方程如下：

$$\sum F_x=0 \qquad F_{Ax}=0$$

$$\sum F_y=0 \qquad F_{Ay}-q\cdot 2a-p+F_B=0$$

$$\sum M_A(\boldsymbol{F})=0 \qquad -q\cdot 2a\cdot a-p\cdot 2a-M+F_B\cdot 4a=0$$

解方程得：

$$F_{Ax}=0$$

$$F_B=\frac{3}{4}p+qa$$

$$F_{Ay}=\frac{1}{4}p+\frac{3}{2}qa$$

1.3.3 物体系统的平衡、静定与静不定的概念

1. 物体系统的平衡问题

由若干个物体以适当的约束互相联系所组成的系统，称为物体系统，简称物系。在研究物体系统的平衡问题时，既要分析物体系统以外的物体对物系的约束，还要分析物体内部各物体之间的相互作用力。从平衡意义来说，如果物体系统处于平衡状态，则物体系统内的各物体也一定处于平衡状态。因此，既可以将物体系统作为研究对象，也可以将物体系统内的单个物体或几个物体组成的局部作为研究对象。对整个物体系统来说，内力总是成对出现的，所以在研究物体系统的平衡问题时，物系中的内力不需要考虑。必须注意，内力与外力的概念是相对的。

当研究物系中某一物体的平衡时，物系中其他物体对所研究物体的作用力就转化为外力，这时该力就必须考虑。

在一般情况下，对于每一个物体，可以写出三个独立的平衡方程。如果物体系统由 n 个物体组成，在平面任意力系作用下保持平衡，则该系统可以也只能建立 $3n$ 个独立的平衡方程，因而也可以确定 $3n$ 个未知量。在建立平衡方程时，应尽可能避免解联立方程，需要几个方程就列几个方程，多余的方程不列出。

求解物体系统的平衡问题，往往要选择两个以上的研究对象，分别画出其受力图，在画受力图时，要特别注意作用力与反作用力的关系。对每个研究对象列出必要的平衡方程，所以有一个在解题之前必须考虑的解题方案问题。为了选择比较简便的解题方案，应注意以下几点：

（1）应首先考虑是否可选择整体为研究对象。一般来讲，如整体的外约束力未知量不超过三个，或虽然超过三个却可通过选择合适的平衡方程，先求出一部分未知量时，应首先选取整体为研究对象。

（2）如果整体的外约束力未知量超过三个或者题目还要求求解内部约束的约束力时，应考虑把物体系统拆开来选取研究对象，可选单个刚体，也可选若干刚体组成的局部。这时一般应先选取受力较简单，未知量较少但却包含了已知力和待求未知量的刚体或局部为研究对象。

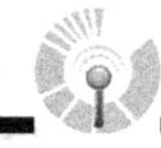

（3）在分析时，应排好选择研究对象的先后顺序，整理出解题步骤，当确定能完成题目要求时，才可以动手解题。

下面举例说明物体系统平衡问题的解法。

【例 1-1-11】 位于铅垂面的人字梯 ACB 如图 1-1-43 所示，置于光滑水平面上，且处于平衡状态，已知 F_P=60kN，l=3m，α=45°。试求铰链 C 的约束力。

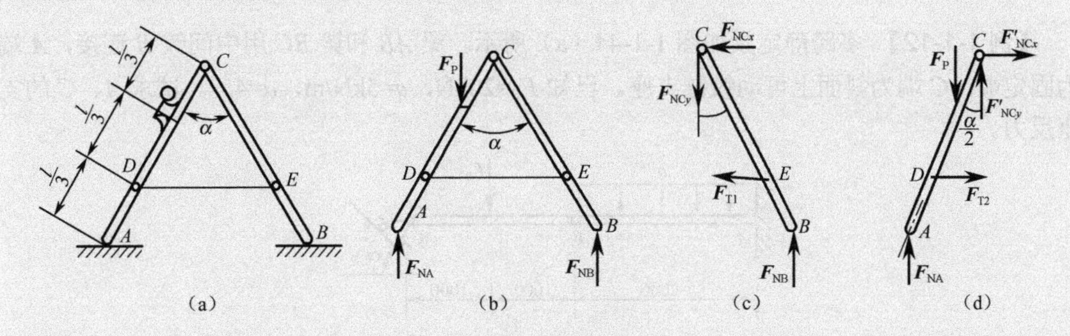

图 1-1-43　人字梯

解：（1）先选择整体为研究对象，画出受力图如图 1-1-43（b）所示。显然，整体在平面平行力系作用下处于平衡。列平衡方程并求解。

$$\sum M_A(\boldsymbol{F})=0$$

$$F_{NB}2l\sin\frac{\alpha}{2}-F_P\frac{2l}{3}\sin\frac{\alpha}{2}=0$$

解得：

$$F_{NB}=\frac{F_P}{3}=20\text{kN}$$

$$\sum M_B(\boldsymbol{F})=0$$

$$-F_{NA}2l\sin\frac{\alpha}{2}+F_P\left(l\sin\frac{\alpha}{2}+\frac{l}{3}\sin\frac{\alpha}{2}\right)=0$$

解得：

$$F_{NB}=\frac{2F_P}{3}=40\text{kN}$$

（2）再取杆 CB 为研究对象，画出其受力图如图 1-1-43（c）所示，杆 CB 在平面任意力系作用下处于平衡。选取坐标轴，列平衡方程并求解。

$$\sum F_y=0 \qquad -F_{NCy}+F_{NB}=0$$

$$\sum M_E(\boldsymbol{F})=0 \qquad F_{NB}\cdot\frac{l}{3}\sin\frac{\alpha}{2}+F_{NCx}\cdot\frac{2l}{3}\cos\frac{\alpha}{2}+F_{NCy}\cdot\frac{2l}{3}\sin\frac{\alpha}{2}=0$$

解得：

$$F_{NCy}=F_{NB}=20\text{kN}$$

$$F_{NCx}=-12.4\text{kN}$$

负号表示 F_{NCx} 的实际方向与图 1-1-43（c）所示方向相反。

解题方法讨论：

① 本题最后一步采用对点 E 取力矩式平衡方程，而不采用对点 B 或点 C 取力矩式方程，也不采用$\sum F_x$=0 的投影方程，是为了避免求解本题并不需要求解的未知量 $\boldsymbol{F}_{T1}$。

② 本题的第二个研究对象还可以选取杆 AC，其受力图如图 1-1-43（d）所示。显然，由于其上多了一个作用力 $\boldsymbol{F}_{\mathrm{P}}$，不如选择杆 CB 简便。再比如本题也可不取整体为研究对象，而先后选取杆 AC 和杆 CB 为研究对象，这样也可以解出题目要求的未知量，但不免会遇到解联立方程的问题。所以在正式解题前，比较一下可能的解题方案，选取较简便的一种，会使解题过程变得简单。

【例 1-1-12】 多跨静定梁如图 1-1-44（a）所示。梁 AB 和梁 BC 用中间铰 B 连接，A 端为固定端，C 端为斜面上可动铰链支座。已知 F_{P}=20kN，q=5kN/m，α=45°。试求 A、C 的支座反力。

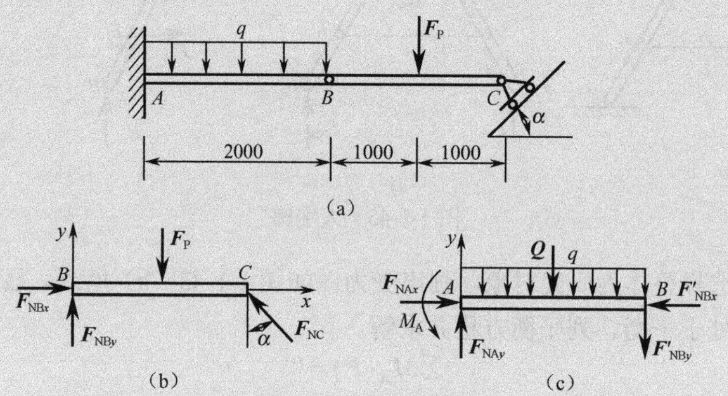

图 1-1-44　多跨静定梁

解：(1) 先取梁 BC 为研究对象，画受力图如图 1-1-44（b）所示。选取坐标轴，列平衡方程并求解。

$$\sum M_{\mathrm{B}}(\boldsymbol{F})=0 \qquad F_{\mathrm{NC}}\cdot 2\cdot\cos 45^{\circ}-F_{\mathrm{P}}\times 1=0$$

解得：

$$F_{\mathrm{NC}}=\frac{F_{\mathrm{P}}}{2\cos 45^{\circ}}=\frac{20}{2\cos 45^{\circ}}=14.14\mathrm{kN}$$

$$\sum F_x=0 \qquad F_{\mathrm{NB}x}-F_{\mathrm{NC}}\sin 45^{\circ}=0$$

解得：

$$F_{\mathrm{NB}x}=F_{\mathrm{NC}}\sin 45^{\circ}=10\mathrm{kN}$$

$$\sum F_y=0 \qquad F_{\mathrm{NB}y}+F_{\mathrm{NC}}\cos 45^{\circ}-F_{\mathrm{P}}=0$$

解得：

$$F_{\mathrm{NB}y}=F_{\mathrm{P}}-F_{\mathrm{NC}}\cos 45^{\circ}=20-14.14\cos 45^{\circ}=10\mathrm{kN}$$

(2) 再取梁 AB 为研究对象，画出受力图如图 1-1-44（c）所示。选取坐标轴，列平衡方程并求解。

$$\sum M_{\mathrm{A}}(\boldsymbol{F})=0 \qquad M_{\mathrm{A}}-q\times 2\times 1-F'_{\mathrm{NB}y}\times 2=0$$

解得：

$$M_{\mathrm{A}}=q\times 2\times 1+F'_{\mathrm{NB}y}\times 2=5\times 2\times 1+10\times 2=30\mathrm{kN}$$

$$\sum F_x=0 \qquad F_{\mathrm{NA}x}-F'_{\mathrm{NB}x}=0$$

解得：

$$F_{\mathrm{NA}x}=F'_{\mathrm{NB}x}=F_{\mathrm{NB}x}=10\mathrm{kN}$$

$$\sum F_y = 0 \quad F_{NAy} + F'_{NBy} - q\times 2 = 0$$

解得：

$$F_{NAy} = F'_{NBy} + q\times 2 = 10 + 5\times 2 = 20\text{kN}$$

本题还可选梁 *BC* 和整体作为研究对象，先取梁 *BC* 为研究对象，列出对点 *B* 的取矩方程，求出 $\boldsymbol{F}_{NC}$，再取整体为研究对象，列出三个平衡方程，解出 *A* 端的三个未知量，这样只要列出四个平衡方程就可以求出系统的所有反力。若要求点 *B* 中间铰的约束力，可由杆 *BC* 的另两个平衡方程求出。

2. 静定与静不定的概念

由各种力系的平衡条件可知，每一种力系都有一定数目的平衡方程，如平面任意力系有三个独立的平衡方程，而平面汇交力系及平面平行力系都只有两个平衡方程，平面力偶系只有一个独立的平衡方程。对每一个研究对象所能建立的独立平衡方程数最多是三个，对于由 n 个物体组成的物体系统的平衡问题，最多也只能建立 $3n$ 个独立的平衡方程。若所研究的问题中未知量数目等于或少于所能建立的独立的平衡方程数，则所有未知量都可以由静力平衡方程求得，这样的问题称为静定问题。若未知量的数目多于独立平衡方程数目时，未知量不能全部由静力平衡方程求出，则这样的问题称为静不定问题（或称超静定问题）。静不定问题并不是不能解决的，而只是不能用静力平衡方程式来解决。有些问题之所以成为静不定，是由于在静力学中把物体抽象为刚体，忽略了物体的变形。如果考虑物体的变形，找出物体的变形与作用力之间的关系，列出补充方程，静不定问题就可以得到解决，但这是材料力学或结构力学所研究的范畴。

图 1-1-45（a）所示简支梁为静定问题，而图 1-1-45（b）所示梁为静不定问题。

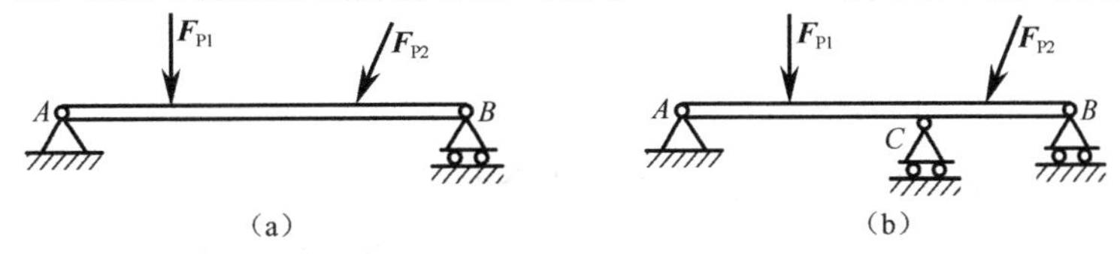

图 1-1-45　静定与静不定梁

项 目 小 结

1．力的分力为矢量，而力在坐标轴上的投影为代数量。

2．力与力偶为力系的两个基本元素，不能等同。

3．平面任意力系向平面内任意一点简化后，可得到一主矢和一主矩，主矢与简化中心无关，主矩与简化中心有关。

4．画受力图时，一定要在分离体上画。

思　考　题

1-1-1　“分力一定小于合力”这种说法对不对？为什么？试举例说明。

1-1-2　“凡两端用铰链连接的直杆均为二力杆”，对吗？

1-1-3 “作用力与反作用力是一对平衡力”，对吗？

1-1-4 设平面任意力系向一点简化得到一合力，问能否找到一个适当的点为简化中心，将其简化为一合力偶？

1-1-5 力偶可在作用平面内任意转移，那又为什么说主矩一般与简化中心的位置有关呢？

1-1-6 二矩式和三矩式平衡方程为什么要有限制条件？平面汇交力系是否也能采用力矩形式的平衡方程？

1-1-7 物体放在不光滑的桌面上是否一定受到摩擦力的作用？

习　题

1-1-1 试计算图习题 1-1-1 中力 $\boldsymbol{F}$ 对点 O 之矩。

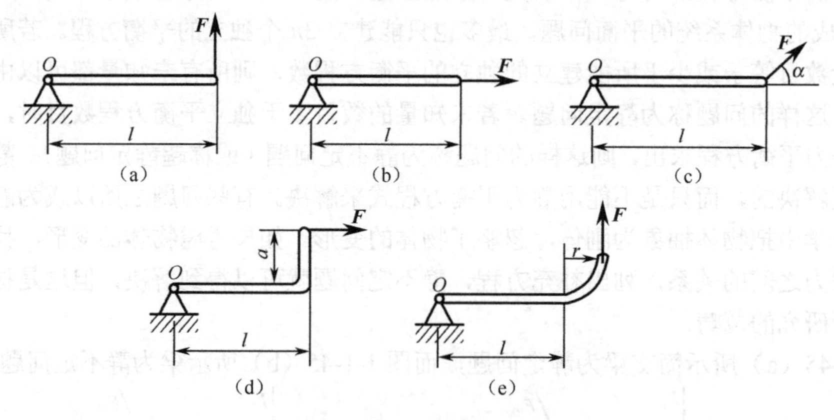

图习题 1-1-1　力矩计算

1-1-2 求图习题 1-1-2 所示平面汇交力系的合力。

1-1-3 A、B 两人拉一压路碾子，如图习题 1-1-3 所示，F_A=400N，为使碾子沿图中所示方向前进，B 应施加多大的拉力?

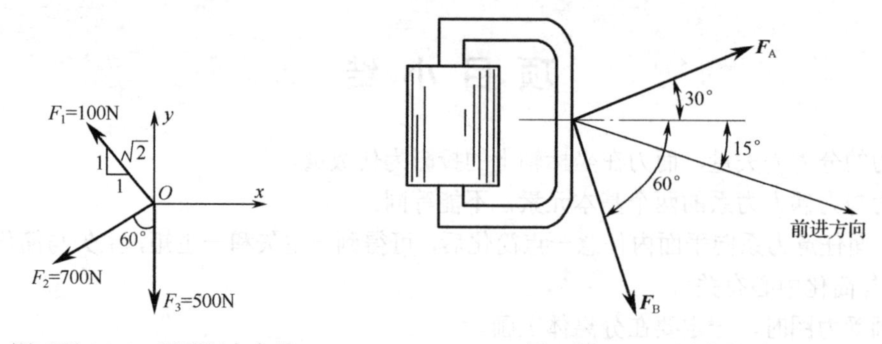

图习题 1-1-2　平面汇交力系　　　　图习题 1-1-3　压路碾子

1-1-4 如图习题 1-1-4 所示的受力图是否正确，如有错误请改正。

1-1-5 画出图习题 1-1-5 中指定物体的受力图（假设各接触处均为光滑，未画重力矢的各物体不计重量）。

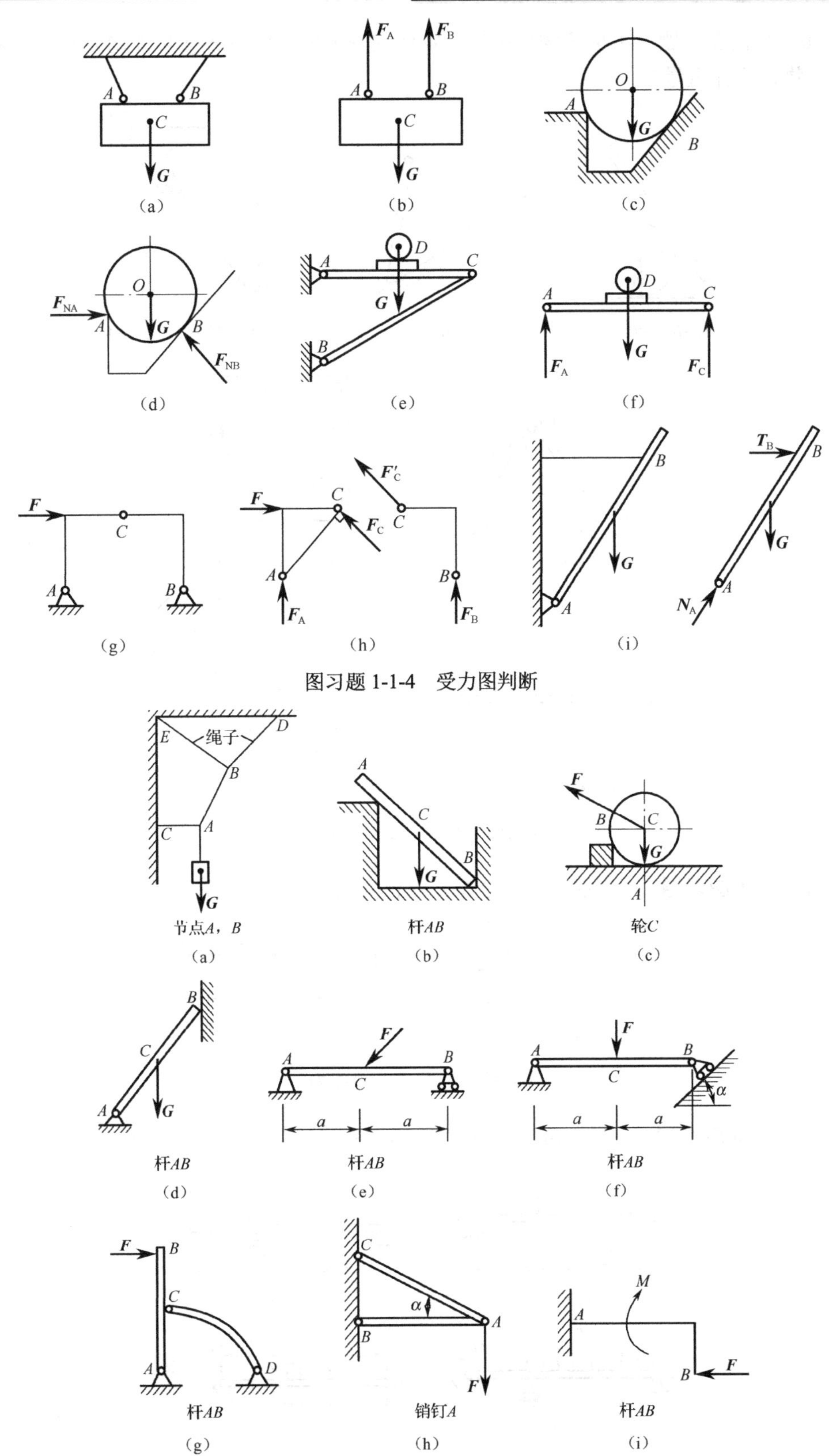

图习题 1-1-4　受力图判断

图习题 1-1-5　画单一物体的受力图

1-1-6　画出图习题 1-1-6 各物系中指定物体的受力图（假设各接触处均为光滑，未画重力矢的各物体不计重量）。

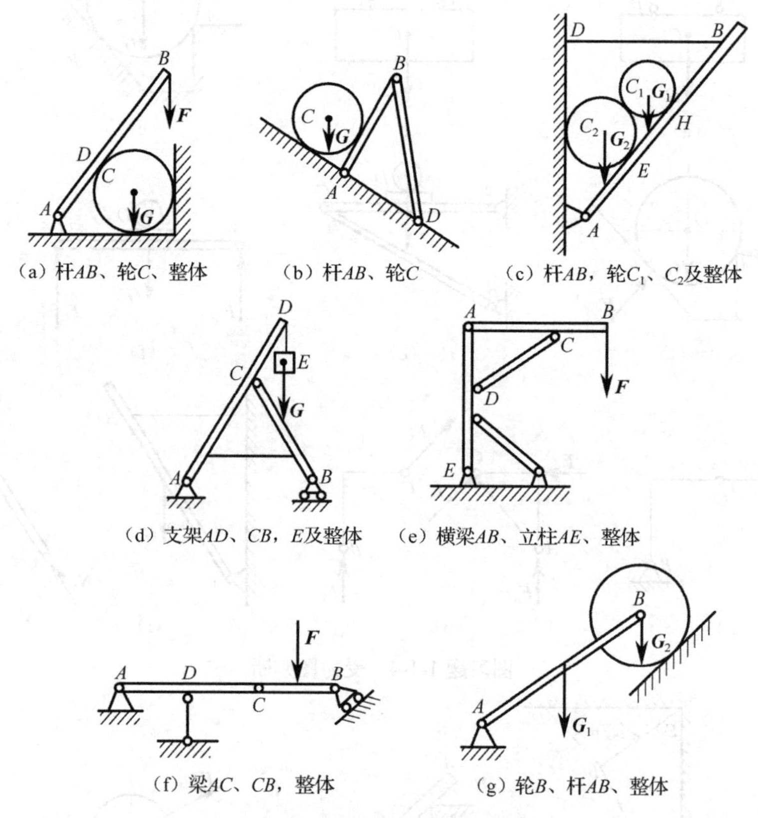

(a) 杆AB、轮C、整体
(b) 杆AB、轮C
(c) 杆AB，轮C1、C2及整体
(d) 支架AD、CB，E及整体
(e) 横梁AB、立柱AE、整体
(f) 梁AC、CB，整体
(g) 轮B、杆AB、整体

图习题 1-1-6　画物系的受力图

1-1-7　试求图习题 1-1-7 中各平行分布力的合力大小、作用线位置及对点 A 之矩。

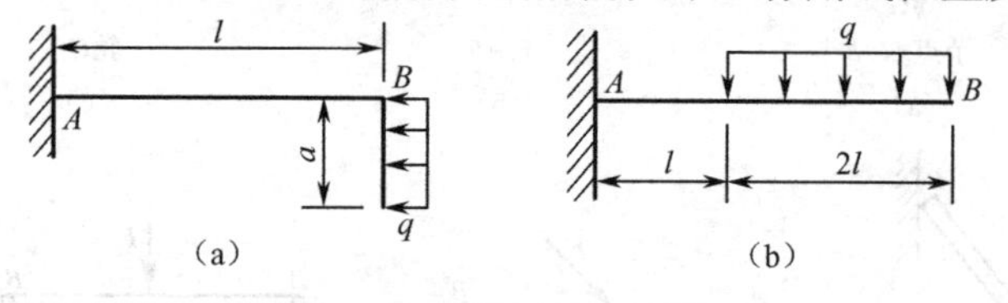

图习题 1-1-7　平行分布力

1-1-8　已知 F=60kN，a=20cm，求图习题 1-1-8 中所示各梁的支座反力。

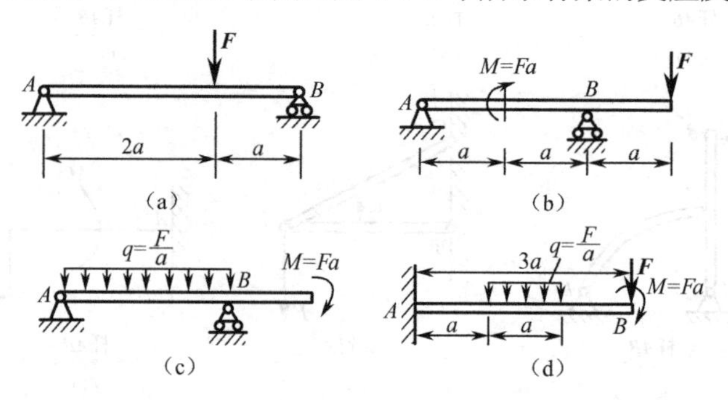

图习题 1-1-8　梁

1-1-9　静定多跨梁的载荷及尺寸如图习题 1-1-9 所示，长度单位为 m，求支座反力和中间铰链处的约束力。

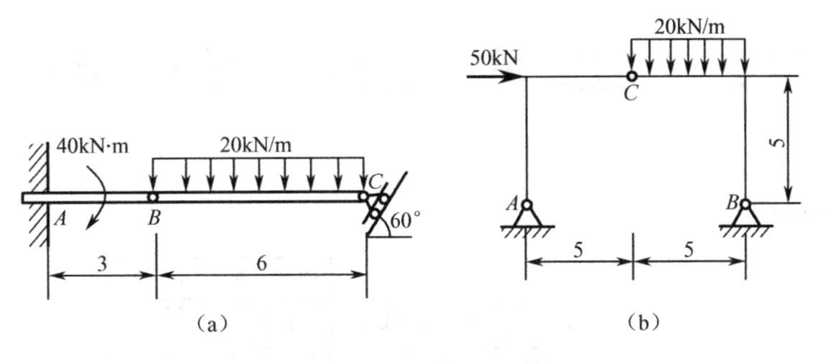

图习题 1-1-9　静定多跨梁

1-1-10　一均质杆重 1kN，将其竖起如图习题 1-1-10 所示。在图示位置平衡时，求绳子的拉力和 A 处的支座反力。

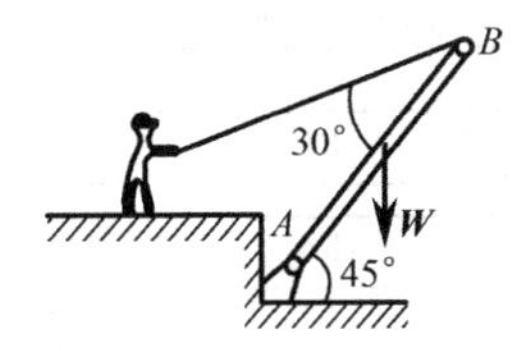

图习题 1-1-10　均质杆

项目 2 起重吊钩尾部螺栓的强度校核

知识分布网络图

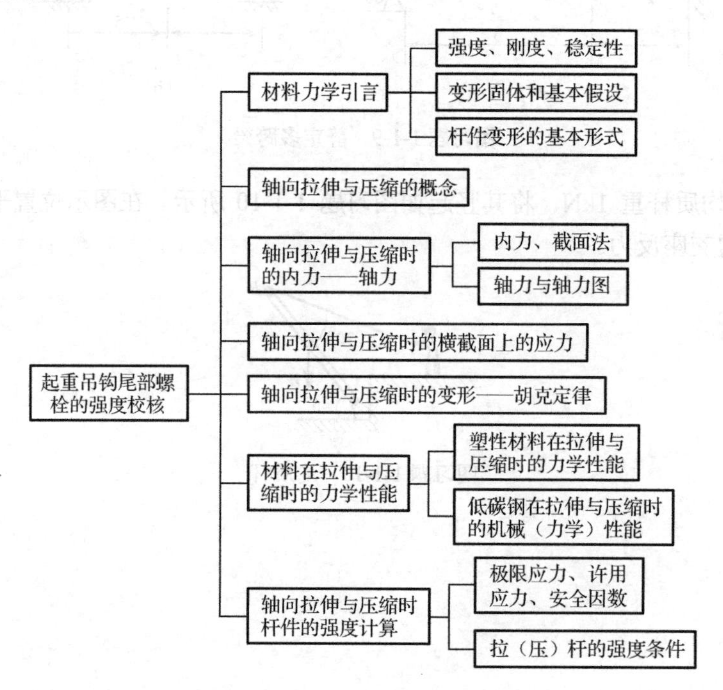

学习目标

1．掌握轴向拉压杆件的受力特点和变形特点；

2．能绘制轴力图，能对轴向拉压杆进行强度与刚度的计算；

3．培养学生的工程思想以及解决实际问题的能力。

学习任务

如图 1-2-1 所示的起重机吊钩，已知吊钩吊起的减速器重量 F=2600N，吊钩材料的许用拉应力[σ]=160MPa，吊钩尾部选用 M20 的螺栓，试绘制该螺栓的轴力图并校核该螺栓的强度。

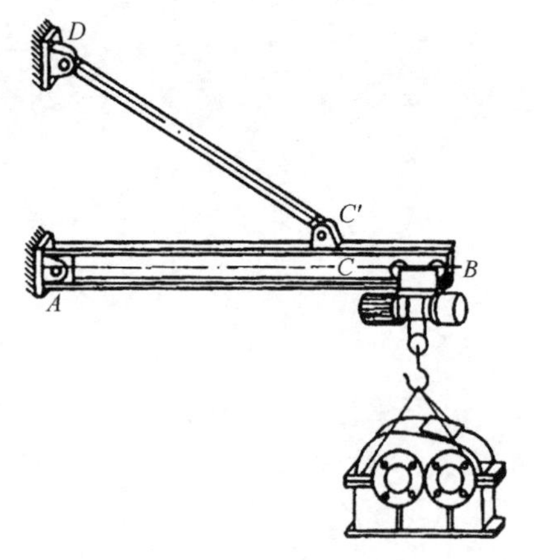

图 1-2-1 起重机吊钩

任务分析

1. 吊钩的工作状态

减速器重量通过绳索加载到起重吊钩上，吊钩吊起减速器进行安装或移位。

2. 建立力学模型，分析吊钩的受力

起吊后，吊钩尾部的螺栓承受一对等值、反向的拉力，因减速器重量所产生的力作用于吊钩尾部的螺栓。在此对拉力作用下，螺栓内部会产生相应的内力——轴力。在轴力作用下，分析 M20 螺栓的强度是否能满足工作要求。

任务 2.1　绘制螺栓的轴力图

学习目标

1．掌握轴向拉压杆件的受力特点和变形特点；
2．能绘制轴力图；
3．培养学生的工程思想以及解决实际问题的能力。

学习任务

如图 1-2-1 所示的起重机，已知吊钩吊起的减速器重量 F=2600N，吊钩尾部选用 M20 的螺栓，试绘制该螺栓的轴力图。

任务分析

起吊后，吊钩尾部的螺栓承受一对等值、反向的拉力（见图 1-2-2），因减速器重量所产生的力作用于吊钩尾部的螺栓。在此对拉力作用下，螺栓内部会产生相应的内力——轴力。

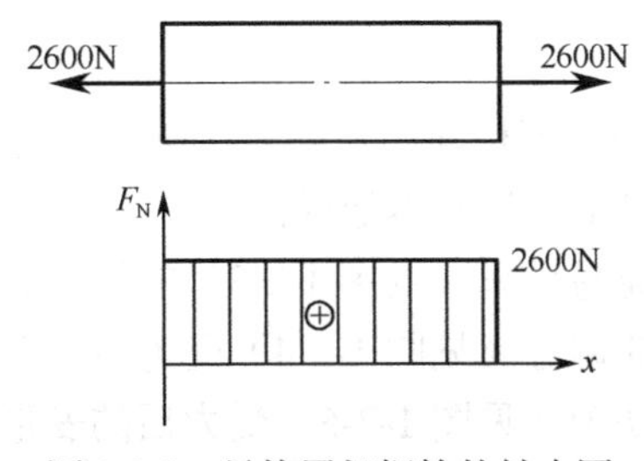

图 1-2-2　吊钩尾部螺栓的轴力图

2.1.1 材料力学引言

1. 材料力学的任务

各种工程机械都是由若干构件组成的，为了保证构件在外力作用下能够正常工作，必须满足三方面的要求：

（1）强度要求：在规定的使用条件下，要求构件不被破坏。例如吊车的钢丝绳在起吊重物时不能发生断裂，否则将会引起严重的不良后果。我们把构件抵抗破坏的能力称为强度。

（2）刚度要求：在规定的使用条件下，要求构件不产生过大的变形。例如机械传动装置中的传动轴发生过大弯曲变形时，轴承、齿轮会加剧磨损，降低机械装置的寿命，同时因影响齿轮的正确啮合，降低了机械传动的精度。我们把构件抵抗变形的能力称为刚度。

（3）稳定性要求：在规定的使用条件下，要求受压构件具有保持原有直线平衡状态的能力。我们把受压构件保持其原有直线平衡状态的能力称为稳定性。

仅仅考虑构件的安全，只需要多用材料与选用优质材料即可，但这样会增加生产成本，有违经济性。材料力学的任务是在保证构件既安全又经济的前提下，建立构件强度、刚度和稳定性计算的理论基础，为构件的选材及设计合理的截面形状与尺寸提供依据。

2. 变形固体和基本假设

材料力学的研究对象是变形固体。变形固体的变形可分为弹性变形和塑性变形。载荷卸去后能消失的变形称为弹性变形；载荷卸去后不能消失的变形称为塑性变形。为便于材料力学问题的理论研究和实际计算，对变形固体做如下基本假设：

（1）连续性假设：认为整个物体内充满了物质，没有任何空隙存在。

（2）均匀性假设：认为物体内任何部分的性质是完全一样的。

（3）各向同性假设：沿各个方向具有力学性能的材料称为各向同性材料。大部分金属材料是各向同性材料，木材等材料是非各向同性材料。

（4）小变形假设：指构件受到外力作用后发生的变形和原始尺寸相比非常微小。在研究构件的受力平衡时，仍按构件的原始尺寸进行计算。

上述基本假设虽与工程材料的实际微观情况有所差异，但从宏观分析及试验结果来看，这些假设所得到的理论和计算方法，可满足一般的工程实际要求。

工程实际中的构件种类繁多，根据其几何形状，可以分为杆、板、壳、块。

长度方向尺寸远大于其他两方向尺寸的构件，在材料力学中称为杆。轴线为直线的杆，称为直杆。各横截面相同的直杆，称为等直杆。材料力学研究的主要对象就是等直杆。

3. 杆件变形的基本形式

杆件在工作时的受力情况是各不相同的，受力后所产生的变形也随之而异。对于杆件来说，其受力后产生的变形，有以下几种基本形式：

（1）轴向拉伸与压缩。如简易吊车（见图 1-2-3）的拉杆和压杆受力后的变形。

（2）剪切。如铆钉联结中的铆钉（见图 1-2-4）受力后的变形。

（3）扭转。如机器中的传动轴（见图 1-2-5）受力后的变形。

（4）弯曲。如桥式起重机的横梁（见图 1-2-6）受力后的变形。

对于变形比较复杂的杆件，也只是这几种基本变形的组合。

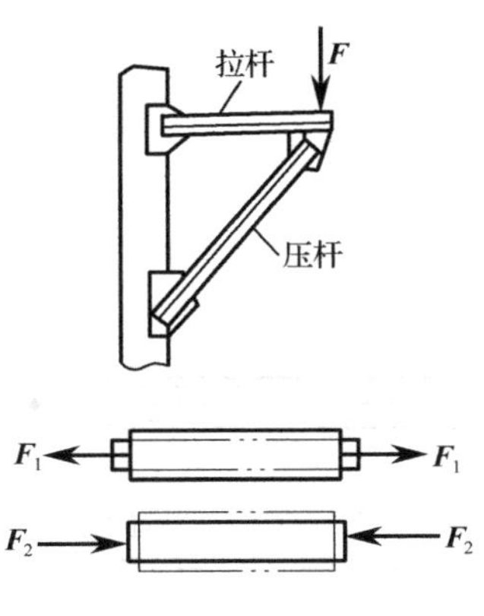

图 1-2-3　轴向拉伸与压缩变形

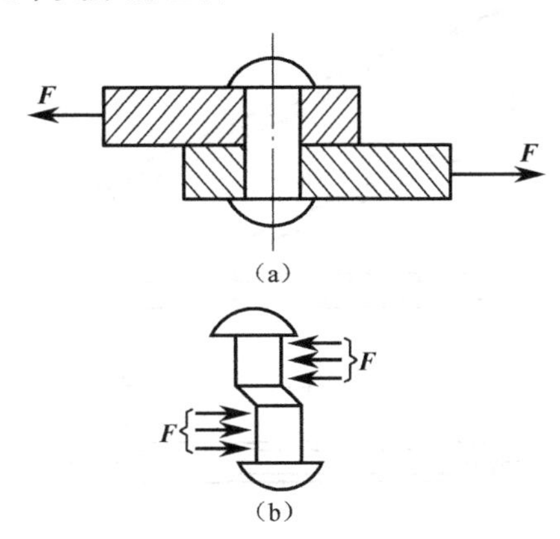

图 1-2-4　剪切变形

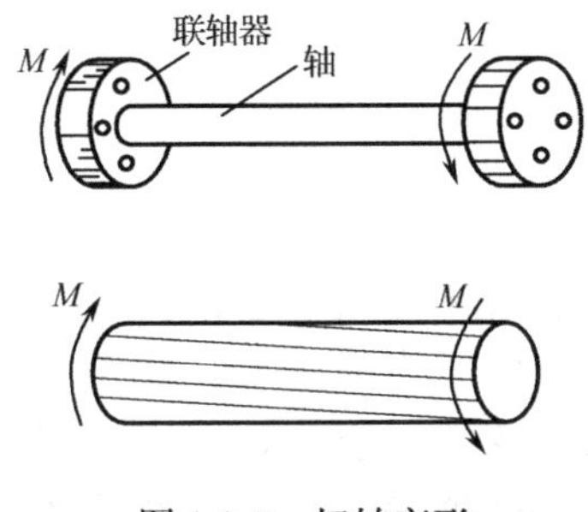

图 1-2-5　扭转变形

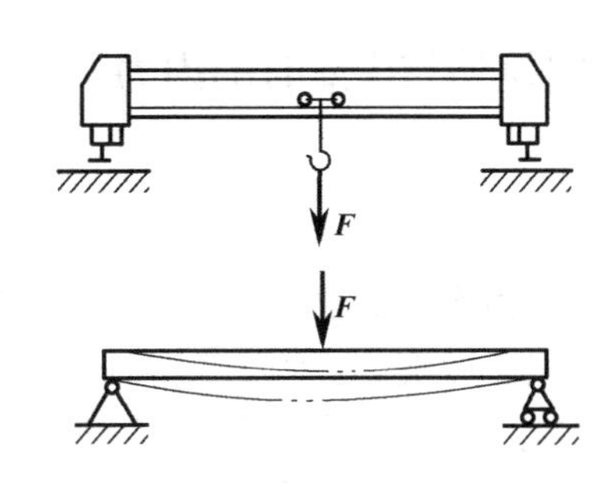

图 1-2-6　弯曲变形

2.1.2　轴向拉伸与压缩的概念

在工程机械中，杆件承受轴向拉伸和压缩的实例是很多的。如图 1-2-7 所示的螺栓联结，当拧紧螺母时，螺栓受到拉伸。又如图 1-2-8 所示的简易吊车中，当不计杆的自重时，杆 *BC*、*AB* 均为二力杆，分别受到轴向拉伸与压缩。

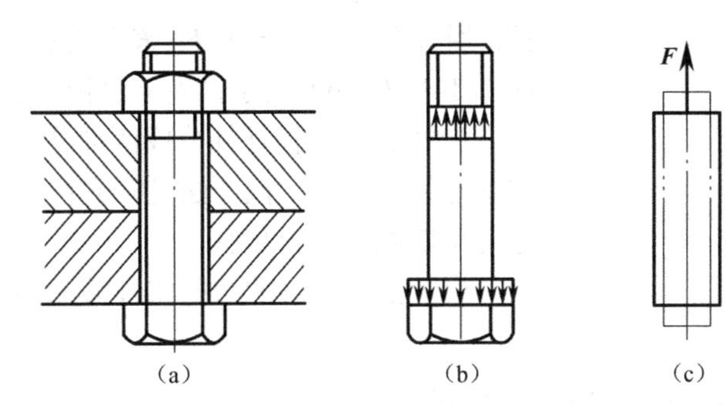

图 1-2-7　螺栓联结

上述二例中的杆件均可抽象为一等直杆，其计算简图如图 1-2-9 所示。它们的受力特点：作用于杆件上的外力（或外力的合力）的作用线与杆件的轴线重合。其变形特点：杆件沿轴线方向伸长或缩短。这种变形形式称为轴向拉伸或压缩。

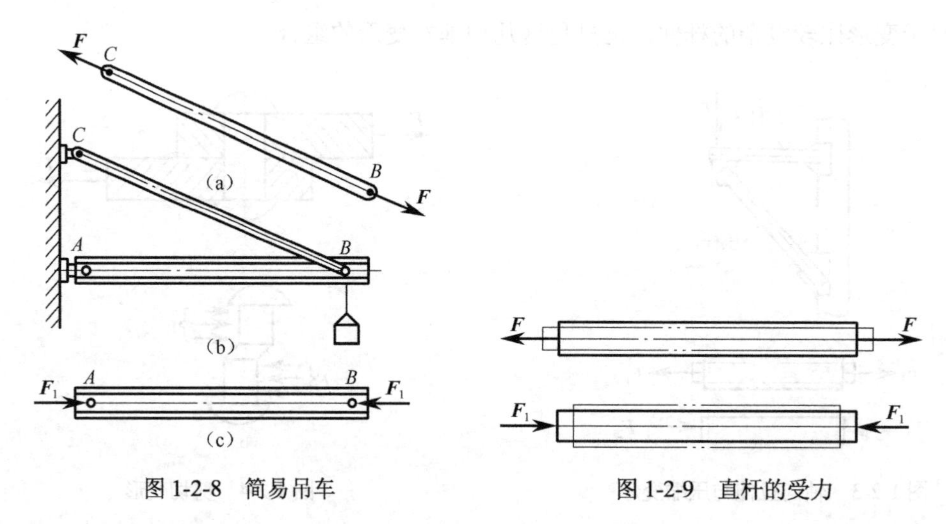

图 1-2-8 简易吊车　　　　图 1-2-9 直杆的受力

2.1.3 轴向拉伸与压缩时的内力——轴力

1. 内力

杆件受外力作用后要发生变形，其内部各颗粒间的相对位置也会改变，颗粒间的相互作用力也将发生改变。这种由于外力作用而引起的杆件内部的相互作用力，称为附加内力，简称内力。内力是外力引起的，它随着外力的改变而改变。内力过大，将引起构件的破坏，因此，内力分析是材料力学的重要内容。轴向拉伸与压缩时横截面上的内力称为轴力。

2. 截面法

在材料力学中求内力通常采用的方法是截面法。现举例来说明。如图 1-2-10（a）所示的杆件，受外力 $\boldsymbol{F}$ 作用，求横截面 1-1 上的内力。为了求出截面上的内力，假想将杆件截成两部分，任取其中一部分作为研究对象。例如取左半段作为研究对象，将右半段去掉；用分布内力的合力 $\boldsymbol{F}_{\mathrm{N}}$ 来替代右半段对左半段的作用，如图 1-2-10（b）所示；建立平衡方程，可计算得 $F_{\mathrm{N}}=F$。

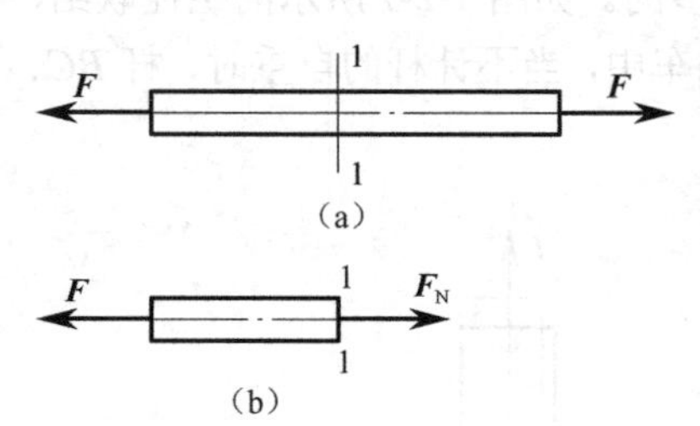

图 1-2-10 截面法求内力

上述假想地把杆件分成两部分，以显示并确定内力的方法称为截面法。截面法是研究杆件内力的基本方法，其过程可归纳为三个步骤：

（1）沿所研究的截面将杆截为两部分，并取其中一部分作为研究对象。

（2）以内力代替另一部分对研究对象的作用。

（3）对研究对象列出平衡方程，求解内力。

3. 轴力与轴力图

（1）轴力

受轴向拉、压的杆件，外力的作用线都与杆件的轴线重合，故内力也作用于杆的轴线上，称为轴力，用符号 $\boldsymbol{F}_{\mathrm{N}}$ 表示。习惯上，把背离截面的轴力规定为正，指向截面的轴力规定为负。

如果将轴力方向总是设定为离开截面，那么计算结果为正值，则轴力为拉力；计算结果为负值，则轴力为压力。

（2）轴力图

当杆件上有多个外力作用时，杆件各段横截面上的轴力大小就不一定相同了。为了表示轴力沿轴线的变化，我们用轴线方向的坐标轴表示杆截面的位置，其垂直方向的另一个坐标轴表示轴力的大小，这样得到的图形称为轴力图。

【例 1-2-1】 如图 1-2-11 所示，已知 F_1=2.5kN，F_2=4kN，F_3=1.5kN，画杆件轴力图。

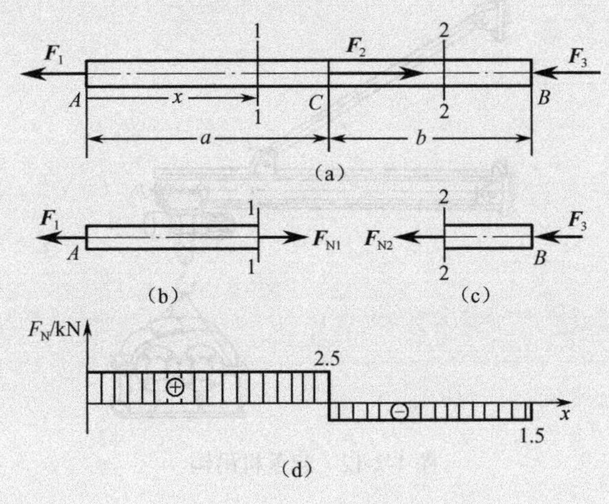

图 1-2-11　轴力图

解：

（1）截面法求 *AC* 段轴力，沿截面 1-1 处截开，取左段，如图 1-2-11（b）所示。

$$\sum F_x=0 \quad F_{N1}-F_1=0$$

$$得 \quad F_{N1}=F_1=2.5\text{kN}$$

（2）求 *BC* 段轴力，从 2-2 截面处截开，取右段，如图 1-2-11（c）所示。

$$\sum F_x=0 \quad -F_{N2}-F_3=0$$

$$得 \quad F_{N2}=-F_3=-1.5\text{kN}$$

（3）如图 1-2-11（d）所示为杆 *AB* 的轴力图。

任务 2.2　螺栓的强度计算

学习目标

1. 掌握轴向拉压杆件的应力分析和强度计算；
2. 能解决工程中的简单拉压构件的强度和变形问题；
3. 培养学生的工程思想以及解决实际问题的能力。

学习任务

如图 1-2-12 所示的起重机吊钩，已知吊钩吊起的减速器重量 F=2600N，吊钩材料的许用拉应力$[\sigma]$= 160MPa，吊钩尾部选用 M20 的螺栓，试校核该螺栓的强度。

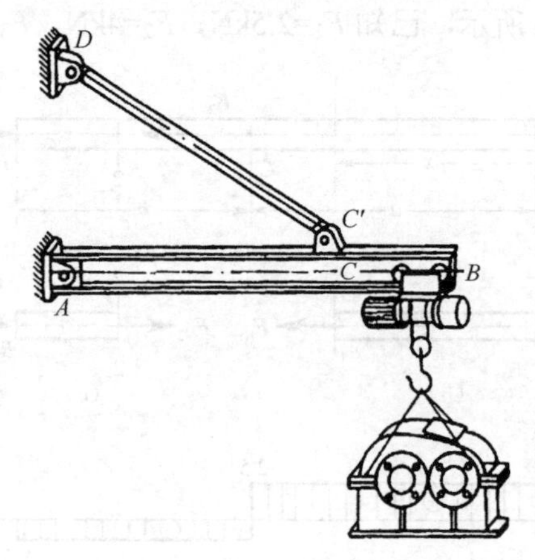

图 1-2-12　起重机吊钩

任务分析

1. 吊钩的工作状态

减速器重量通过绳索加载到起重吊钩上，吊钩吊起减速器进行安装或移位。

2. 建立力学模型，分析吊钩的强度

起吊后，吊钩尾部的螺栓内部受到内力——轴力的作用，在这样的轴力作用下，分析 M20 螺栓的强度是否能满足工作要求。

解： 起重机在起吊减速器时，螺栓受到轴向的拉力作用，因而产生轴向的拉伸变形。其拉应力为

$$\sigma=F/A=2600\times4/(3.14\times20^2)=8.28\text{MPa} < [\sigma]=160\text{MPa}$$

螺栓强度满足要求。

2.2.1　轴向拉伸与压缩时的横截面上的应力

1. 应力

杆件的强度不仅与轴力有关，还与横截面面积有关，必须用应力来比较和判断杆件的强度。内力在截面上分布的集度即单位面积上内力的大小，称为应力（见图 1-2-13（a））。应力可分为正应力和切应力。

（1）正应力σ

垂直于截面的应力，称为正应力（见图 1-2-13（b））。

（2）切应力τ

相切于截面的应力，称为切应力（见图 1-2-13（b））。

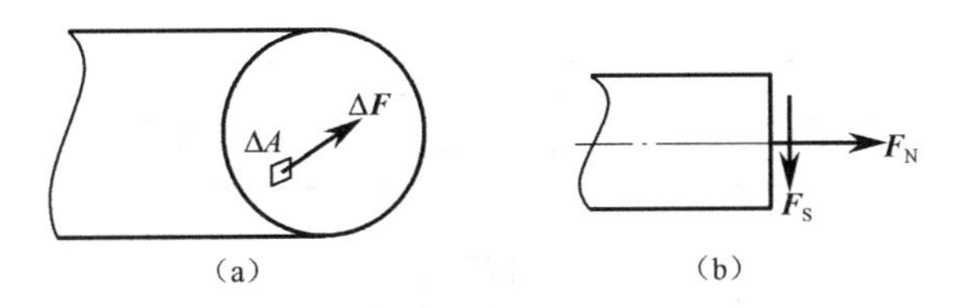

图 1-2-13　应力

在国际单位制中，应力单位：1Pa=1N/m^2（帕或帕斯卡）；常用单位：kPa、MPa（兆帕）、GPa（吉帕）。1kPa=10^{3}Pa，1MPa=10^6 Pa，1GPa=10^{9}Pa。工程上常用的单位为 MPa。

2. 横截面上的正应力计算

为了求得横截面上任意一点的应力，必须了解内力在截面上的分布规律。取一等截面直杆，在杆上画上与杆轴线垂直的横线 *ab* 和 *cd*，再画上与杆轴平行的纵向线，然后沿杆的轴线作用拉力 ***F*** 使杆件产生拉伸变形（如图 1-2-14 所示）。

此时可以观察到：横线在变形前后均为直线，且都垂直于杆的轴线；纵线在变形后也保持直线，仍平行于杆的轴线，只是横线间距增大，纵向间距减小，所有正方形的网格均变成大小相同的长方形。

根据杆件表面的变形情况可对杆件做出如下假设：杆件的横截面在变形后仍保持为平面，且仍与杆的轴线垂直。这个假设为平面假设。

由平面假设可以得出：

（1）横截面上各点只产生沿垂直于横截面方向的变形，故横截面上只存在正应力；

（2）将杆件想象成由无数的纵向纤维所组成，任意两横截面间的纵向纤维伸长均相等，即变形相同。

由材料的均匀连续性假设，可以推断每一根纤维所受内力相等，即同一横截面上的正应力处处相同。轴向拉压时横截面上的应力均匀分布，即横截面上各点处的应力大小相等，其方向与轴力一致，垂直于横截面，故为正应力，应力分布图如图 1-2-15 所示。

图 1-2-14　轴向拉压变形的试验观察　　图 1-2-15　轴向拉压杆横截面上正应力分布

杆件轴向拉压时横截面上正应力计算公式为

$$\sigma = F_N / A \tag{1-2-1}$$

式中，σ为横截面上的正应力（MPa），$\boldsymbol{F}_N$ 为横截面上的轴力（N），A 为横截面上的面积（mm^2）。

正应力σ的正负号与轴力 F_N 相同，即拉伸为正，压缩为负。

【例 1-2-2】 一中段开槽的直杆（如图 1-2-16 所示），受轴向力 F 作用。已知：F=20kN，h=25mm，h_0=12mm，b=20mm。试求杆内的最大正应力。

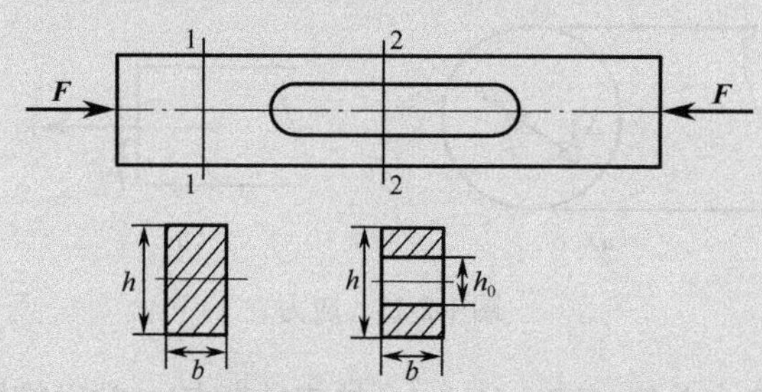

图 1-2-16　开槽直杆

解：

（1）求轴力 F_N。

$$F_N=-F=-20\text{kN}=-20\times10^3\text{N}$$

（2）求横截面面积。

$$A_1=bh=20\times25=500\text{mm}^2$$

$$A_2=b(h-h_0)=20\times(25-12)=260\text{mm}^2$$

（3）求应力。

由于截面 1-1、2-2 轴力相同，所以最大应力应该在面积小的截面 2-2 上。

$$\sigma_{\max}=F_N/A=-20\times10^3/260=-76.92\text{MPa}$$（负号表示为压应力）

2.2.2　轴向拉伸与压缩时的变形——胡克定律

1. 纵向变形

（1）绝对变形。设圆截面等直杆的原长为 l，直径为 d，在轴向力的作用下产生变形，变形后的长度为 l_1，直径为 d_1。当轴向拉伸或压缩时，杆件的变形主要表现为沿轴向的伸长或缩短，杆件沿轴向的伸长或缩短的量称为纵向绝对变形，若以 Δl 表示，则

$$\Delta l=l_1-l \quad （拉伸时 \Delta l>0，压缩时 \Delta l<0）$$

（2）相对变形（纵向线应变或线应变）。绝对变形与杆件原长有关，为消除杆件原长度的影响，引入相对变形概念。我们把单位长度的变形称为相对变形，也称为线应变。即

$$\varepsilon=\frac{\Delta l}{l} \tag{1-2-2}$$

试验证明：对于工程中使用的大多数材料，只要应力不超过某一极限值时，则杆件的伸长量 Δl 与轴力 F_N 成正比，与杆件的原长 l 成正比，与横截面面积 A 成反比。即

$$\Delta l\propto\frac{F_N l}{A}$$

引入比例常数 E，代入上式得：

$$\Delta l=\frac{F_N l}{EA} \tag{1-2-3}$$

式中　Δl——杆件的绝对变形（mm）；

E——材料的弹性模量（MPa），对于同一种材料而言，E 为常数；

$\boldsymbol{F}_{\mathrm{N}}$——杆件的轴力（N）；

l——杆件的原长度（mm）；

A——杆件的横截面面积（mm^2）。

式（1-2-3）为胡克定律的一种表达形式。若应力不超过某一限度，则横截面上的正应力与纵向线应变成正比。由式（1-2-3）可知，受力 $\boldsymbol{F}$ 和长度 l 相同的杆件，绝对变形 Δl 和 EA 的乘积成反比，它反映了杆件抵抗拉伸（压缩）变形的能力。

EA 为抗拉（压）刚度，EA 越大，Δl 越小，越不易变形。

将 $\sigma=\dfrac{F_{\mathrm{N}}}{A}$、$\varepsilon=\dfrac{\Delta l}{l}$ 代入式（1-2-3），得：

$$\sigma=E\cdot\varepsilon \tag{1-2-4}$$

式（1-2-4）是胡克定律的另一表达形式，即胡克定律可以表述为：当应力不超过某一极限值时，应力与应变成正比。

2. 横向变形

（1）绝对变形。轴向拉伸（压缩）时，杆件横向尺寸的缩小（增大）量称为横向绝对变形，用 Δd 表示，即 $\Delta d=d_1-d$。

（2）相对变形（横向线应变）。横向单位长度的变形称为横向相对变形，以 ε'表示。即

$$\varepsilon'=\frac{\Delta d}{d} \tag{1-2-5}$$

拉伸时：纵向伸长 $\varepsilon>0$，横向缩短 $\varepsilon'<0$。

压缩时：纵向缩短 $\varepsilon<0$，横向伸长 $\varepsilon'>0$。

3. 泊松比

通过试验人们发现，在应力不超过某一限度时，同一种材料的横向线应变 ε'与纵向线应变 ε 之比的绝对值为一常数，即

$$\mu=\left|\frac{\varepsilon'}{\varepsilon}\right| \tag{1-2-6}$$

式中，μ为横向变形系数，也称为泊松比，通常由试验测得。工程上常用材料的泊松比可查表 1-2-1。

表 1-2-1　常用材料的 E 和 μ 值

材料名称	E/GPa	μ
碳钢	196～216	0.24～0.28
合金钢	186～206	0.25～0.30
灰口铸铁	78.5～157	0.23～0.27
铜及其合金	72.6～128	0.31～0.42
铝合金	70	0.33

可以证明，对于各向同性的材料，G、E和μ不是各自独立的三个弹性常量，它们间有如下关系：

$$G=\frac{E}{2(1+\mu)} \tag{1-2-7}$$

【例 1-2-3】 钢制阶梯杆如图 1-2-17 所示。已知轴向力 F_1=50kN，F_2=20kN，杆各段长度 l_1=120mm，l_2=l_3=100mm，杆 AD、DB 段的面积 A_1、A_2 分别是 500mm^2 和 250mm^2，钢的弹性模量 E=200GPa，试求阶梯杆的轴向总变形和各段线应变。

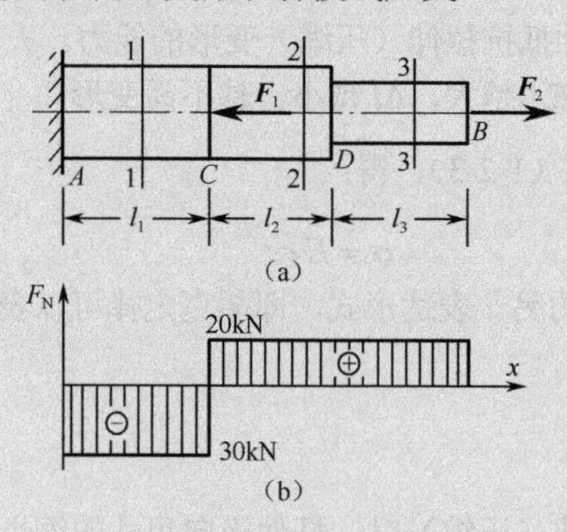

图 1-2-17　阶梯杆

解：

（1）画出杆件的轴力图（见图 1-2-17（b））。

（2）求出各段轴向变形量。

$$\Delta l_1=\frac{F_{N1}l_1}{EA_1}=\frac{-30\times10^3\times120}{200\times10^3\times500}=-36\times10^{-3}\,\text{mm}$$

$$\Delta l_2=\frac{F_{N2}l_2}{EA_1}=\frac{20\times10^3\times100}{200\times10^3\times500}=20\times10^{-3}\,\text{mm}$$

$$\Delta l_3=\frac{F_{N3}l_3}{EA_2}=\frac{20\times10^3\times100}{200\times10^3\times250}=40\times10^{-3}\,\text{mm}$$

（3）求总变形。

$$\Delta l=(-36+20+40)\times10^{-3}=0.024\text{mm}$$

由$\varepsilon=\Delta l/l$得：

$$\varepsilon_1=-300\times10^{-6}，\varepsilon_2=200\times10^{-6}，\varepsilon_3=400\times10^{-6}$$

2.2.3　材料在拉伸与压缩时的力学性能

1. 塑性材料在拉伸与压缩时的力学性能

材料的力学性能是指材料在受力过程中强度与变形方面所表现出的性能，由试验方法测定，经常采用常温静载试验。以缓慢平稳的加载方式进行试验，是测定材料力学性能的基本试验。为便于比较不同材料的试验结果，对试件的形状、加工精度、加载速度、试验环境，国家标准均有统一规定（《金属材料室温拉伸试验方法》GB/T 228—2010）。

2. 低碳钢在拉伸与压缩时的机械（力学）性能

1）低碳钢在拉伸时的机械（力学）性能

低碳钢是指含碳量在 0.3%以下的碳素钢，这类钢材在工程上使用广泛，力学性能比较典型，是典型的塑性材料。

将低碳钢 Q235 制成的标准试件安装在试验机的上、下夹头中，对其进行缓慢加载，直至把试件拉断为止。试验机的自动绘图装置将试验过程中的载荷 $\boldsymbol{F}$ 和对应的伸长量Δl 绘成 $F\text{-}\Delta l$ 曲线图，称为拉伸图，如图 1-2-18 所示。为消除试件横截面尺寸对长度的影响，将载荷 $\boldsymbol{F}$ 除以试件的横截面面积得到应力σ，将变形Δl 除以试件的长度得到纵向线应变ε，将 $F\text{-}\Delta l$ 曲线转化为$\sigma\text{-}\varepsilon$曲线。

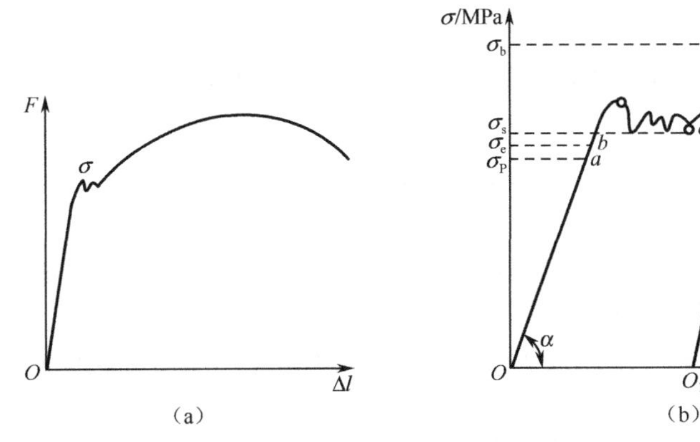

图 1-2-18　低碳钢拉伸时的$\sigma\text{-}\varepsilon$曲线

第一阶段：弹性阶段

此阶段σ与ε成正比，满足胡克定律$\sigma=E\varepsilon$，直线部分最高点 a 对应的应力 $\sigma_{\rm P}$ 称为比例极限。

由图 1-2-18 可见弹性模量 E 为 Oa 的斜率，即

$$E=\frac{\sigma}{\varepsilon}=\tan\alpha$$

α越大，材料的刚度越大。只有当$\sigma<\sigma_{\rm P}$时，胡克定律才适用。

至 b 点，σ与ε之间的关系不再是直线，但解除拉力后变形仍能消失，仍为弹性变形。b 点对应的应力$\sigma_{\rm e}$是材料只出现弹性变形的极限，称为弹性极限。$\sigma_{\rm P}$、$\sigma_{\rm e}$虽然含义不同，但因非常接近，工程上对二者不做严格区分。

第二阶段：屈服阶段

应力σ基本不变，而应变显著增加(材料失去了抵抗变形的能力，此现象称为屈服或流动)。在屈服阶段，载荷首次下降前的最高载荷所对应的应力称为上屈服点，而载荷首次下降的最低点对应的应力称为下屈服点。对于这种有明显屈服现象的金属材料，一般把下屈服点作为材料的屈服点（屈服极限），用$\sigma_{\rm s}$表示。在这一阶段内卸去外力，试件将出现不能完全消失的塑性变形，工程上不允许构件发生塑性变形，所以屈服点$\sigma_{\rm s}$是衡量材料强度的重要指标之一。

第三阶段：强化阶段

过了屈服阶段后，材料又恢复了抵抗变形的能力，要使它继续变形必须增加拉力。这种

现象称为材料的强化。这一阶段最高点 d 所对应的应力是材料能承受的最大应力，称为抗拉强度，用 σ_b 表示。

如果从这一阶段的某点 f 开始逐渐卸载，由线沿着 fO_1 下降至 O_1 点，说明材料在卸载过程中，应变与应力的关系成正比，其中 O_1O_2 是恢复的弹性应变，而 OO_1 是残余的塑性变形。此时再加载，曲线沿 O_1f 上升到 f 点再沿 fde 变化。

冷作硬化：在强化阶段内卸载的材料，比例极限得到提高，但塑性变形减小，塑性降低，这种现象称为冷作硬化。工程中常利用冷作硬化来提高某些材料的承载能力，如冷拔钢筋等。

第四阶段：缩颈阶段（局部变形阶段）

过 d 点后，在试件的某一局部范围内，横向尺寸突然急剧缩小，形成缩颈现象到 e 点，试样被拉断。

常用的塑性指标：

（1）伸长率：用δ表示。由于保留了塑性变形，试样长度由原来的l_0变为l_1，用百分比表示的比值为

$$\delta = \frac{l_1 - l_0}{l_0} \times 100\% \tag{1-2-8}$$

塑性变形越大 $l_1 - l_0$ 越大，δ 越大，因此伸长率是衡量材料塑性的指标。

工程上，$\delta \geqslant 5\%$ 称为塑性材料；$\delta < 5\%$ 称为脆性材料。

（2）断面收缩率：拉断时，缩颈处横截面积的最大缩减量与原始横截面面积的百分比为断面收缩率，用ψ 表示。即

$$\psi = \frac{A_0 - A_1}{A_0} \times 100\% \tag{1-2-9}$$

2）低碳钢在压缩时的力学性能

低碳钢压缩时的比例极限 σ_p、弹性极限 σ_e、屈服极限 σ_s 及弹性模量 E 都与拉伸时基本相同。

在屈服阶段以前，σ-ε曲线也基本相同。在屈服阶段之后，试件会越压越扁，故而得不到压缩时的抗压强度，如图 1-2-19 所示。

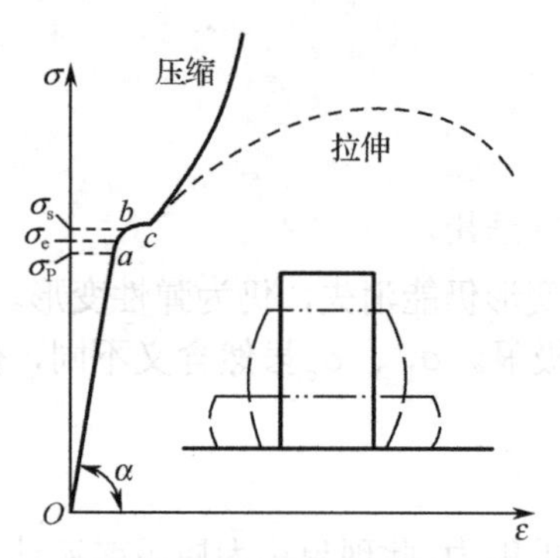

图 1-2-19　低碳钢压缩时的σ-ε曲线

3）铸铁在拉伸与压缩时的力学性能

（1）铸铁拉伸时的力学性能

铸铁是工程上广泛应用的脆性材料，如图 1-2-20 所示，无明显直线部分，无屈服阶段，拉伸时无缩颈现象，断裂突然出现。其塑性变形只有 0.2%～1.5%。

抗拉强度 σ_b：衡量铸铁强度的唯一指标，不适合做承受拉力的构件。

（2）铸铁压缩时的力学性能

铸铁压缩时的力学性能与拉伸曲线相似，如图 1-2-21 所示，铸铁压缩时的抗压强度比拉伸时的抗拉强度一般要高 4～5 倍，试件是沿着与轴线成 45° 的斜截面破坏的。

从试验得出：塑性材料的抗拉、抗压能力都很强，抗冲击能力也强，常用来制造齿轮、轴等；脆性材料的抗压能力高于抗拉能力，常用于制造受压构件。

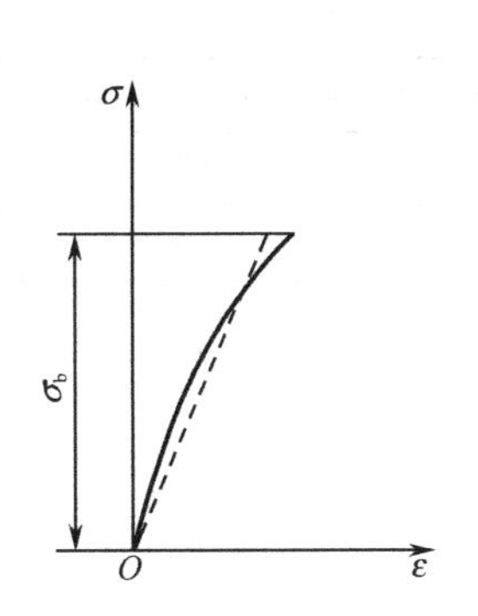

图 1-2-20　铸铁拉伸时的σ-ε曲线

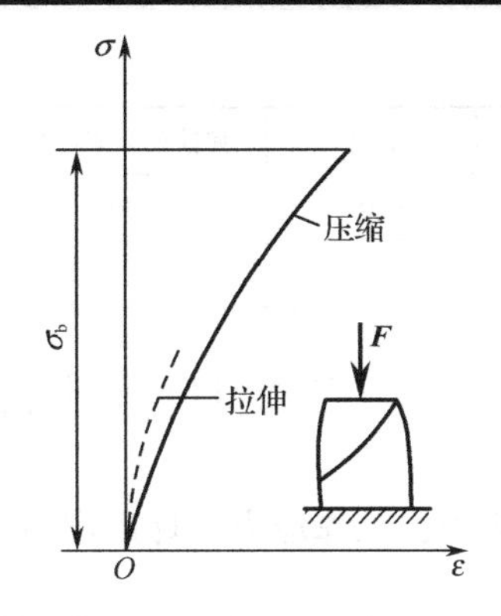

图 1-2-21　铸铁压缩时的σ-ε曲线

3. 其他常用材料的力学性能简介

1）其他金属材料的力学性能

锰钢、硬铝、退火球墨铸铁和 45 钢都是塑性材料。特点包括：

（1）存在弹性阶段；

（2）断裂时有较大的塑性变形；

（3）有些材料没有明显的屈服阶段，有些材料不存在缩颈现象。

名义屈服点应力：对于没有明显屈服阶段的塑性材料，工程上常以产生 0.2%塑性应变时所对应的应力值作为衡量材料强度的指标。

2）复合材料的力学性能

复合材料：指把两种以上不同材质的材料，合理地进行复合而获得的一种材料，其目的在于通过复合来得到单一材料所不能达到的优异性能或多种功能。如玻璃钢为玻璃纤维、聚酯类树脂复合而成的。

碳纤维和环氧树脂组成的复合材料中的单层板拉伸的σ-ε曲线，在纤维平行与纤维垂直两个方向上其力学性能不同。

3）工程塑料的力学性能

高性能的工程塑料是一种具有耐热、耐蚀和高强度等特性的高分子材料，已广泛应用于各个领域，并在许多用途上取代金属材料。由曲线知，这些材料的塑性差别大。

高分子材料的显著特点：随温度增加，塑料性能会由脆性变成塑性，甚至粘弹性。

表 1-2-2 列出几种工程上常用材料在常温、静载下的主要力学性能的数值，供参考。

表 1-2-2　几种常用材料的力学性能

材料名称	牌号	弹性模量 E/GPa	屈服点/MPa	抗拉（压）强度/MPa	伸长率/%
普通碳素钢	Q235	196～216	216～240	372～470	25～27
优质碳素钢	45	210	265～353	530～600	13～16
低合金钢	16Mn	206	270～343	470～510	19～21
合金钢	40Cr	196～216	790	980	9
灰铸铁	HT150	80～157	—	拉 98～280 压 500～700	<1

续表

材料名称	牌号	弹性模量 E/GPa	屈服点/MPa	抗拉（压）强度/MPa	伸长率/%
球墨铸铁	QT400—10	160	290	390	10
铝合金		72	110～280	210～420	13～19

2.2.4 轴向拉伸与压缩时杆件的强度计算

1. 极限应力、工作应力、许用应力、安全因数

（1）极限应力：使材料丧失工作能力的应力称为极限应力（危险应力）σ_0。

塑性材料：$\sigma_0=\sigma_s$（或 $\sigma_{0.2}$，名义屈服点应力）

脆性材料：$\sigma_0=\sigma_b$（抗拉强度）

（2）工作应力：构件在载荷作用下产生的应力。在构件中应力最大的截面称为危险截面，具有最大的工作应力。最大工作应力应在极限应力 σ_0 之下。

（3）许用应力：构件在工作时所允许的最大应力称为许用应力，用 $[\sigma]$ 表示，显然 $[\sigma]<\sigma_0$。

（4）安全因数 n：体现许用应力与极限应力之间的比例关系。

$$[\sigma]=\frac{\sigma_0}{n} \tag{1-2-10}$$

塑性材料：极限应力为 σ_s 或 $\sigma_{0.2}$，所以 $[\sigma]=\dfrac{\sigma_s}{n_s}$ 或 $[\sigma]=\dfrac{\sigma_{0.2}}{n_s}$。

脆性材料：极限应力是 σ_b，所以 $[\sigma]=\dfrac{\sigma_b}{n_b}$。

一般来说，$n_s=1.5$～1.8，$n_b=2.0$～3.5。

2. 确定安全因数应考虑的因素

（1）材料的性质：包括材料的均匀程度、质地好坏，是塑性还是脆性。

（2）载荷情况：包括对载荷的估计是否准确，是静载荷还是动载荷。

（3）实际构件简化过程和计算方法的精确程度。

（4）零件在设备中的重要性、工作条件、损坏后造成后果的严重程度、制造和修配的难易程度。

（5）对减轻设备自重和机动性的要求。

3. 强度计算

强度条件为

$$\sigma_{max}=\frac{F_N}{A}\leqslant[\sigma] \tag{1-2-11}$$

利用强度条件可以解决三个问题：

（1）强度校核：$\sigma_{max}\leqslant[\sigma]$。

（2）设计截面尺寸：$A\geqslant F_N/[\sigma]$。

（3）确定许可载荷：$F_{Nmax}\leqslant[\sigma]A$。

对直杆进行强度计算时，上述公式适用于粗短的直杆，对细长杆还要进行稳定性计算。

【例 1-2-4】 悬臂吊车如图 1-2-22（a）所示，最大的吊重（包括电动葫芦自重）W=70kN。已知：a=1140mm，b=360mm，c=150mm。斜拉杆 $C'D$ 为一外径 D=60mm、内径 d=40mm 的无缝钢管，和水平线的夹角 α=30°，材料为 Q235 低碳钢，取安全因数 n_s =2.0。试校核斜拉杆 $C'D$ 的强度（当载荷位于梁右端 B 处时）。

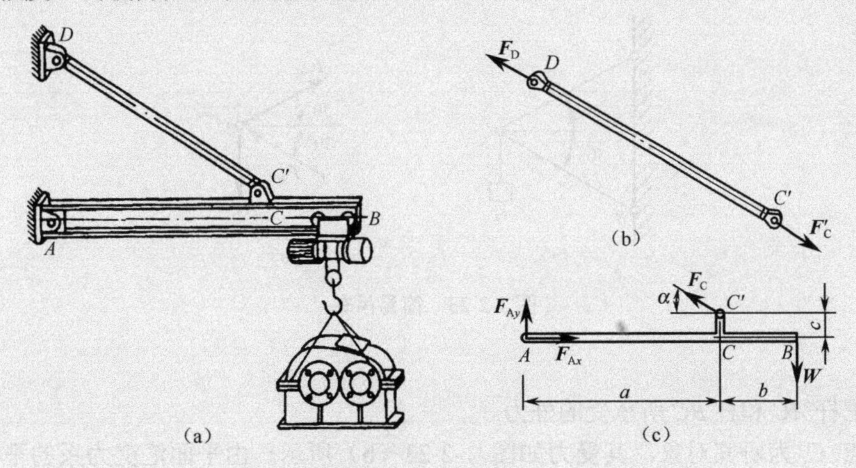

图 1-2-22　悬臂吊车

解：

（1）求杆 $C'D$ 所承受的最大外力。

取横梁 AB 为研究对象，其受力如图 1-2-22（c）所示，由平面任意力系的平衡方程，则

$$\sum M_A(\boldsymbol{F})=0$$

$$F_C\cos\alpha\cdot c+F_C\sin\alpha\cdot a-W(a+b)=0$$

代入数据，得 $F_C=150\text{kN}$。

斜拉杆 $C'D$ 的受力如图 1-2-22（b）所示。根据作用与反作用定理，有

$$F'_C=F_C=150\text{kN}$$

（2）求杆 $C'D$ 的轴力。

二力平衡的斜拉杆 $C'D$，其轴力 $\boldsymbol{F}_N$ 等于杆端受力，即

$$F_N=F'_C=150\text{kN}$$

（3）校核强度。

根据式$[\sigma]=\dfrac{\sigma_s}{n_s}$，以及表 1-2-2 材料力学性能的有关数据，取 σ_s=235MPa，则拉杆的许用应力为

$$[\sigma]=\frac{\sigma_s}{n_s}=\frac{235}{2.0}=117.5\text{MPa}$$

斜拉杆 $C'D$ 的横截面积为

$$A=\frac{\pi(D^2-d^2)}{4}=\frac{3.14(60^2-40^2)}{4}=1570\text{mm}^2$$

由式（1-2-1）得：

$$\sigma_{\max}=\frac{F_N}{A}=\frac{150\times10^3}{1570}=95.5\text{MPa}$$

因为 σ_{max}=95.5MPa < [σ] =117.5 MPa，所以斜拉杆 $C'D$ 的强度足够。

【例 1-2-5】 如图 1-2-23（a）所示，简易吊车由等长的两杆 AC 及 BC 组成，在节点 C 受到载荷 G=350kN 的作用。已知杆 AC 由两根槽钢构成，[σ_{AC}]=160MPa，杆 BC 由一根工字钢构成，[σ_{BC}]=100MPa，试选择两杆的截面面积。

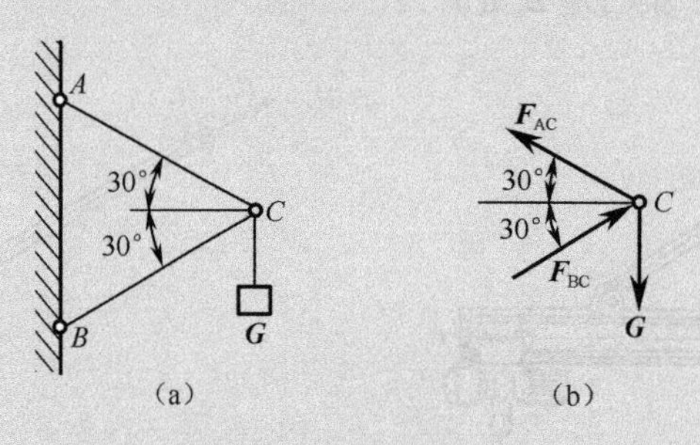

图 1-2-23　简易吊车

解：

（1）求杆 AC 和杆 BC 所承受的外力。

取节点 C 为研究对象，其受力如图 1-2-23（b）所示，由平面汇交力系的平衡方程，$\sum F_x = 0$得：

$$F_{BC}\cos 30^\circ - F_{AC}\cos 30^\circ = 0$$

同理，由$\sum F_y = 0$得：

$$F_{AC}\sin 30^\circ + F_{BC}\sin 30^\circ - G = 0$$

代入数据，得：

$$F_{AC}=F_{BC}=350\text{kN}$$

（2）确定杆 AC 和杆 BC 所承受的轴力。

杆 AC 和杆 BC 均为二力杆，其轴力大小等于杆端的外力，即

$$杆\ AC：F_{N1}=F_{AC}=350\text{kN}$$

$$杆\ BC：F_{N2}=F_{BC}=350\text{kN}$$

（3）确定截面面积大小。

由 $A \geqslant F_N/[\sigma]$，则杆 AC 截面面积 A_1 为

$$A_1 \geqslant F_{N1}/[\sigma_{AC}]=350\times10^3/160=2187.5\text{mm}^2$$

由于杆 AC 由两根槽钢构成，每一根的截面面积为

$$A_1/2 = 1093.75\text{mm}^2$$

杆 BC 截面面积 A_2 为

$$A_2 \geqslant F_{N2}/[\sigma_{BC}]=350\times10^3/100=3500\text{mm}^2$$

（4）确定型钢号数。

查附录 A 的型钢表，10 号槽钢的截面面积为 1274.8mm^2。因为 1274.8mm^2>1093.75mm^2，所以杆 AC 用两根 10 号槽钢。而 20a 号工字钢的截面面积为 3550mm^2，因为 3550mm^2>3500mm^2，所以杆 BC 用一根 20a 号工字钢。

【例 1-2-6】 如图 1-2-24（a）所示的三角形构架，钢杆 1 和铜杆 2 在 A、B、C 处铰接，已知钢杆 1 的横截面面积为 A_1=150mm^2，许用应力[σ_1]=160MPa；铜杆 2 的横截面面积为

A_2=300mm^2，许用应力[σ_2]=98MPa。该结构在节点处受铅垂方向的载荷 **G** 作用，试求 **G** 的最大允许值。

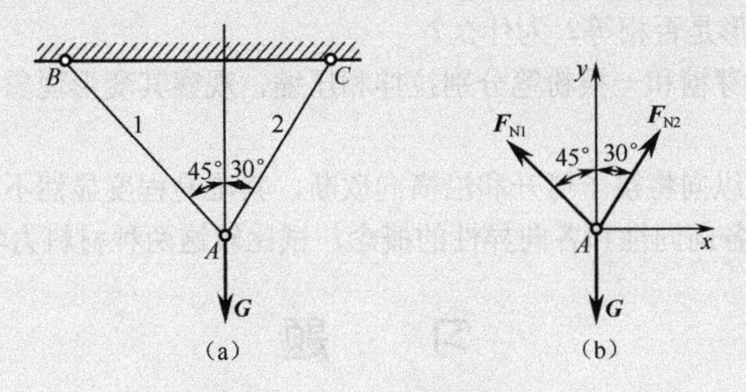

图 1-2-24　三角形构架

解：

（1）求轴力。以 A 点为研究对象，作受力图。列平衡方程：

$$\sum F_x = 0 \qquad F_{N2}\sin 30^\circ - F_{N1}\sin 45^\circ = 0$$

$$\sum F_y = 0 \qquad F_{N1}\cos 45^\circ + F_{N2}\cos 30^\circ - G = 0$$

解得：F_{N1}=0.52G，F_{N2}=0.73G。

（2）求 G 的最大允许值。

$$\sigma_{max} = \frac{F_N}{A} \leqslant [\sigma]$$

由胡克定律得 $F_{N1} \leqslant [\sigma]A_1$，则 0.52$G$≤160×150，解得：

$$G=46.2\text{kN} \qquad (1)$$

同理 $F_{N2} \leqslant [\sigma]A_2$，0.73$G$≤98×300，解得：

$$G=40.273\text{kN} \qquad (2)$$

为保证整个结构的安全，A 点载荷 G 的最大允许值应取（1）、（2）中的较小者，即

$$G=40.273\text{kN}$$

项目小结

1．在材料力学中，求内力通常用的方法为截面法。

2．轴向拉伸与压缩变形横截面上的内力为轴力，应力为正应力，正应力沿横截面均匀分布。

3．轴向拉伸与压缩变形的强度条件：$\sigma_{max} = \dfrac{F_N}{A} \leqslant [\sigma]$。

4．运用轴向拉伸与压缩变形的强度条件可解决工程上的三类问题：校核强度、设计截面尺寸和确定许可载荷。

思考题

1-2-1　指出下列概念的区别。

（1）内力与应力　（2）变形与应变　（3）极限应力与许用应力

1-2-2　两根不同材料制成的等截面直杆，承受相同的轴向拉力，它们的横截面面积和长度都相等。试说明：（1）两杆横截面上的应力是否相等？（2）两杆的强度是否相等？（3）两杆的绝对变形和相对变形是否相等？为什么？

1-2-3　将一条麦芽糖和一根粉笔分别拉伸和压缩，观察其变形现象，说明两种材料的力学性能区别。

1-2-4　若用刀沿纵向将筷子劈开和沿横向砍断，其难易程度显然不同。用刀切豆腐有这种现象吗？根据材料各向同性和各向异性的概念，试比较这两种材料力学性能的差异。

习　　题

1-2-1　试求图习题 1-2-1 指定截面上的轴力，作轴力图，并写出 F_{Nmax}。

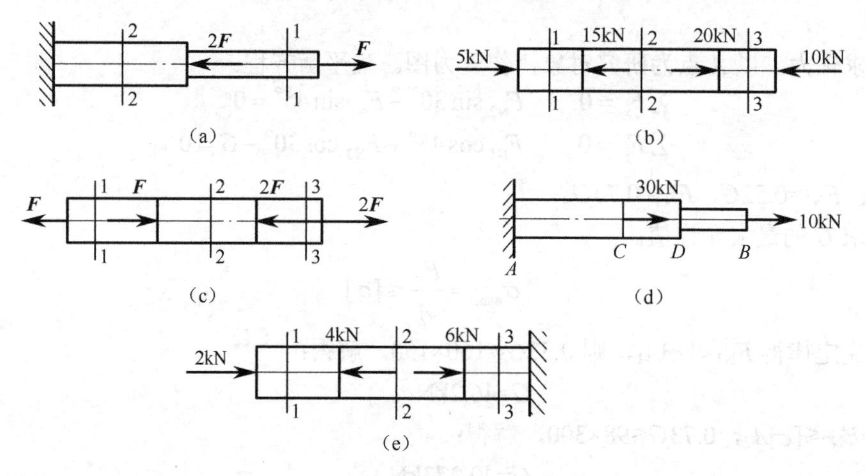

图习题 1-2-1　轴

1-2-2　在圆杆上铣去一槽，如图习题 1-2-2 所示。已知杆受拉力 F=15kN 作用，杆直径 d=20mm，试求横截面 1-1 和 2-2 上的应力（铣去槽的横截面面积可以近似按矩形计算）。

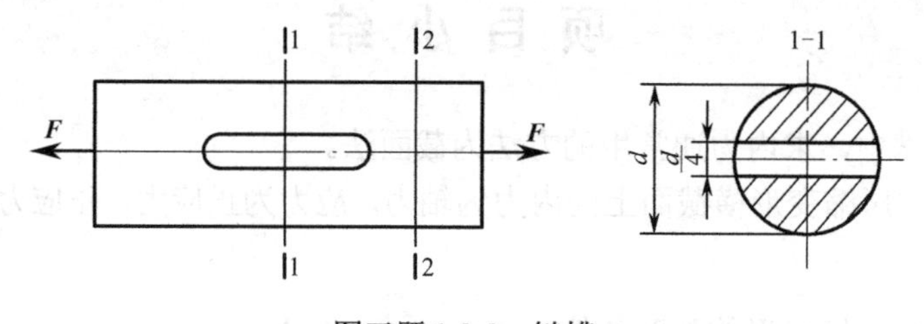

图习题 1-2-2　键槽

1-2-3　如图习题 1-2-3 所示支架，在节点 B 处悬挂一重量 G=20kN 的重物，杆 AB 及 BC 均为圆截面钢制件。已知杆 AB 的直径为 d_1=20mm，杆 BC 的直径为 d_2=20mm，杆的许用应力$[\sigma]$=100MPa。试校核支架的强度。

1-2-4　如图习题 1-2-4 所示钢拉杆受轴向载荷 F=40kN 作用，材料的许用应力$[\sigma]$=100MPa。横截面为矩形，且 $b=2a$，试确定截面尺寸 a 和 b。

1-2-5　某悬臂吊车如图习题 1-2-5 所示。最大起重载荷 G=20kN，拉杆 BC 由两根等边角钢组成，$[\sigma]$=100MPa。试按电动葫芦位于最右端位置时确定等边角钢的号数。

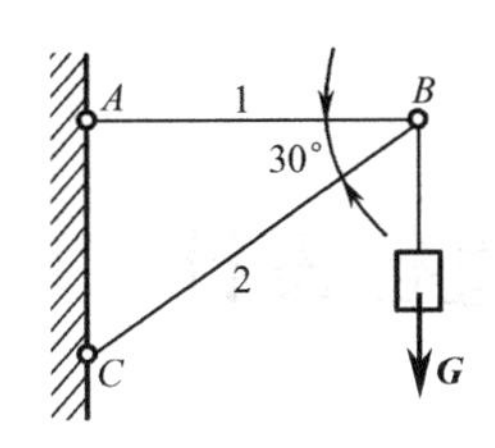

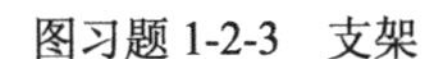
图习题 1-2-3　支架

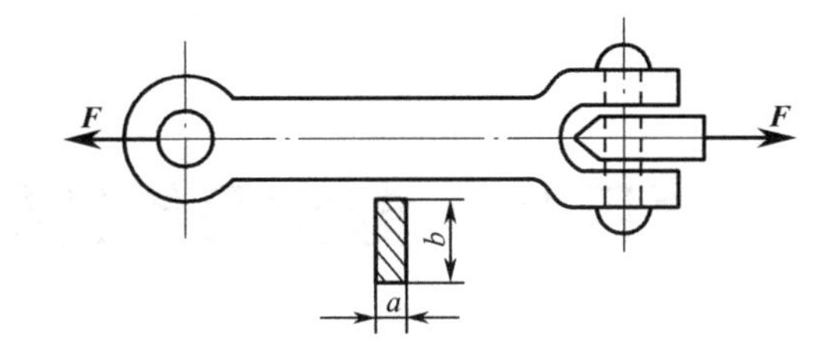

图习题 1-2-4　拉杆

1-2-6　在图习题 1-2-6 所示简易吊车中，AB 为钢杆，BC 为木杆。木杆 BC 的横截面面积 $A_1=3\times10^4\text{mm}^2$，许用应力$[\sigma_1]=3.5\text{MPa}$；钢杆 AB 的横截面面积 $A_2=600\text{mm}^2$，许用应力$[\sigma_2]=140\text{MPa}$。试求许用载荷$[F]$。

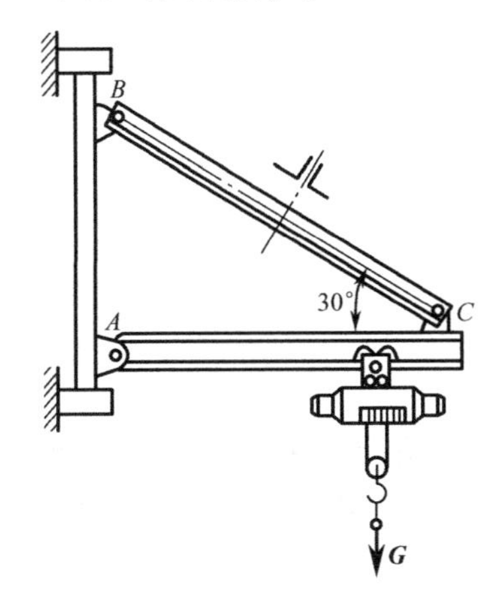

图习题 1-2-5　吊车

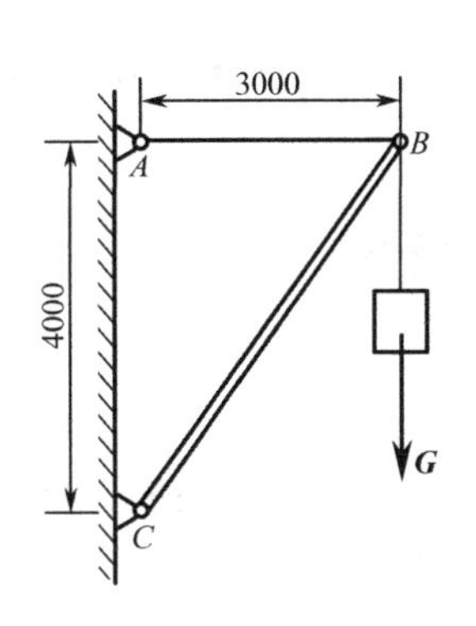

图习题 1-2-6　简易吊车

1-2-7　一钢制阶梯杆如图习题 1-2-7 所示。已知 AD 段横截面面积为 $A_{AD}=400\text{mm}^2$，DB 段的横截面面积为 $A_{DB}=250\text{mm}^2$，材料的弹性模量 $E=200\text{GPa}$。试求：(1) 各段杆的纵向变形。(2) 杆的总变形 Δl_{AB}。(3) 杆内的最大纵向线应变。

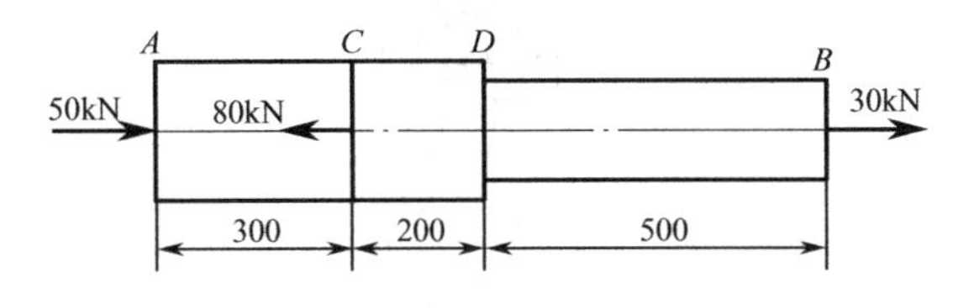

图习题 1-2-7　钢制阶梯杆

项目 3　起重吊钩销钉的直径设计

知识分布网络图

起重吊钩销钉的直径设计
- 剪切与挤压的概念
- 剪切与挤压的实用计算

学习目标

1．掌握剪切的受力特点和变形特点；

2．能够进行剪切与挤压的实用计算。

学习任务

如图 1-3-1 所示的起重机吊钩，用销钉联结。已知吊钩的钢板厚度 t=24mm，吊起时所能承受的最大载荷 F=100kN，销钉材料的许用切应力[τ]= 60MPa，许用挤压应力[σ_{bs}] =180MPa，试设计销钉直径。

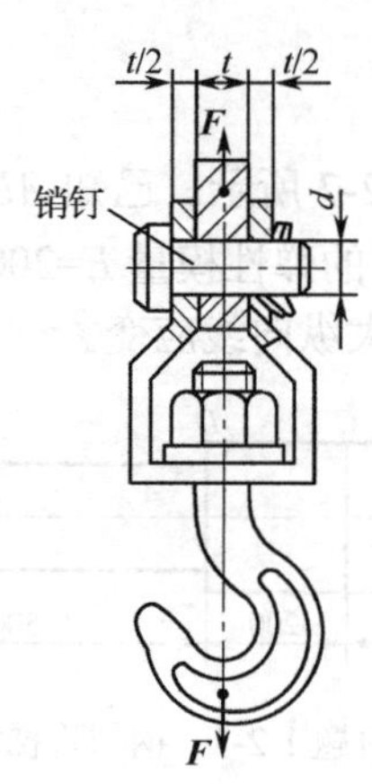

图 1-3-1　起重机吊钩

任务分析

1．销钉的工作状态

减速器被吊起时，其重量通过吊钩作用于销钉上。

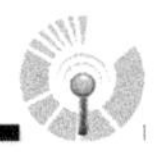

2. 建立力学模型，分析销钉的受力

起吊后，如图 1-3-2（a）所示，销钉在 *m-n* 截面两侧受一对大小相等、方向相反、作用线相距很近的力作用。在此对力作用下，销钉需要不被破坏，才能成功实施吊装工作。此类破坏属于材料力学剪切变形的范畴。

3. 工作过程示范

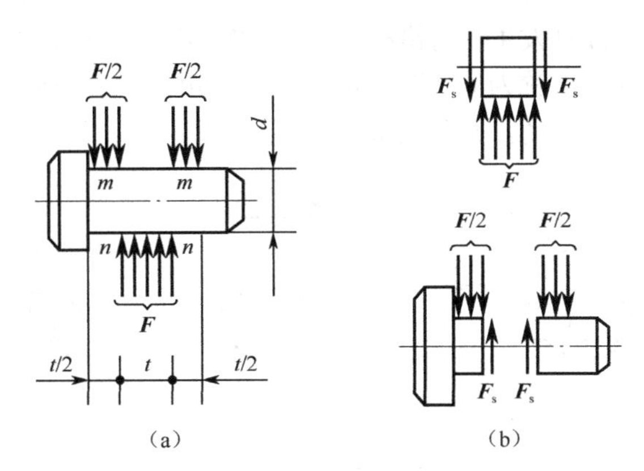

图 1-3-2　销钉受力分析

解：

（1）如图 1-3-2（b）所示，用截面法求剪力。

$$F_s = \frac{F}{2}$$

（2）按照剪切的强度条件设计销钉直径。

$$A \geqslant \frac{F_s}{[\tau]} = \frac{50 \times 10^3}{60 \times 10^6}\text{m}^2 = 8.33 \times 10^{-4}\text{m}^2$$

销钉的圆截面面积为

$$A = \frac{\pi d^2}{4}$$

$$d \geqslant \sqrt{\frac{4A}{\pi}} = \sqrt{\frac{4 \times 8.33 \times 10^{-4}}{3.14}}\text{m} = 32.6\text{mm}$$

（3）设销钉的挤压应力各处均相同，按挤压的强度条件设计销钉直径。

挤压力：$F_{bs} = F$

挤压面积：$A_{bs} = d \cdot t$

$$A_{bs} \geqslant \frac{F_{bs}}{[\sigma_{bs}]}$$

$$d \geqslant \frac{F}{[\sigma_{bs}]t} = \frac{100 \times 10^3}{180 \times 10^6 \times 24 \times 10^{-3}}\text{m}$$

$$d \geqslant 23.1\text{mm}$$

为了保证销钉安全工作，必须同时满足剪切和挤压强度条件，经圆整，应取 d=35mm。

3.1 剪切与挤压的概念

扫一扫看剪切概念

扫一扫看铆钉剪切实例

1. 剪切的概念

如图 1-3-3（a）所示，两块钢板用铆钉联结，铆钉在受力后的主要变形形式是剪切。当钢板受外力 $\boldsymbol{F}$ 作用后，铆钉就受到钢板传来的左上侧、右下侧两个力的作用。铆钉在这一对力的作用下，两力间的截面 *m-m* 处发生相对错动变形，如图 1-3-3（c）所示，这种变形称为剪切变形。产生相对错动的截面 *m-m* 称为剪切面。只有一个剪切面的情况称为单剪；图 1-3-2（a）所示的销钉联结中有两个剪切面的，则称为双剪。

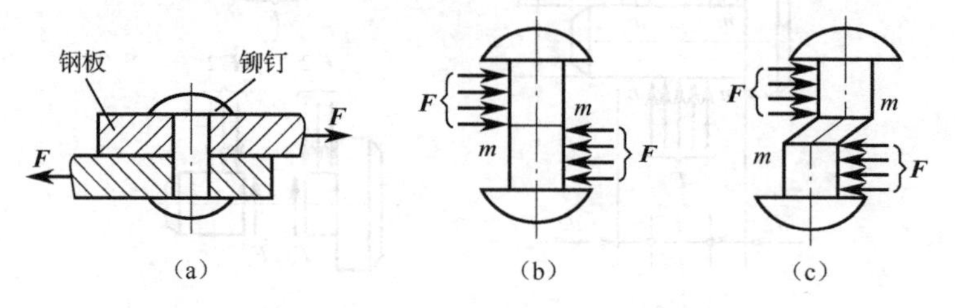

图 1-3-3　铆钉剪切

综上所述，剪切变形的受力特点为：构件受到了一对大小相等、方向相反、作用线平行且相距很近的外力。剪切的变形特点为：在这两力作用线间的截面发生相对错动。因剪切变形造成的破坏叫剪切破坏。

扫一扫看挤压概念

2. 挤压的概念

构件在受到剪切作用的同时，往往还伴随着挤压作用。例如，铆钉受剪切的同时，铆钉和孔壁之间相互压紧，如图 1-3-4（a）所示，上钢板孔左侧与铆钉上部左侧，下钢板孔右侧与铆钉下部右侧相互压紧，这种接触面上相互压紧的现象称为挤压。构件上受挤压作用的表面称为挤压面，挤压面一般垂直于外力作用线。作用在挤压面上的力称为挤压力，用 $\boldsymbol{F}_{bs}$ 表示；挤压力过大，挤压接触面会出现局部产生显著塑性变形甚至压陷的破坏现象，这种破坏现象称为挤压破坏。

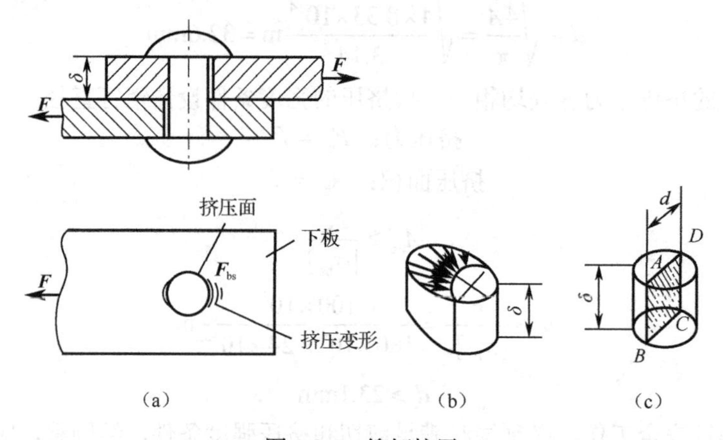

图 1-3-4　铆钉挤压

3.2　剪切与挤压的实用计算

联结件在工作中主要承受剪切和挤压的作用。由于联结件大多为短粗杆，应力和应变规律比较复杂，因此，理论分析十分复杂，通常采用假定实用计算法。

1. 剪切的实用计算

现以铆钉联结为例，说明剪切强度的实用计算方法。

（1）剪切面上的内力——剪力 $\boldsymbol{F}_s$

用截面法分析铆钉受剪时剪切面上的内力。假设将铆钉沿 m-m 截面截开，如图 1-3-5 所示，任取一部分为研究对象。为了与外力 $\boldsymbol{F}$ 平衡，在剪切面上加上一个大小与 $\boldsymbol{F}$ 相等，方向与 $\boldsymbol{F}$ 相反的内力，此内力称为剪力，用 $\boldsymbol{F}_s$ 表示。剪力是剪切面上分布内力的合力。对截取部分列力的平衡方程，可求出剪力 $\boldsymbol{F}_s$ 的大小，即

$$\sum F_x = 0$$
$$F - F_s = 0$$

可得 $F_s=F$。

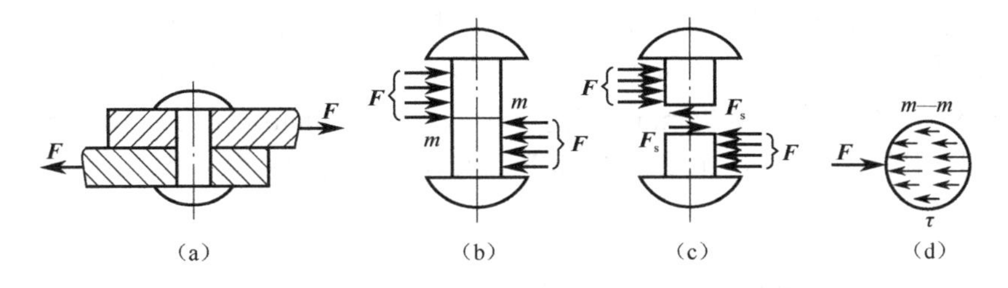

图 1-3-5　铆钉受力分析

（2）剪切面上的应力——切应力 τ

剪切面上分布内力的集度以 τ 表示，称为切应力，如图 1-3-5（d）所示。切应力在剪切面上的分布情况是很复杂的，工程中为简便实用，通常采用以试验、经验为基础而建立的实用计算法。该方法假设切应力在剪切面上是均匀分布的，所以切应力的大小可按下式直接计算：

$$\tau = F_s / A \tag{1-3-1}$$

式中，τ 为剪切面上的切应力，$\boldsymbol{F}_s$ 为剪切面上的剪力，A 为剪切面面积。

（3）剪切实用强度计算

为了保证构件在工作时不被剪断，必须使构件剪切面上的切应力不超过材料的许用切应力，即

$$\tau = F_s / A \leqslant [\tau] \tag{1-3-2}$$

上式就是剪切实用计算中的强度条件。式中，$[\tau]$ 为材料的许用切应力。试验表明，金属材料的许用切应力 $[\tau]$ 与材料的许用拉应力 $[\sigma]$ 之间存在如下关系：

塑性材料：$[\tau]=(0.6\sim0.8)\ [\sigma]$

脆性材料：$[\tau]=(0.8\sim1.0)\ [\sigma]$

2. 挤压的实用计算

挤压面上应力的分布一般也比较复杂，实用计算中通常也是假定挤压应力均匀地分布在挤压面上。因此

$$\sigma_{bs}=\frac{F_{bs}}{A_{bs}} \tag{1-3-3}$$

式中，σ_{bs}为挤压应力，F_{bs}为挤压面上传递的总压力，A_{bs}为挤压面的面积。在实用计算中，当联结件与被联结件的接触面为平面时，A_{bs}为接触面的面积；当联结件与被联结件的接触面为半圆柱面时，A_{bs}为直径平面的面积。在图 1-3-4 中平面 $ABCD$ 的面积为δd。

相应的挤压强度条件为

$$\sigma_{bs}=\frac{F_{bs}}{A_{bs}}\leqslant[\sigma_{bs}] \tag{1-3-4}$$

式中，$[\sigma_{bs}]$为材料的许用挤压应力。在一般情况下，许用挤压应力$[\sigma_{bs}]$与许用拉应力$[\sigma]$之间存在如下关系：

塑性材料：$[\sigma_{bs}]=(1.7\sim2.0)\ [\sigma]$

脆性材料：$[\sigma_{bs}]=(0.9\sim1.5)\ [\sigma]$

如果相互挤压的两构件的材料不同，应对许用挤压应力较低的构件进行挤压强度计算。

【例 1-3-1】 电动机主轴与皮带轮用平键联结，如图 1-3-6（a）所示。已知轴传递的最大力矩 M=1.5kN·m，轴的直径 d=70mm，键的尺寸 $b\times h\times l=20\text{mm}\times12\text{mm}\times100\text{mm}$，键和轴的材料为 45 钢，其$[\tau]$=60MPa，$[\sigma_{bs}]_1$=100MPa，皮带轮材料为铸铁，其$[\sigma_{bs}]_2$=53MPa。试校核键联结的强度。

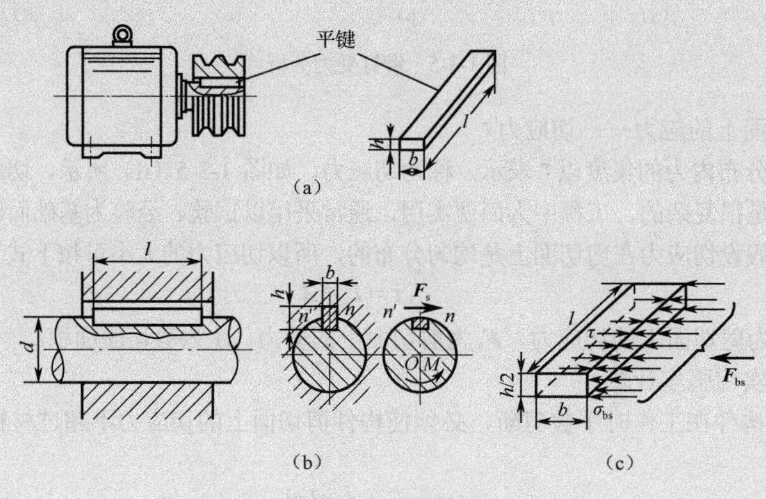

图 1-3-6　键联结

解：

（1）计算键所受的外力 $\boldsymbol{F}$。

取键与轴为研究对象，受力分析如图 1-3-6（b）所示。

根据对轴心的力矩平衡方程，则

$$\sum M_O(\boldsymbol{F})=0$$

$$M - F \cdot \frac{d}{2} = 0$$

$$F = \frac{2M}{d} = \frac{2 \times 1.5 \times 10^3\,\text{N} \cdot \text{m}}{70\text{mm}} = 42.9\text{kN}$$

（2）取键的下半部分为研究对象，受力分析如图 1-3-6（c）所示。

确定剪切面为上水平截面，$A=bl$；挤压面为右侧面，$A_{bs}=\frac{1}{2}hl$ 。

（3）校核键的剪切强度。

$$F_s=F=42.9\text{kN}$$

$$\tau_{max} = \frac{F_s}{A} = \frac{42.9 \times 10^3\,\text{N}}{20\text{mm} \times 100\text{mm}} = 21.45\text{MPa}<60\text{MPa}$$

（4）校核键的挤压强度。

$$F_{bs} = F = 42.9\text{kN}$$

由于皮带轮材料的许用应力较低，因此只需要对皮带轮的轮毂进行挤压强度校核。

$$\sigma_{bs} = \frac{F_{bs}}{A_{bs}} = \frac{42.9 \times 10^3\,\text{N}}{\frac{12\text{mm} \times 100\text{mm}}{2}} = 71.5\text{MPa} > [\sigma_{bs}]_2 = 53\text{MPa}$$

故皮带的挤压强度不够，而键和轴的挤压强度足够。

项 目 小 结

1．剪切变形的受力特点。

构件受到了一对大小相等、方向相反、作用线平行且相距很近的外力。

2．剪切的变形特点。

在两力作用线间的截面发生相对错动。

3．剪切和挤压的实用计算。

$$\tau = \frac{F_s}{A} \leqslant [\tau]$$

$$\sigma_{bs} = \frac{F_{bs}}{A_{bs}} \leqslant [\sigma_{bs}]$$

4．剪力与挤压力、剪切面和挤压面。

剪力是内力，挤压力是外力。剪切面是发生相对错动的面，一般平行于外力；挤压面是联结件间的接触面，一般垂直于外力。当挤压面是平面时，其计算面积等于实际面积；当挤压面是圆周面时，其计算面积等于圆柱面的直径面积。

思 考 题

1-3-1 压缩与挤压是否相同？请分析并指出图思考题 1-3-1 中哪个物体需考虑压缩强度？哪个物体需考虑挤压强度？

1-3-2 “剪力和挤压力分别是物体受剪切和挤压作用时的内力”，对吗？为什么？

1-3-3 螺栓在使用时，为什么常加垫圈？

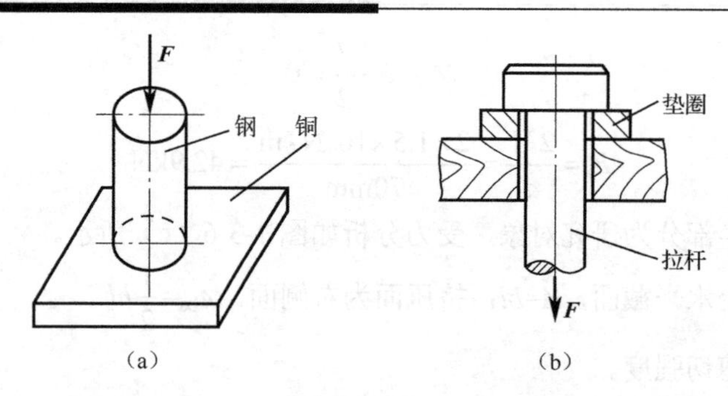

图思考题 1-3-1

1-3-4　在钢板上冲击一个孔，在一定条件下，为什么冲击的钢板越厚孔越小？

1-3-5　铆钉联结中，要提高其抗剪能力和抗挤压能力，分别可以采取什么措施？

习　题

1-3-1　如图习题 1-3-1 所示切料装置，用刀具把切料模中ϕ12mm 的棒料切断。棒料的抗剪强度τ_p=320MPa。试计算切断力。

1-3-2　如图习题 1-3-2 所示，已知焊缝的许用切应力$[\tau]$=100MPa，钢板的许用拉应力$[\sigma]$=160MPa。试计算图示焊接板的许用荷载$[F]$，图中长度单位为 mm。

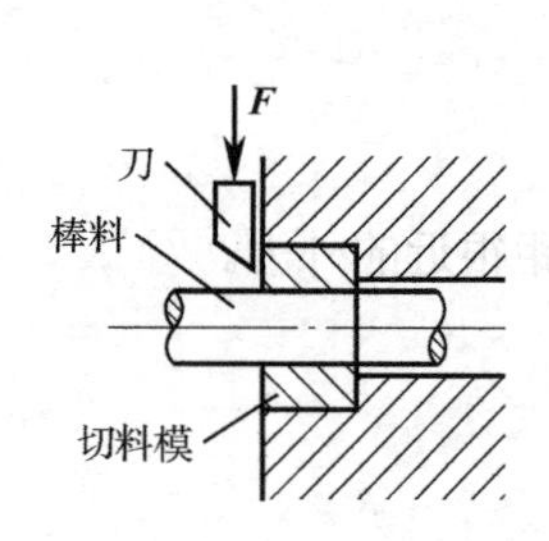

图习题 1-3-1　切料装置

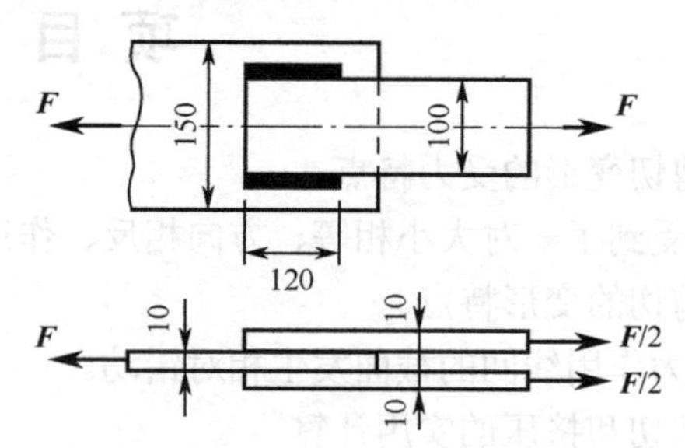

图习题 1-3-2　焊缝

1-3-3　矩形截面的木拉杆的接头如图习题 1-3-3 所示。已知轴向拉力 F=50kN，截面宽度 b=250mm，木材的顺纹许用挤压应力$[\sigma_{bs}]$=10MPa，顺纹许用切应力$[\tau]$=1MPa。求接头处所需的尺寸 l 和 a。

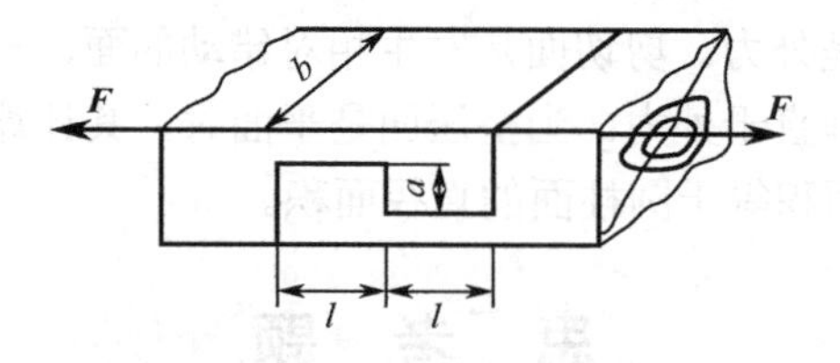

图习题 1-3-3　木拉杆接头

1-3-4　如图习题 1-3-4 所示螺栓联结构件。

（1）若 D=2d=32mm，h=12mm，拉杆材料的许用应力$[\sigma]$=120MPa，$[\tau]$=70MPa，$[\sigma_{bs}]$=170MPa。试求拉杆的许用荷载$[F]$。

（2）若螺栓受拉力 $\boldsymbol{F}$ 作用。已知材料的许用切应力$[\tau]$和许用拉应力$[\sigma]$的关系为

$[\tau]=0.6[\sigma]$。试求螺栓直径 d 与螺栓头高度 h 的合理比例。

1-3-5　如图习题 1-3-5 所示，设钢板与铆钉的材料相同，许用拉应力$[\sigma]$=160MPa，许用切应力$[\tau]$=100MPa，许用挤压应力$[\sigma_{bs}]$=2800MPa，钢板的厚度δ=10mm，宽度 b=80mm，铆钉直径 d=16mm。试确定该联结件所允许承受的轴向拉力 $\boldsymbol{F}$（假设各铆钉受力相同）。

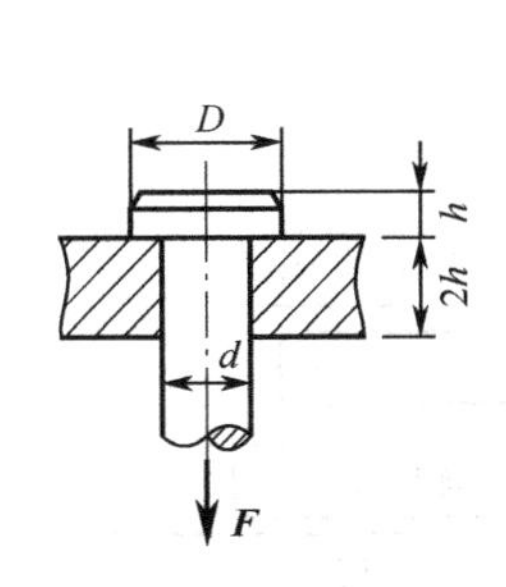

图习题 1-3-4　螺栓联结

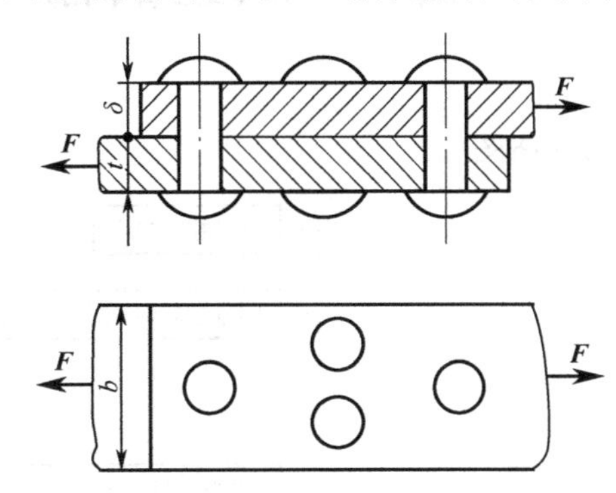

图习题 1-3-5　铆钉联结

项目4　减速器输出轴的强度校核

知识分布网络图

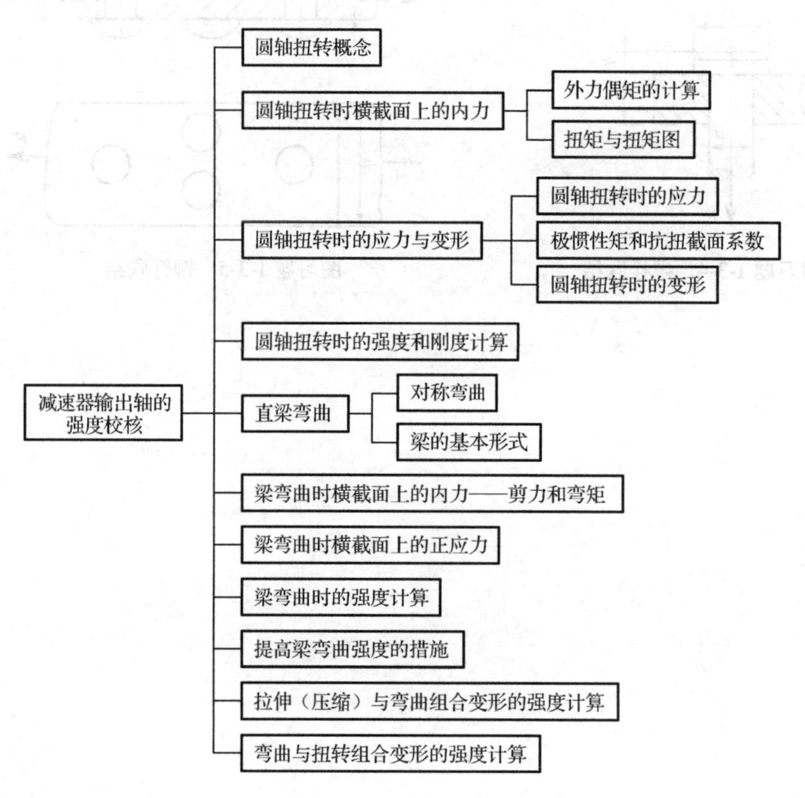

学习目标

1．掌握扭转、弯曲及弯扭组合变形的受力特点和变形特点；
2．能够进行扭转、弯曲及弯扭组合的强度计算和刚度计算；
3．增强学生的工程思想以及解决实际问题的能力。

学习任务

如图 1-4-1 所示，减速器齿轮箱中的输出轴转速为 n=76.4r/min；输入功率 P=3.8kW；从动轮的节圆直径 d = 250mm；齿轮压力角 α= 20°；若轴的许用应力[σ] =60MPa。要求按第三强度理论校核轴的强度。

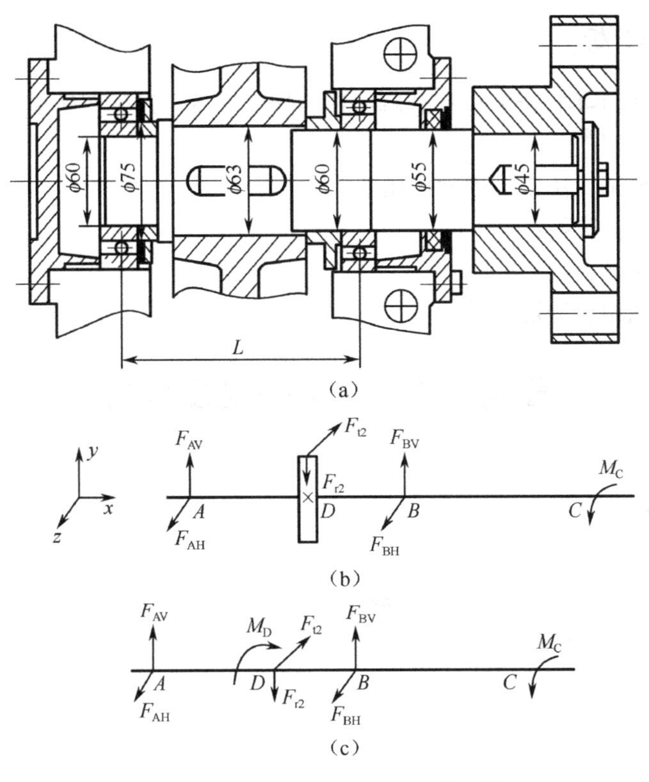

图 1-4-1　减速器输出轴的受力分析

任务分析

1. 减速器的工作状态

减速器由电动机输入功率，输入轴与电动机相连，经过齿轮传动，输出轴输出功率。

2. 输出轴的工作状态

减速器输入轴上的运动由齿轮传动传递到减速器输出轴，再经键、联轴器等元件将运动传递给工作机。

3. 建立力学模型，分析输出轴的受力

输出轴在 A、B 点受轴承施予的约束力；在 D 点的齿轮受到圆周力 $\boldsymbol{F}_{t2}$ 和径向力 $\boldsymbol{F}_{r2}$；在 C 点受到联轴器施予的力偶 M_C（如图 1-4-1（b）所示）。

4. 绘制输出轴的受力图

将图 1-4-1（b）中齿轮的圆周力和径向力平移到轴线，得到输出轴的受力图 1-4-1（c）。

5. 输出轴变形分析

将输出轴受力图 1-4-1（c）进行分解：在力偶作用下，发生扭转变形；在与轴垂直的力作用下，发生弯曲变形。

鉴于轴的这种变形，决定工作过程如下：

（1）输出轴的受扭分析；

（2）输出轴受弯分析；

（3）输出轴弯扭组合变形分析。

任务 4.1　输出轴受扭分析

学习目标

1．掌握受扭零件的受力特点和变形特点；

2．能够按扭转强度条件进行强度及刚度计算。

学习任务

已知减速器齿轮箱中的输出轴转速为 n=76.4r/min；输入功率 P=3.8kW。根据减速器输出轴的受力和变形分析，输出轴在力偶作用下发生扭转变形如图 1-4-2 所示，请分析输出轴受扭时的内力。

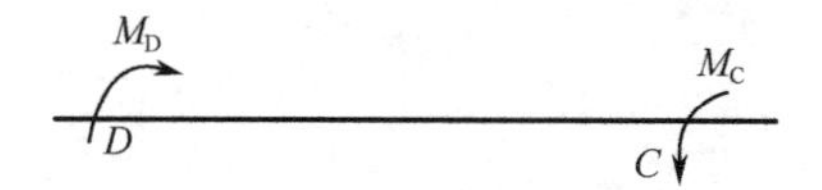

图 1-4-2　减速器输出轴的扭转受力分析

解：

（1）计算外力偶矩。

$$M_D=M_C=9550P/n=9550\times3.8/76.4=475\text{N·m}$$

（2）内力分析。

将输出轴沿截面 I-I 截开，取左侧部分为研究对象，如图 1-4-3（a）、（b）所示。

由平衡条件得：

$$\sum M=0$$

$$M_D-T=0$$

$$T=M_D=475\text{N·m}$$

（3）画扭矩图。

扭矩图如图 1-4-3（c）所示，可见，输出轴上受到值为 475N·m 的均匀扭矩。

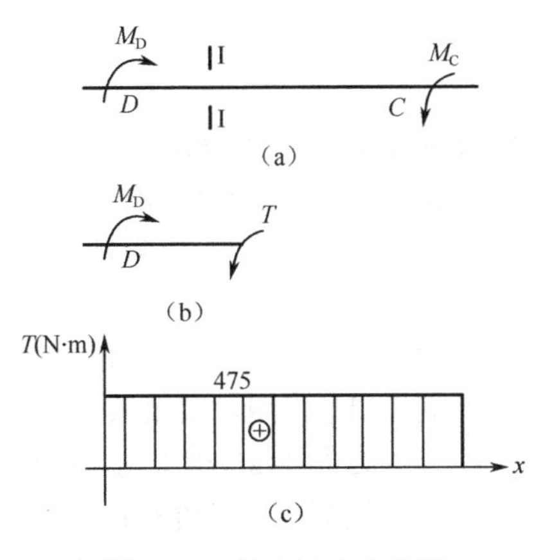

图 1-4-3　输出轴内力分析

4.1.1　圆轴扭转概念

扭转变形是构件的基本变形形式之一。例如，螺纹攻丝时，要在手柄两端加上大小相等、方向相反的力，这两个力在垂直于丝锥轴线的平面内构成一个力偶，使丝锥转动，下面丝扣的阻力则形成转向相反的力偶，阻碍丝锥的转动。丝锥在这一对力偶的作用下产生扭转变形。汽车传动轴（汽车传递发动机动力的传动轴）*AB*，轴的左端受发动机的主动力偶作用，轴的右端受到传动齿轮的阻力偶作用，两个转动方向相反的力偶对轴产生了扭转作用。另外，方向盘的操纵杆，钻孔时的钻头、电动机轴、搅拌器轴、车床主轴等，这些杆件在工作时受到两个转动方向相反的力偶作用，它们均为扭转变形的实例。产生扭转变形的杆件均可简化为如图 1-4-4 所示的计算简图。

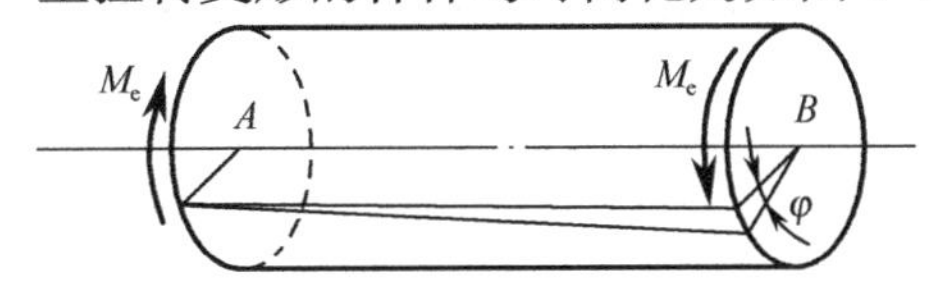

图 1-4-4　扭转杆件计算简图

从上例可见，杆件扭转时的受力特点：作用在杆两端的一对力偶，大小相等，方向相反，而且力偶作用面垂直于杆轴线。扭转变形的特征：杆的各横截面绕轴线发生相对转动。杆件任意两横截面间相对转过的角位移称为扭转角，简称转角，常用 φ 表示。

4.1.2　圆轴扭转时横截面上的内力

1. 外力偶矩的计算

在工程实际中，作用在轴上的外力偶矩一般并不是直接给出的，通常已知的是轴传递的功率和轴的转速，因此作用在轴上的外力偶矩要运用下式来确定：

$$M_e=9550P/n \tag{1-4-1}$$

式中，M_e 为外力偶矩（N·m）；P 为轴传递的功率（kW）；n 为轴的转速（r/min）。

在确定外力偶矩的转向时应注意，输入端受到的外力偶矩是带动轴转动的主动力偶矩，它的转向应与轴的转向一致；而输出端受到的外力偶矩是阻力偶矩，它的转向应与轴的转向相反。

2. 扭矩的计算

确定了作用在轴上的所有外力偶矩后，即可用截面法计算圆轴扭转时各横截面上的内力。如图 1-4-5（a）所示轴，在其两端垂直于杆轴线的平面内，作用有一对反向力偶 M_e，杆件处于平衡状态。为了求出轴的内力，用一假想截面 *m-m* 将轴切开，任取一段（如取左段Ⅰ）为研究对象，如图 1-4-5（b）所示。其上受一外力偶矩 M_e 作用，要使其平衡，*m-m* 截面上必有一力偶矩 T 与外力偶矩 M_e 相平衡，即截面上的内力是一力偶矩。

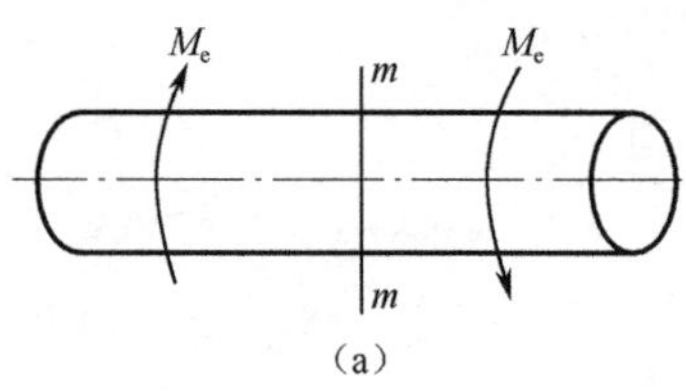

（a）

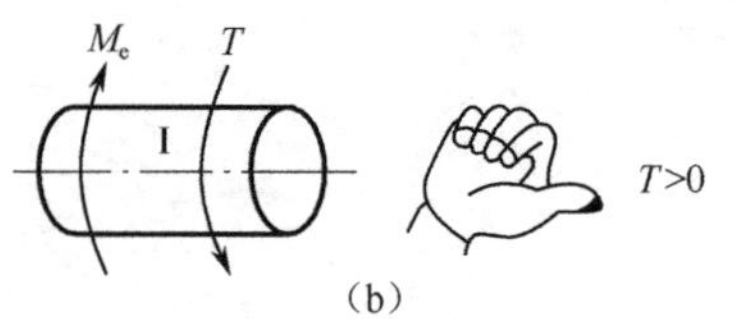

（b）

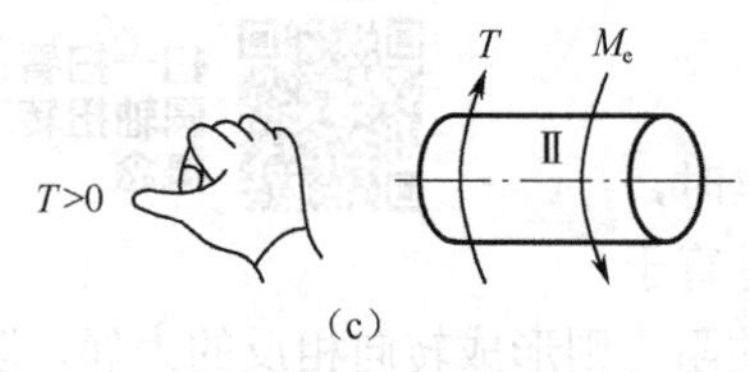

（c）

图 1-4-5　圆轴扭转的内力分析

根据平衡条件得：

$$\sum M = 0 \qquad T - M_e = 0$$

$$T = M_e$$

T 是轴在扭转时截面上的内力偶矩，称为扭矩。如取右段Ⅱ为研究对象，如图 1-4-5（c）所示，可得到同样数值的扭矩，但是两者的转向相反，这是作用和反作用的原因。为了使不论取左段还是右段为研究对象时，所得同一截面上的扭矩正负号相同，对扭矩的正负号做如下规定：用右手螺旋法则将扭矩表示为矢量，即右手的四指弯曲方向表示扭矩的转向，大拇指表示扭矩矢量的指向，若矢量的指向离开截面，则扭矩为正，反之为负。因此，不论取左段或右段作为研究对象，其扭矩不但数值相等，而且符号相同。图 1-4-5 中不论取左段还是右段为研究对象，其扭矩均为正值。

截面上的扭矩转向如果都按正向设定，计算结果为负值时，说明扭矩转向与所设相反，则扭矩为负。

扫一扫看简捷法绘制扭矩图

3. 扭矩图

当轴上作用两个以上外力偶时，则轴上各段扭矩 T 的大小和方向有所不同。为了形象地表达轴上各截面扭矩大小和符号的变化情况，可用扭矩图来表示。

在扭矩图上，以横轴表示轴上截面的位置，纵轴表示扭矩的大小，正扭矩画在纵轴正向，负扭矩画在负向。根据扭矩图可清楚地看出轴上扭矩随截面的变化规律，便于分析轴上的危险截面，以便进行强度计算。

下面举例说明扭矩的计算与扭矩图的绘制方法。

【例 1-4-1】 如图 1-4-6（a）所示传动轴，已知轴的转速为 n=300r/min，主动轮 A 的输入功率 P_A=400kW，三个从动轮 B、C、D 的输出功率分别为 P_B=120 kW、P_C=120kW、P_D=160kW，试求各段轴的扭矩并画出传动轴的扭矩图，确定最大扭矩$|T|_{max}$。

解：

（1）先求出主、从动轮上所受的外力偶矩。

$$M_{eA} = \frac{9550P_A}{n} = \frac{9550 \times 400}{300} \text{N} \cdot \text{m} = 12.7\text{kN} \cdot \text{m}$$

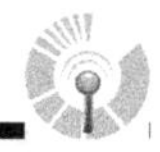

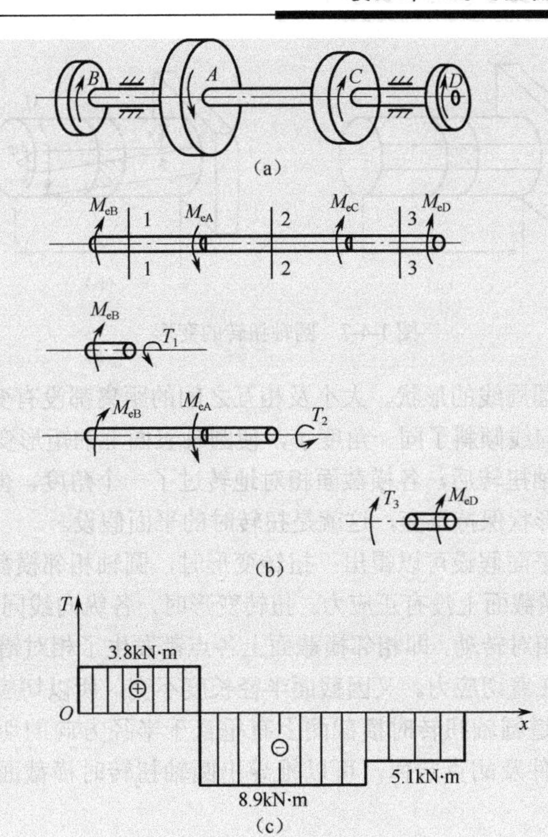

图 1-4-6　传动轴的内力分析

$$M_{eB}=M_{eC}=\frac{9550P_B}{n}=\frac{9550\times120}{300}\text{N}\cdot\text{m}=3.8\text{kN}\cdot\text{m}$$

$$M_{eD}=\frac{9550P_D}{n}=\frac{9550\times160}{300}\text{N}\cdot\text{m}=5.1\text{kN}\cdot\text{m}$$

（2）用截面法求各段轴的扭矩：在 BA、AC、CD 段任取截面 1-1、2-2、3-3，并取相应轴段为研究对象，画受力图如图 1-4-6（b）所示。由平衡条件得：

$$\sum M=0 \qquad T_1=M_{eB}=3.8\text{kN}\cdot\text{m}$$

$$\sum M=0 \qquad T_2=M_{eB}-M_{eA}=3.8-12.7=-8.9\text{kN}\cdot\text{m}$$

$$\sum M=0 \qquad T_3=-M_{eD}=5.1\text{kN}\cdot\text{m}$$

（3）画扭矩图如图 1-4-6（c）所示，最大扭矩发生在 AC 段，$|T|_{max}=8.9\text{kN}\cdot\text{m}$。

4.1.3　圆轴扭转时的应力与变形

扫一扫看圆轴扭转时的应力与变形

1. 圆轴扭转时的应力

为了研究圆轴扭转时的应力，先来观察圆轴的扭转变形。取一等截面圆轴，如图 1-4-7（a）所示，在其表面上划出两条平行于轴线的纵向线和两条代表横截面的圆周线。扭转后的情况如图 1-4-7（b）所示。

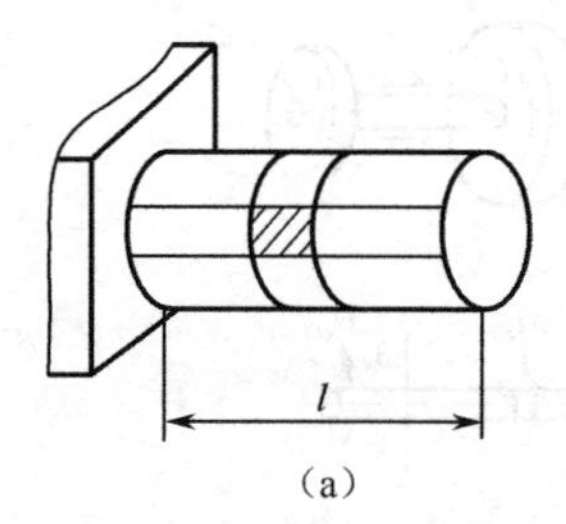

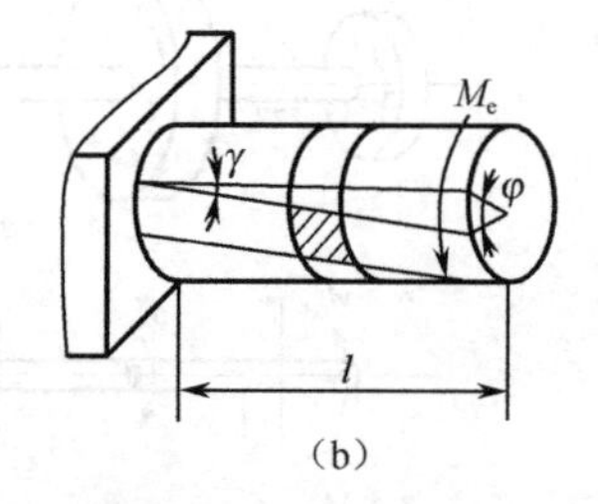

图 1-4-7　圆轴扭转的变形

由图上可以看出：圆周线的形状、大小及相互之间的距离都没有变化，但它们绕轴线发生了相对转动；所有纵向线倾斜了同一角度 γ，使圆轴表面上的矩形变为平行四边形。

根据观察可知，圆轴扭转后，各横截面相对地转过了一个角度，但仍保持为互相平行的平面，而且圆周大小与形状保持不变，这就是扭转时的平面假设。

根据圆轴扭转时的平面假设可以得出：扭转变形时，圆轴相邻横截面间的距离不变，圆轴没有纵向变形，所以横截面上没有正应力。扭转变形时，各纵向线同时倾斜了相同的角度，各横截面绕轴线产生了相对转动，即相邻横截面上各点都发生了相对错动，出现了剪切变形，因此横截面上各点都存在着切应力。又因截面半径长度不变，所以切应力方向与半径垂直。

综上所述，我们知道圆轴扭转时横截面上有垂直于半径方向的切应力。应用静力学平衡条件、变形的几何条件及胡克定律，可以推导出圆轴扭转时横截面上各点切应力的计算公式为

$$\tau_\rho = \frac{T\rho}{I_p} \tag{1-4-2}$$

式中，τ_ρ 为横截面上距圆心 ρ 处的切应力（MPa）；T 为横截面上的扭矩（N·mm）；ρ 为横截面上任一点距圆心的距离（mm）；I_p 为横截面的极惯性矩（mm^4），它表示截面的几何性质，它的大小与截面形状和尺寸有关。

上式说明：横截面上任一点处的切应力的大小与该点到圆心的距离 ρ 成正比，圆心处的切应力为零，同一圆周上各点切应力相等。切应力分布规律如图 1-4-8（a）所示，图 1-4-8（a）所示为实心轴截面，图 1-4-8（b）所示为空心轴截面。

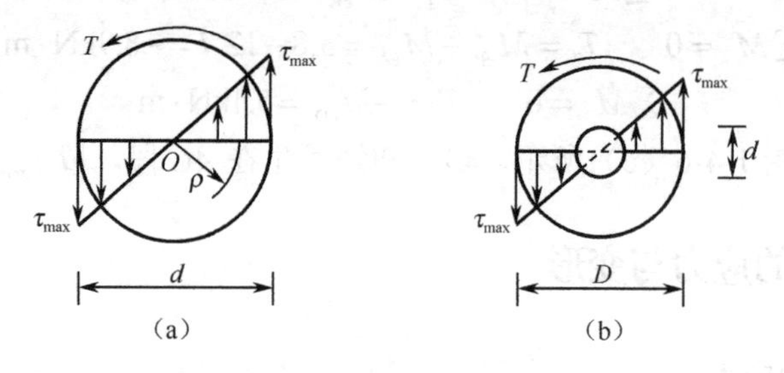

图 1-4-8　圆轴扭转横截面上的切应力

由图可见，在圆截面的边缘上，即 $\rho=R$ 时，该处切应力最大，其值为

$$\tau_{max} = \frac{TR}{I_p}$$

若令 $W_p = \dfrac{I_p}{R}$，则上式可写成如下形式：

$$\tau_{\max}=\frac{T}{W_p} \tag{1-4-3}$$

式中，W_p称为抗扭截面系数（mm^3）。从式（1-4-3）可知，W_p越大，$\tau_{\max}$就越小。因此，W_p是横截面抵抗扭转破坏的截面几何量。式（1-4-2）和式（1-4-3）只适用于圆截面轴，而且截面上的最大切应力不得超过材料的剪切比例极限。

2. 极惯性矩和抗扭截面系数

工程中，轴的横截面通常有圆形（实心）和圆环形（空心）两种，它们的极惯性矩和抗扭截面系数按下列公式计算。

（1）圆形截面。设直径为D，则

极惯性矩：
$$I_p=\frac{\pi D^4}{32}\approx 0.1D^4 \tag{1-4-4}$$

抗扭截面系数：
$$W_p=\frac{2I_p}{D}=\frac{2\pi D^4}{32D}=\frac{\pi D^3}{16}\approx 0.2D^3 \tag{1-4-5}$$

（2）圆环形截面。设外径为D，内径为d，$\alpha=\dfrac{d}{D}$，则

极惯性矩：
$$I_p=\frac{\pi D^4}{32}-\frac{\pi d^4}{32}=\frac{\pi D^4\left[1-\left(\dfrac{d}{D}\right)^4\right]}{32}$$

或

$$I_p=\frac{\pi D^4(1-\alpha^4)}{32}\approx 0.1D^4(1-\alpha^4) \tag{1-4-6}$$

抗扭截面系数：
$$W_p=\frac{2I_p}{D}=\frac{\pi D^3(1-\alpha^4)}{16}\approx 0.2D^3(1-\alpha^4) \tag{1-4-7}$$

【例 1-4-2】 已知空心轴的外径D=35mm，内径d=25mm，两端受力偶矩M_e=150N·m作用，试计算轴横截面上的最大切应力$\tau_{\max}$。

解：

（1）计算扭矩。

用截面法可求得轴横截面上的扭矩为

$$T=M_e=150\text{N·m}$$

（2）计算抗扭截面系数W_p。

$$W_p=\frac{\pi D^3(1-\alpha^4)}{16}=\frac{\pi\times 35^3\times\left[1-\left(\dfrac{25}{35}\right)^4\right]}{16}\text{mm}^3=6231\text{mm}^3$$

（3）计算最大切应力。

$$\tau_{\max}=\frac{T}{W_p}=\frac{150\times 10^3}{6231}=24.1\text{MPa}$$

3. 圆轴扭转时的变形

圆轴扭转时，其变形的大小用任意两横截面间绕轴线相对转过的角度φ来度量，角φ称

为相对扭转角，如图 1-4-9 所示。

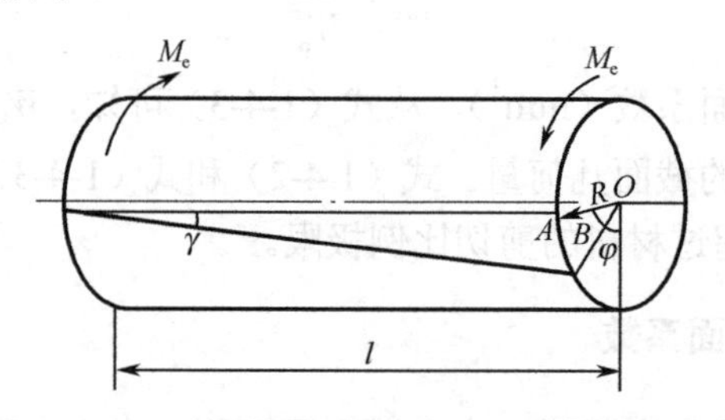

图 1-4-9　圆轴扭转的相对扭转角

由理论分析可知，相对扭转角φ与扭矩、截面尺寸及材料性能有如下关系：

$$\varphi = \frac{Tl}{GI_p} \tag{1-4-8}$$

式中，T 为横截面上的扭矩，l 为两截面间的距离，G 为材料的切变模量，I_p 为截面的极惯性矩。从式中可以看出，GI_p 越大，在相同的扭矩作用下扭转角φ越小。因此，它表示圆轴抵抗扭转变形的能力，故 GI_p 称为抗扭刚度。

为消除轴长度的影响，工程上常采用单位长度上的扭转角来表示，即

$$\theta = \frac{\varphi}{l} = \frac{Tl}{GI_p} \tag{1-4-9}$$

式中，θ 的单位为弧度/米（rad/m），工程实际中常用度/米（°/m）来表示，故式（1-4-9）可改写为

$$\theta_{max} = \frac{180T}{\pi GI_p} \tag{1-4-10}$$

注意，式（1-4-8）、式（1-4-9）和式（1-4-10）只适用于材料在线弹性范围内的情况。

4.1.4　圆轴扭转时的强度和刚度计算

扫一扫看圆轴扭转时应力与强度计算

1. 圆轴扭转时的强度计算

为了保证圆轴安全正常地工作，则要求圆轴的最大工作切应力 τ_{max} 小于材料的许用切应力 $[\tau]$，即

$$\tau_{max} = \frac{T}{W_p} \leqslant [\tau] \tag{1-4-11}$$

上式为圆轴扭转时的强度条件。式中 T 和 W_p 分别为危险截面的扭矩和抗扭截面系数。

【例 1-4-3】 某传动轴，已知轴的直径 d=40mm，转速 n=200r/min，材料的许用切应力 $[\tau]$=60MPa，试求此轴可传递的最大功率。

解：

（1）确定许可外力偶矩。由扭转强度条件得：

$$T \leqslant W_p[\tau] = (0.2 \times 40^3 \times 10^{-9} \times 60 \times 10^6)\text{N} \cdot \text{m} = 768\text{N} \cdot \text{m}$$

$$M_e = T = 768\text{N} \cdot \text{m}$$

（2）确定最大功率。由式（1-4-1）得：

$$P \leqslant \frac{M_e n}{9550} = \left(\frac{768 \times 200}{9550}\right) \text{kW} = 16\text{kW}$$

2. 刚度计算

扫一扫看扭转的刚度计算

圆轴扭转时，除了要满足强度条件外，还要求不产生过大的扭转变形。例如，机床主轴在运转时若产生过大的扭转变形，则会发生扭振而影响被加工零件的精度。因此，对传动轴的扭转变形必须加以限制，工程上通常要求轴的最大单位长度扭转角 θ 小于等于许用单位长度扭转角[θ]，即

$$\theta_{\max} = \frac{180T}{\pi G I_p} \leqslant [\theta] \tag{1-4-12}$$

上式就是圆轴扭转时的刚度条件。式中 T 和 I_p 分别是危险截面上的扭矩和极惯性矩。[θ]的数值可从有关手册中查得。一般情况下，可参照下列标准：

精密机械的轴：[θ]=(0.25～0.5)°/m

一般传动轴：[θ]=(0.5～1.0)°/m

精度要求不高的轴：[θ]=(1.0～2.5)°/m

根据扭转刚度条件，可以解决三类问题，即校核刚度、设计截面和确定许可载荷。

【例 1-4-4】 汽车传动轴 AB 由 45 号无缝钢管制成，外径 D=90mm，内径 d=85mm，许用切应力[τ]=60MPa，[θ]=1.0°/m，工作时最大力偶矩 M=1500N·m，G=80GPa。试校核其强度及刚度。

解：

（1）强度校核。传动轴各截面上的扭矩均为

$$T = M = 1500\text{N·m}$$

传动轴的抗扭截面系数为

$$W_p = 0.2D^3(1-\alpha^4) = \left\{0.2 \times 90^3\left[1-\left(\frac{85}{90}\right)^4\right]\right\}\text{mm}^3 = 29800\text{mm}^3$$

传动轴横截面上的最大切应力为

$$\tau_{\max} = \frac{T}{W_p} = \frac{1500 \times 10^3}{29800}\text{MPa} = 50.3\text{MPa} < [\tau]$$

传动轴满足强度要求。

（2）刚度校核。传动轴的极惯性矩为

$$I_p = 0.1D^4(1-\alpha^4) = \left\{0.1 \times 90^4\left[1-\left(\frac{85}{90}\right)^4\right]\right\}\text{mm}^3 = 134 \times 10^4\text{mm}^4$$

$$\theta_{\max} = \frac{180T}{\pi G I_p} = \frac{180 \times 1500 \times 10^3}{3.14 \times 80 \times 10^3 \times 134 \times 10^4} \times 10^3(°/\text{m}) = 0.8°/\text{m} < [\theta]$$

传动轴满足刚度要求。

任务 4.2　输出轴受弯分析

学习目标

1. 了解减速器工作原理及输出轴的工作过程，会对减速器输出轴进行受弯分析；
2. 会画剪力图和弯矩图；
3. 掌握梁的强度、刚度计算；
4. 培养学生严谨的工作作风和分析问题、解决问题的能力；
5. 会将工程问题简化成力学模型。

学习任务

如图 1-4-10 所示，已知减速器齿轮箱中的从动轴转速 n=76.4r/min；输入功率 P=3.8kW，两轴承中心间的跨距 L= 127mm。从动齿轮节圆直径 D=250mm；两齿轮啮合时的啮合角 α'=20°。求该轴弯曲变形时所产生的最大弯矩值。

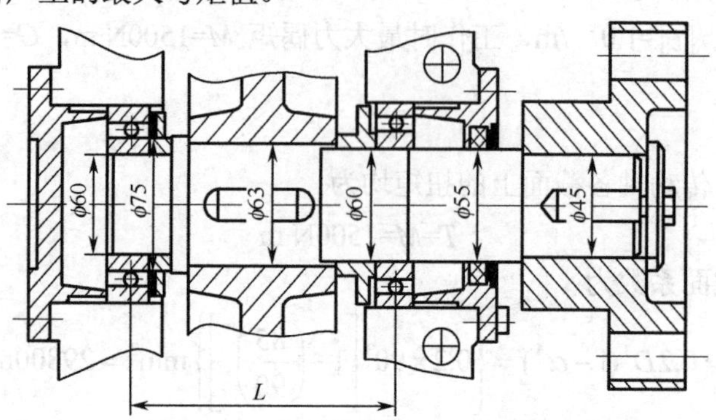

图 1-4-10　减速器齿轮箱的从动轴

任务分析

减速器齿轮箱的从动轴受到齿轮对它的径向力和圆周力共同作用，在此两力作用下，轴会产生水平方向和垂直方向的弯曲变形。通过对轴进行受力分析，继而可得出轴所承受的最大弯矩。

（1）画轴的空间受力简图（如图 1-4-11（a）所示）。为了简化计算，将轴承视为铰链支座，支座位置在轴承宽度的中点。

（2）求轴上弯矩。

先求转矩：

$$T_2=9550P/n=9550\times3.8/76.4=475.9\text{N·m}$$

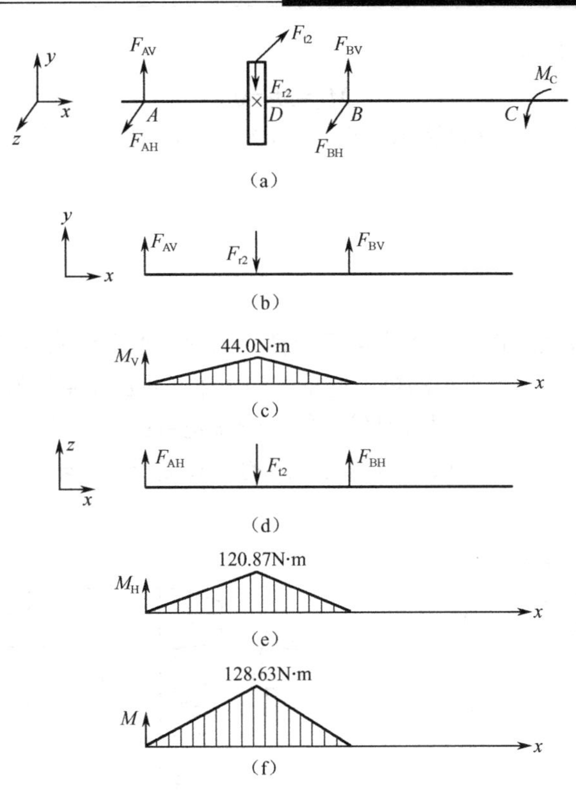

图 1-4-11　减速器齿轮箱的从动轴的受力分析

再求齿轮所受圆周力、径向力：

$$F_{t2}=2T_2/d_2=2\times475.9\times10^3/250=3807\text{N}$$

$$F_{r2}=F_{t2}\tan\alpha\fallingdotseq3807\times\tan20^\circ=1386\text{N}$$

① 作 xy 面内的弯矩图。

画 xy 面内轴的受力图，如图 1-4-11（b）所示，由垂直面上力矩平衡关系可得支反力为

$$F_{AV}=F_{BV}=F_{r2}/2=1386/2=693\text{N}$$

求各节点的弯矩：

$$M_{AV}=M_{BV}=0$$

$$M_{DV}=F_{AV}L/2=693\times0.127/2=44\ \text{N·m}$$

作 xy 面内的弯矩图，如图 1-4-11（c）所示。

② 作 xz 面内的弯矩图。

画 xz 面内轴的受力图，如图 1-4-11（d）所示，由 xz 面上力矩平衡关系可得支反力为

$$F_{AH}=F_{BH}=F_{t2}/2=3807/2=1903.5\text{N}$$

求各节点的弯矩：

$$M_{AH}=M_{BH}=0$$

$$M_{DH}=F_{AH}L/2=1903.5\times0.127/2=120.87\ \text{N·m}$$

作 xz 面上弯矩图，如图 1-4-11（e）所示。

③ 作合成弯矩图。

在 D 点处，合成弯矩 M_D 为

$$M_D=\sqrt{M_{DV}^2+M_{DH}^2}=\sqrt{44.0^2+120.87^2}=128.63\text{N}\cdot\text{m}$$

在 A、B 点合成弯矩为

$$M_A=M_B=0$$

作合成弯矩图如图 1-4-11（f）所示。该轴的最大弯矩在 D 截面，最大弯矩值为 128.63 N·m。

4.2.1 直梁弯曲

1. 对称弯曲

正如注塑模支承板在工作时的受力情况一样，工程中很多机构设备在工作中受到弯曲变形的影响。如承受设备及起吊重量的桥式起重机的大梁（见图 1-4-12）、承受转子重量的电机轴（见图 1-4-13）等，在工作时最容易发生的变形就是弯曲。其受力特点：杆件都是受到与杆轴线相垂直的外力（横向力）或外力偶的作用的。其变形为杆轴线由直线变成曲线，这种变形称为弯曲变形。

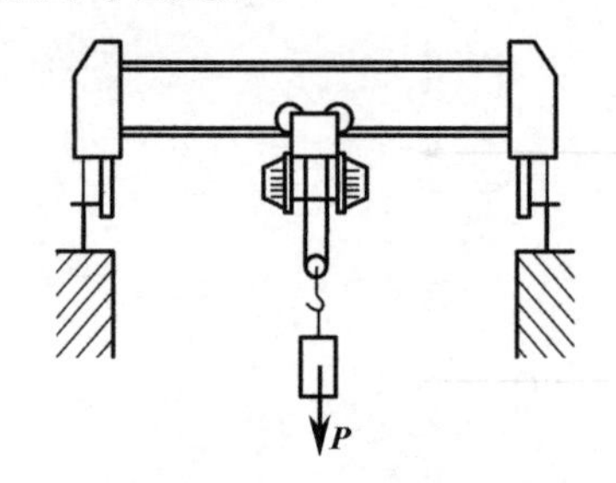

图 1-4-12　桥式起重机的大梁

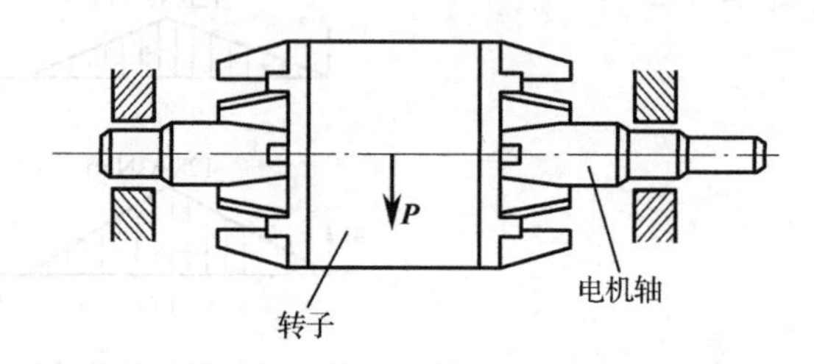

图 1-4-13　电机轴

工程中的梁，其横截面通常都有一纵向对称轴。该对称轴与梁的轴线组成梁的纵向对称面，如图 1-4-14 所示。外力或外力偶作用在梁的纵向对称平面内，则梁变形后的轴线在此平面内弯曲成一平面曲线，这种弯曲称为对称弯曲。这里主要讨论对称弯曲问题。

2. 梁的基本形式

根据梁的支承情况，一般可简化为以下三种形式：

（1）简支梁。梁的一端为固定铰支座，另一端为活动铰支座，如图 1-4-15（a）所示。

（2）外伸梁。带有外伸端的简支梁，如图 1-4-15（b）所示。

（3）悬臂梁。梁的一端为固定端，另一端为自由端，如图 1-4-15（c）所示。

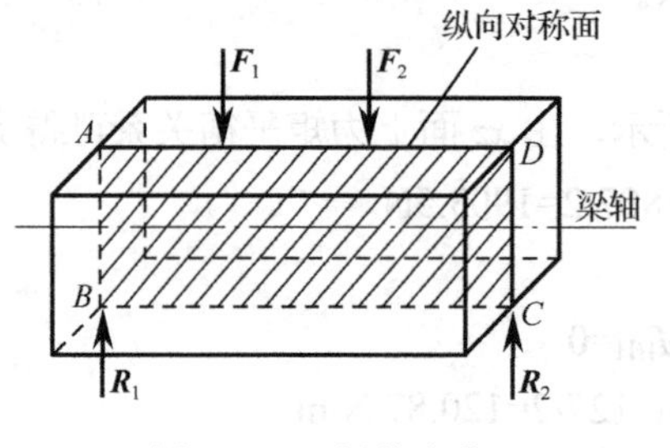

图 1-4-14　梁的弯曲

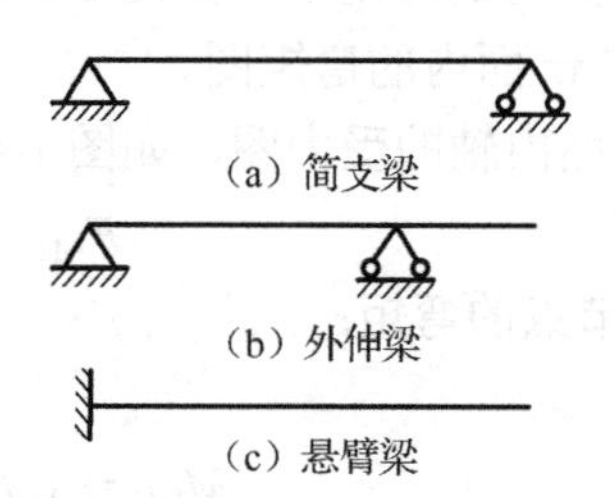

图 1-4-15　梁的形式

在对称弯曲的情况下，梁的主动力与约束力构成平面力系。上述简支梁、外伸梁和悬臂梁的约束力，都能由静力平衡方程确定，因此又称为静定梁。

在工程实际中，有时为了提高梁的强度和刚度，采取增加梁的支承的办法，此时静力平

衡方程就不足以确定梁的全部约束力，这种梁称为静不定梁或超静定梁。

4.2.2　梁弯曲时横截面上的内力——剪力和弯矩

1. 剪力和弯矩的计算

梁在载荷作用下，根据平衡条件可求得支座反力。当作用在梁上的所有外力（载荷和支座反力）都已知时，用截面法可求出任一横截面上的内力。

（1）剪力和弯矩的计算

设梁 AB 受横向力作用（见图 1-4-16（a）），相应的支反力为 $\boldsymbol{F}_{Ay}$、$\boldsymbol{F}_{By}$。现求距 A 端 x 处横截面上的内力。由截面法将梁切开，任取其中一段，例如左段（见图 1-4-16（b））作为研究对象。因原来梁处于平衡状态，故左段梁在外力及截面处内力的共同作用下亦应保持平衡。由于外力均垂直于梁的轴线，故截面上必有一与截面相切的内力即 $\boldsymbol{F}_S$，和一个在外力作用面内的内力偶即 M 与之平衡，$\boldsymbol{F}_S$ 和 M 分别称为剪力和弯矩。

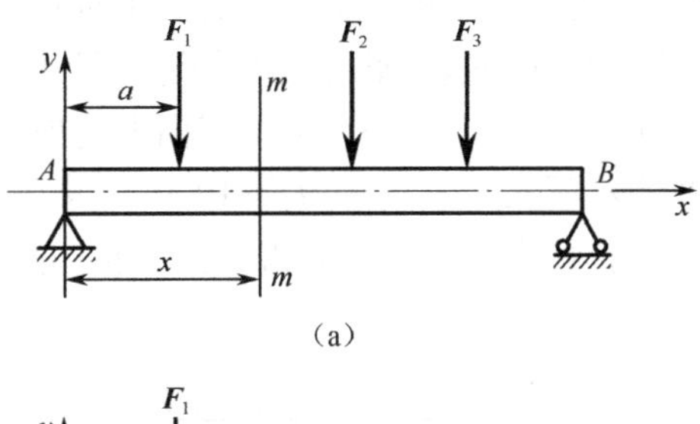

（a）

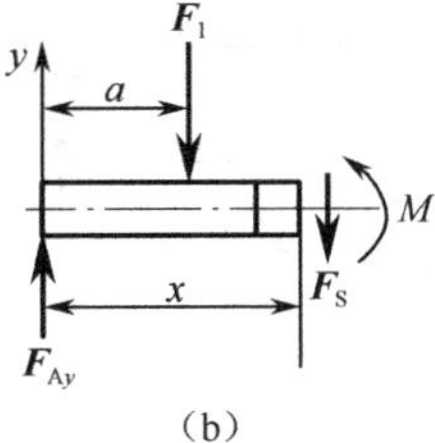

（b）

图 1-4-16　截面法求梁的内力

对左段列平衡方程有

$$\sum F_y = 0，\quad F_{Ay} - F_1 - F_S = 0$$

得：

$$F_S = F_{Ay} - F_1$$

即剪力在数值上等于左段所有外力的代数和。

由

$$\sum M_C = 0，\quad -F_{Ay}x + F_1(x-a) + M = 0$$

得：

$$M = F_{Ay}x - F_1(x-a)$$

矩心 C 为截面的形心，故弯矩在数值上等于左段梁上所有外力对截面形心 C 的力矩的代数和。

（2）正负号的规定

为使以上两种情况所得同一横截面上的内力具有相同的正、负号，对剪力与弯矩的正负做如下规定：研究对象的横截面左上右下的剪力为正，反之为负；使弯曲变形为凹向上的弯矩为正，反之为负（见图 1-4-17）。

（3）结论

弯曲时梁横截面上的剪力在数值上等于该截面一侧外力的代数和；横截面上的弯矩在数值上等于该截面一侧外力对该截面形心的力矩的代数和。

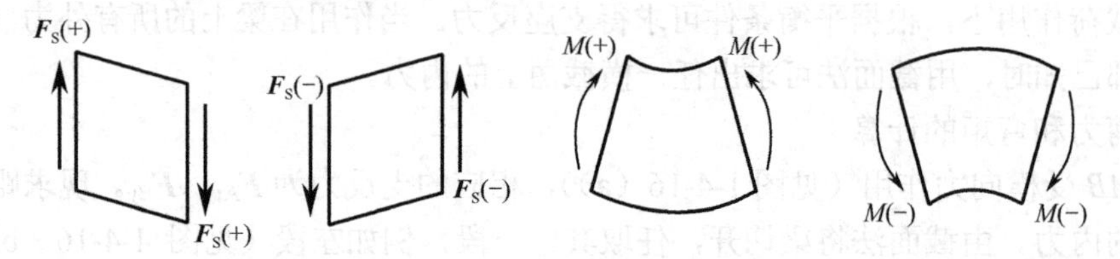

图 1-4-17　剪力与弯矩的正负号规定

应用上述结论时，横截面上的外力的正、负号规定如下：计算剪力时，截面左上右下的外力取正，反之为负。计算弯矩时，向上的外力（不论在截面的左侧或右侧）对形心的矩为正，反之为负；或截面左侧的顺时针力偶及截面右侧的逆时针力偶取正，反之为负。利用上述规则，可直接根据截面左侧或右侧梁上的外力求横截面上的剪力和弯矩。

【例 1-4-5】 如图 1-4-18 所示简支梁受集中力 F=1000N，集中力偶 M=4kN·m 和均布载荷 q=10kN/m 的作用，试根据外力直接求出图中 1-1 和 2-2 截面上的剪力和弯矩。

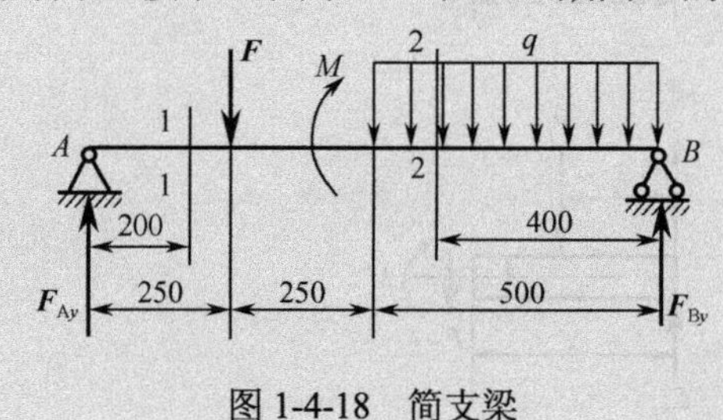

图 1-4-18　简支梁

解：

（1）求支反力。

$$\sum M_B = 0$$

$$F \times 0.75\text{m} - F_{Ay} \times 1\text{m} - M + 10 \times 10^3\,\text{N/m} \times 0.5\text{m} \times 0.25\text{m} = 0$$

$$F_{Ay} = -2000\text{N}$$

$$\sum F_y = 0\,,\quad F_{Ay} - F - 0.5q + F_{By} = 0$$

$$F_{By} = 8000\text{N}$$

（2）求截面内力。

① 由左侧外力计算。

1-1 截面：

$$F_{S1} = F_{Ay} = -2000\text{N}$$

$$M_1 = F_{Ay} \times 0.2\text{m} = -2000\text{N} \times 0.2\text{m} = -400\text{N} \cdot \text{m}$$

2-2 截面：

$$F_{S2} = F_{Ay} - F - q \times 0.1 = -2000\text{N} - 1000\text{N} - 10^4\,\text{N/m} \times 0.1\text{m} = -4000\text{N}$$

$$M_2 = F_{Ay} \times 0.6\text{m} - F \times 0.35\text{m} + M - q \times 0.1\text{m} \times 0.05\text{m}$$
$$= -2000\text{N} \times 0.6\text{m} - 1000\text{N} \times 0.35\text{m} + 4000\text{N} \cdot \text{m} - 10^4\text{N/m} \times 0.1\text{m} \times 0.05\text{m}$$
$$= 2400\text{N} \cdot \text{m}$$

② 由右侧外力计算。

1-1 截面：

$$F_{S1} = -F_{By} + q \times 0.5 + F = -8000\text{N} + 10^4\text{N/m} \times 0.5\text{m} + 1000\text{N} = -2000\text{N}$$
$$M_1 = F_{By} \times 0.8\text{m} - q \times 0.5\text{m} \times 0.55\text{m} - M - F \times 0.05\text{m}$$
$$= 8000\text{N} \times 0.8\text{m} - 10^4\text{N/m} \times 0.5\text{m} \times 0.55\text{m} - 4000\text{N} - 1000\text{N} \times 0.05\text{m}$$
$$= -400\text{N} \cdot \text{m}$$

2-2 截面：

$$F_{S2} = q \times 0.4 - F_{By} = 10 \times 10^3\text{N/m} \times 0.4\text{m} - 8000\text{N} = -4000\text{N}$$
$$M_2 = F_{By} \times 0.4 - q \times 0.4\text{m} \times 0.2\text{m} = 8000\text{N} \times 0.4\text{m} - 10^4\text{N/m} \times 0.4\text{m} \times 0.2\text{m}$$
$$= 2400\text{N} \cdot \text{m}$$

两侧计算结果完全相同，但截面 1-1 上的内力由左侧计算较简便，截面 2-2 上的内力则由右侧计算较方便。

由以上计算的结果可知，计算内力时可任取截面左侧或右侧，一般取外力较少的杆段为好。

2. 剪力、弯矩图

在一般情况下，梁横截面上的剪力和弯矩是随截面的位置不同而变化的。如果沿梁轴线方向选取坐标 x 表示横截面的位置，则梁的各截面上的剪力和弯矩都可表示为 x 的函数，即

$$F_S = F_S(x)，M = M(x)$$

上述两式分别称为梁的剪力方程和弯矩方程。

如果以 x 为横坐标轴，以 F_S 或 M 为纵坐标轴，分别绘制 $F_S = F_S(x)$，$M=M(x)$的函数曲线，则分别称为剪力图和弯矩图。

从剪力图和弯矩图上可以很容易确定梁的最大剪力和最大弯矩，以及梁的危险截面的位置。在梁的强度计算和刚度计算中，一般弯矩起主要的作用，因此此处主要研究弯矩方程的建立和弯矩图的绘制。下面举例说明弯矩图的作法。

【例 1-4-6】 如图 1-4-19 所示悬臂梁，在自由端受集中力 $\boldsymbol{F}$ 作用，试作梁的剪力图与弯矩图。

解：

（1）列剪力、弯矩方程。

选取截面 A 的形心为坐标原点，坐标轴如图 1-4-19（a）所示。在截面 x 处切取左段为研究对象，则有

$$F_S(x) = -F \qquad (0<x<1)$$
$$M(x) = -Fx \qquad (0\leqslant x\leqslant 1)$$

（2）画剪力、弯矩图。

剪力为常数，所以剪力图为一水平直线，如图 1-4-19（b）所示。

弯矩 M 为 x 的一次函数，所以弯矩图为一条斜直线。由弯矩方程可知：

$$x=0，M=0；x=l，M=-Fl$$

过原点（0，0）与点（l，$-Fl$）连直线即得弯矩图，如图 1-4-19（c）所示。由图可知，弯矩的最大值在固定端的左侧截面上，$|M|_{max}=Fl$，故固定端截面为危险截面。

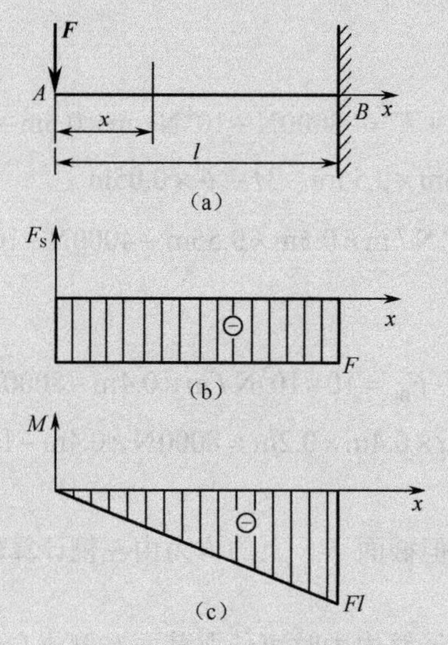

图 1-4-19　受集中力作用的悬臂梁

【例 1-4-7】 如图 1-4-20 所示悬臂梁，在全梁上受集度为 q 的均布载荷作用。试作该梁的剪力图与弯矩图。

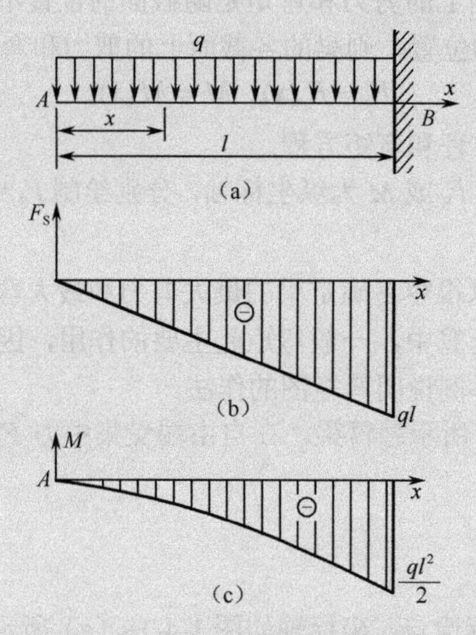

图 1-4-20　受均布载荷作用悬臂梁

解：

(1) 列剪力、弯矩方程。

选取截面 A 的形心为坐标原点，并在截面 x 处切取左段为研究对象，则

$$F_S(x)=-Fx\quad(0\leqslant x<1)$$

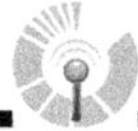

$$M(x)=-\frac{ql^2}{2}\quad(0\leqslant x<l)$$

（2）画剪力、弯矩图。

由上式可知，剪力 $\boldsymbol{F}_S$ 是 x 的一次函数，所以剪力图是一条斜直线，确定其起点和终点连线即得剪力图。$x=0$，$F_S=0$，$x=l$，$F_S=-ql$，如图 1-4-20（b）所示；弯矩 M 是 x 的二次函数，弯矩图是一抛物线。由二次曲线性质可知，此曲线顶点为（0，0），开口向下，可确定几点画出该曲线（见图 1-4-20（c））。

$$x=0,\ M=0$$

$$x=\frac{1}{2},\ M=-\frac{ql^2}{8}$$

$$x=l,\ M=-\frac{ql^2}{2}$$

由图可知，在固定端左侧上的弯矩最大，为 $|M|_{\max}=\frac{ql^2}{2}$。

【例 1-4-8】 如图 1-4-21（a）所示简支梁，在全梁上受均布载荷作用，试作此梁的剪力图和弯矩图。

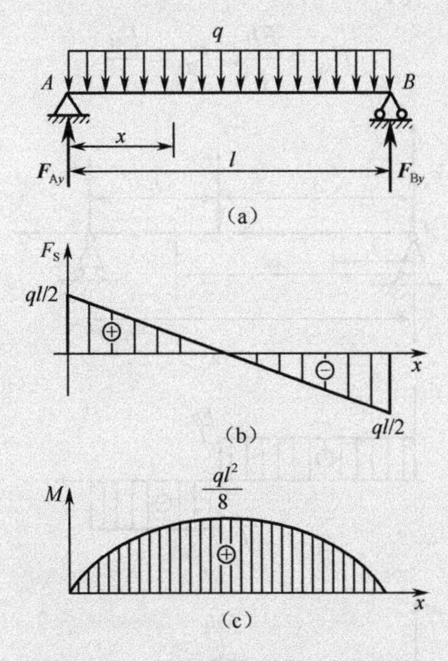

图 1-4-21　受均布载荷作用的简支梁

解：

（1）求支反力。

由 $\sum M_A=0$ 及 $\sum M_B=0$，得：

$$F_{Ay}=F_{By}=\frac{ql}{2}$$

（2）列剪力、弯矩方程。

取 A 为坐标原点，并在截面 x 处切取左段为研究对象，则

$$F_S=F_{Ay}-qx\qquad(0<x<l)$$

$$M = F_{Ay}x - \frac{qx^2}{2} = \frac{qxl}{2} - \frac{qx^2}{2} \quad (0 \leqslant x \leqslant l)$$

（3）画剪力、弯矩图。

上式表明，剪力是 x 的一次函数，因此剪力图为一斜直线，只需确定直线起点及终点的坐标 $F_S(0) = ql/2$，$F_S(l) = -ql/2$，作这两点的连线即成剪力图，如图 1-4-21（b）所示。弯矩是 x 的二次函数，弯矩图是一条抛物线。由均布载荷在梁上的对称分布特点可知，抛物线的最大值应在梁的中点处，如图 1-4-21（c）所示。

$$x = 0，M = 0$$

$$x = \frac{1}{2}，M = \frac{ql^2}{8}$$

$$x = l，M = 0$$

【例 1-4-9】 如图 1-4-22（a）所示简支梁，在 C 点处受集中载荷 $\boldsymbol{F}$ 作用，试作出剪力图、弯矩图。

解：

（1）求支反力。

由 $\sum M_A = 0$ 及 $\sum M_B = 0$，得：

$$F_{Ay} = \frac{Fb}{l}，F_{By} = \frac{Fa}{l}$$

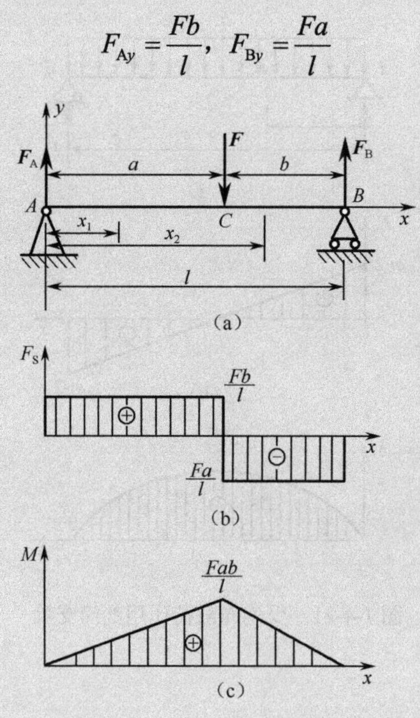

图 1-4-22　受集中力作用的简支梁

（2）列剪力、弯矩方程。

由于集中力作用点两侧临近截面上剪力有突变，所以剪力方程在 C 点不连续，因此要把梁 AB 分为 AC、CB 两段考虑。

AC 段：
$$F_S(x_1) = F_{Ay} = \frac{Fb}{l} \quad (0<x_1<a)$$

$$M(x_1) = F_{By}(l - x_1) = \frac{Fa}{l}(l - x_1) \quad (0 \leqslant x_1 \leqslant a)$$

CB 段：
$$F_S(x_2) = F_{Ay} - F = -\frac{Fa}{l} \quad (a < x_2 < l)$$

$$M(x_2) = F_{Ay}x_2 - F(x_2 - a) = \frac{Fb}{l}x_2 - F(x_2 - a) \quad (a \leqslant x_2 \leqslant l)$$

（3）画剪力、弯矩图。

由函数作图法可知，*AC* 段剪力为常数，弯矩图是斜直线；*CB* 段剪力也为常数，弯矩图也是斜直线。

AC 段：$x=0$，$F_S=\frac{Fb}{l}$，$M=0$；$x=a$，$F_S=\frac{Fb}{l}$，$M=\frac{Fab}{l}$

BC 段：$x=a$，$F_S=-\frac{Fa}{l}$，$M=\frac{Fab}{l}$；$x=l$，$F_S=-\frac{Fa}{l}$，$M=0$

剪力、弯矩图如图 1-4-22（c）所示，最大弯矩在集中力作用的 *C* 截面处，$|M|_{max}=\frac{Fab}{l}$。

【例 1-4-10】 如图 1-4-23（a）所示梁，在 *C* 点处作用一集中力偶 M_O，试画出此梁的剪力、弯矩图。

解：

（1）画受力图求支反力。

由平衡方程求得：$F_A = M_O / l$，$F_B = M_O / l$。

（2）列剪力、弯矩方程。

由于集中力偶作用点两侧临近截面上弯矩有突变，弯矩方程在该点不连续，因此要把 *AB* 梁分为 *AC*、*CB* 两段考虑。截面坐标 *x* 的选取如图 1-4-23（a）所示。

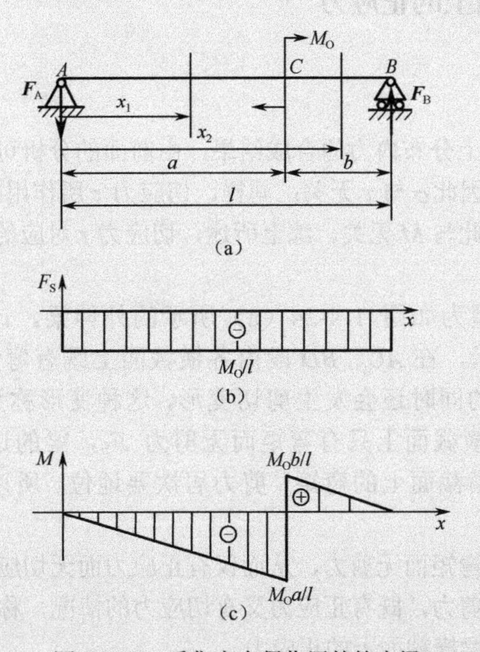

图 1-4-23　受集中力偶作用的简支梁

AC 段：

$$F_S(x_1) = -F_A = -\frac{M_O}{l} \quad (0<x_1\leqslant a)$$

$$M(x_1) = -F_A x_1 = -\frac{M_O}{l}x_1 \quad (0\leqslant x_1<a)$$

CB 段：

$$F_S(x_2) = -F_A = -\frac{M_O}{l} \quad (a\leqslant x_2<l)$$

$$M(x_2) = -F_A x_2 + M_O = -\frac{M_O}{l}x_2 + M_O \quad (a<x_2\leqslant l)$$

（3）画剪力、弯矩图。

由剪力、弯矩方程分别绘出剪力、弯矩图，如图 1-4-23（b）、（c）所示。

由以上例题的弯矩图可归纳出以下特点：

① 梁上没有均布载荷作用的部分，剪力图为直线，弯矩图为倾斜直线。

② 梁上有均布载荷作用的一段，剪力图为斜直线而弯矩图为抛物线，均布载荷向下时抛物线开口向下。

③ 在集中力作用处，剪力突变，弯矩图上在此出现折角（即两侧斜率不同）。

④ 梁上集中力偶作用处，剪力不变，弯矩有突变，突变的值即为该处集中力偶的力偶矩。从左至右，若力偶为顺时针转向，弯矩图向上突变；反之若力偶为逆时针转向，则弯矩图向下突变。

⑤ 绝对值最大的弯矩总是出现在剪力为零的截面上、集中力作用处、集中力偶作用处。

利用上述特点，可以不列梁的内力方程，而简捷地画出梁的剪力、弯矩图。方法：以梁上的界点将梁分为若干段，求出各界点处的内力值，最后根据上面归纳的特点画出各段弯矩图。

4.2.3 梁弯曲时横截面上的正应力

1. 梁的纯弯曲

剪力和弯矩是横截面上分布内力的合成结果，由前面的分析可知，正应力与切向作用于横截面内的剪力 τ 垂直，因此 σ 与 τ 无关；同样，切应力 τ 所作用的平面与弯矩 M 作用的梁的纵向对称面相垂直，因此与 M 无关。综上所述，切应力 τ 对应的内力为剪力，正应力 σ 对应的内力为弯矩。

火车轮轴的力学模型为如图 1-4-24（a）所示的外伸梁。该梁的剪力图与弯矩图如图 1-4-24（b）、（c）所示，在 *AC*、*BD* 段内各横截面上既有弯矩 M 又有剪力 $\boldsymbol{F}_S$，梁在这些段内发生弯曲变形的同时还会发生剪切变形，这种变形称为剪切弯曲，也称为横力弯曲。在 *CD* 段内的各横截面上只有弯矩而无剪力 $\boldsymbol{F}_S$，梁的这种弯曲称为纯弯曲。梁的弯曲强度主要决定于横截面上的弯矩，剪力居次要地位。所以将仅讨论梁在纯弯曲时横截面上的正应力。

当梁的横截面上仅有弯矩而无剪力，从而仅有正应力而无切应力的情况，称为纯弯曲。横截面上同时存在弯矩和剪力，既有正应力又有切应力的情况，称为横力弯曲或剪切弯曲。本项目重点讨论纯弯曲时梁横截面上的正应力。

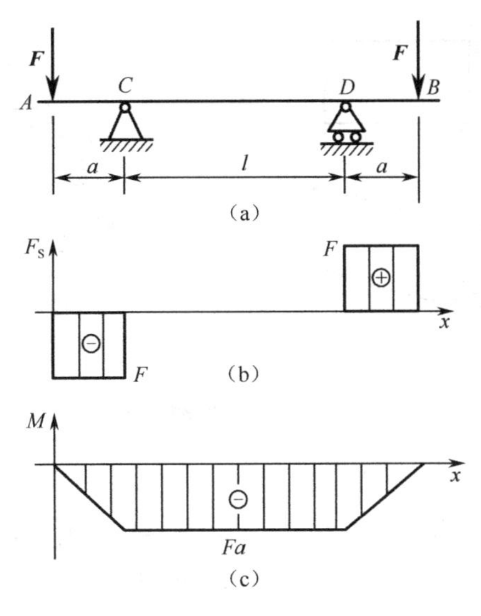

图 1-4-24　外伸梁

2. 纯弯曲时梁横截面上的正应力

1）试验观察与平面假设

如图 1-4-25（a）所示，取一矩形截面等直梁，弯曲前在其表面上画两条横向线 *m-m* 和 *n-n*，再画两条纵向线 *a-a* 和 *b-b*，然后在其两端作用外力偶 *M*，梁将发生平面弯曲变形。观察其变形，如图 1-4-25（b）所示，可以看到如下现象：

（1）横向线 *m-m* 和 *n-n* 仍为直线且与纵向线正交，仅相对转动了一个微小角度。

（2）纵向线 *a-a* 和 *b-b* 弯成了曲线，且 *a-a* 线缩短，而 *b-b* 线伸长。

根据以上结果可以认为：原为平面的横截面变形后仍保持为平面，并垂直于变形后的轴线，只是绕横截面内某一轴线旋转了一个角度，这种现象称为弯曲变形的平面假设。

根据平面假设，同时设想梁由无数条纵向纤维组成，则可以看到各纵向纤维处于单向受拉或受压状态。由此可以推断，梁发生纯弯曲时，横截面上只有正应力。

2）梁纯弯曲时横截面上正应力的分布规律

从图 1-4-25（b）中可以看出，梁纯弯曲时，从凸边纤维伸长连续变化到凹边纤维缩短，其间必有一层纤维既不伸长也不缩短，这一纵向纤维层称为中性层，如图 1-4-25（c）所示，中性层与横截面的交线称为中性轴。梁弯曲时，横截面绕中性轴转动了一个角度。

由上述分析可知，矩形截面梁在纯弯曲时，横截面上正应力的分布有如下特点：

（1）中性轴上的线应变为零，所以其正应力亦为零。

（2）距中性轴距离相等的各点，其线应变相等。根据胡克定律，它们的正应力也必相等。

（3）在图 1-4-25（b）所示的受力情况下，中性轴上部各点正应力为压应力（即负值），中性轴下部各点正应力为拉应力（即正值）。弯曲变形时，横截面上中性轴上、下部分正应力方向相反。

（4）横截面上的正应力沿中性轴呈线性分布，即 $\sigma = Ky$，K 为待定常数，如图 1-4-26 所示。最大正应力（绝对值）在离中性轴最远的上、下边缘处。

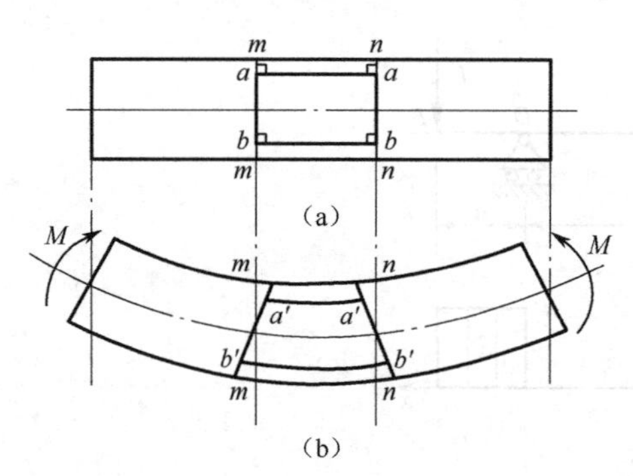

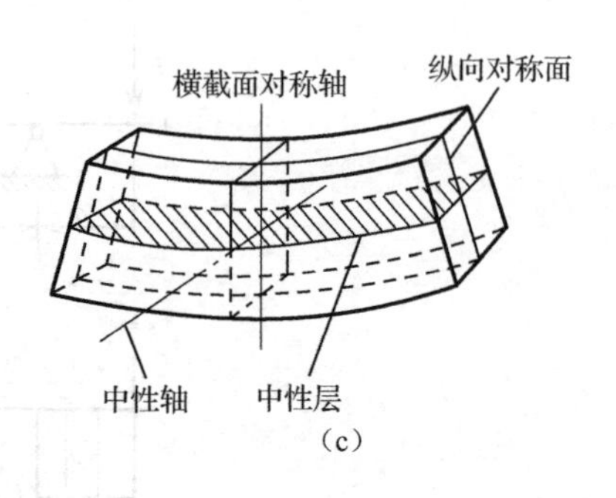

图 1-4-25　梁的纯弯曲

3）梁纯弯曲时横截面上的正应力计算

在纯弯曲梁的横截面上任取一微面积 dA，如图 1-4-27 所示，微面积上的微内力为σdA。由于横截面上的微内力构成的合力必为零，而梁横截面上的微内力对中性轴 z 的合力矩就是弯矩 M，即 $F_R=\int_A \sigma \mathrm{d}A$ 和 $M=\int_A y\sigma \mathrm{d}A$。

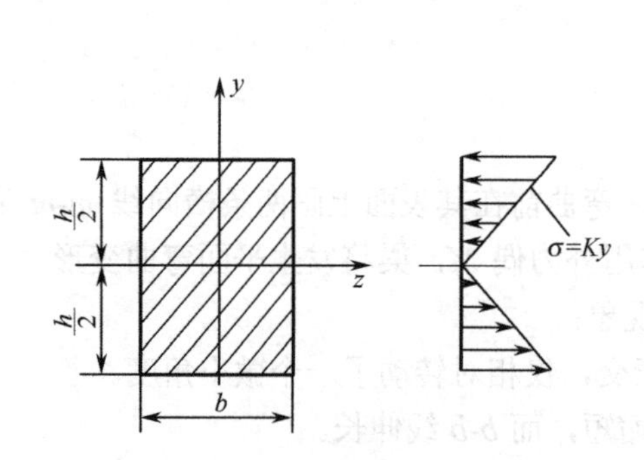

图 1-4-26　梁纯弯曲横截面上的正应力分布

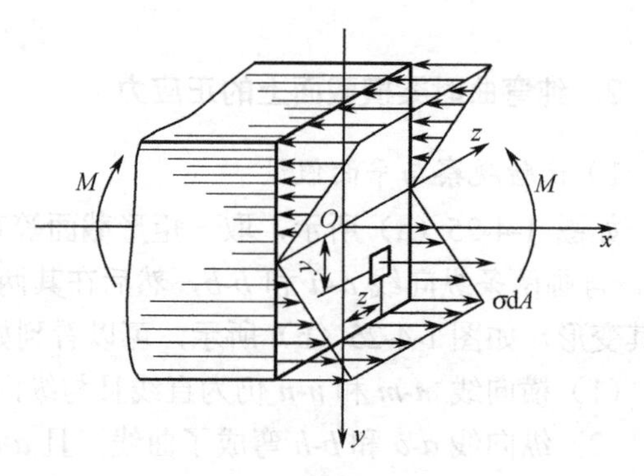

图 1-4-27　梁纯弯曲横截面上的正应力计算

将 $\sigma=Ky$ 代入以上两式，得：

$$\int_A Ky\mathrm{d}A=0$$

$$\int_A Ky^2\mathrm{d}A=M$$

式中，$\int_A \sigma \mathrm{d}A$ 为截面对 z 轴的静矩，记做 S^*，单位为 mm^3；$\int_A Ky^2\mathrm{d}A$ 为截面对 z 轴的轴惯性矩，记做 I_z，单位为 mm^4。因此，以上两式可写做：

$$KS^*=0$$

$$KI_z=M \tag{1-4-13}$$

由于 K 不为零，则静矩 S^*要等于零。可以证明（从略），静矩 S^*等于零，横截面上的中性轴必通过横截面的形心。

将 $K=\sigma/y$ 代入式（1-4-13），得：

$$\sigma=My/I_z \tag{1-4-14}$$

计算梁横截面上的最大正应力时，可定义抗弯截面系数 $W_z=I_z/y_{\max}$，则式（4-14）可写为

$$\sigma_{\max}=M/W_z \tag{1-4-15}$$

抗弯截面系数 W_z、轴惯性矩 I_z 是仅与截面尺寸有关的几何量。常用型钢的轴惯性矩 I_z、

抗弯截面系数 W_z 可从有关的工程设计手册中查阅。

由式（1-4-14）和式（1-4-15）可以计算梁弯曲时横截面上各点的正应力与最大正应力。该两式虽是在梁纯弯曲变形的条件下推导出来的，但只要梁具有纵向对称面，且载荷作用在其纵向对称面内，梁的跨度又较大时，式（1-4-15）也适用于横力弯曲的梁。

3. 惯性矩和弯曲截面系数

工程上常用的矩形、圆形及环形的惯性矩和弯曲截面系数见表 1-4-1。对于其他截面和各种轧制型钢，其弯曲截面系数可查有关资料。

表 1-4-1　简单截面的惯性矩和弯曲截面系数

图　形	形 心 位 置	形心轴惯性矩	弯曲截面系数
b, h, C, y, z	$y=\frac{1}{2}h$ $(y=0)$	$I_z=\frac{1}{12}bh^3$	$W_z=\frac{1}{6}bh^2$
D, C, z, y	圆心	$I_z=\frac{\pi}{64}D^4$	$W_z=\frac{\pi}{32}D^3$
d, D, C, z, y	圆心	$I_z=\frac{\pi}{64}(D^4-d^4)$ $=\frac{\pi}{64}D^4(1-\alpha^4)$ $\alpha=d/D$	$W_z=\frac{\pi}{32}D^3(1-\alpha^4)$ $\alpha=d/D$

对与形心轴平行的轴的惯性矩，由惯性矩的平行移轴定理给出，即

$$I'_z=I_z+a^2A \tag{1-4-16}$$

式中　I'_z——截面对于与形心轴平行的任一轴的惯性矩（mm^4）；

I_z——截面对于形心轴的惯性矩（mm^4）；

a——两轴之间的距离（mm）；

A——该截面的面积（mm^2）。

上式用于计算简单组合图形对其形心轴的惯性矩。

4.2.4　梁弯曲时的强度计算

式（1-4-15）是在梁纯弯曲的情况下导出的，但工程中弯曲问题多为横力弯曲，即梁的横截面上同时存在正应力和切应力。但大量的分析和试验证实，当梁的跨度 L 与横截面高度 h 之比大于 5 时，这个公式用来计算梁在横力弯曲时横截面上的正应力还是足够精确的。对于短梁或载荷靠近支座以及腹板较薄的组合截面梁，还必须考虑其切应力的存在。

对于等截面梁，此时的最大正应力应发生在最大弯矩所在的截面（危险截面）上，有

$$\sigma_{\max}=\frac{M_{\max}y_{\max}}{I_z}$$

$$\sigma_{\max}=\frac{M_{\max}}{W_z}$$

其强度条件：梁的最大弯曲工作正应力不超过材料的许用弯曲正应力，即

$$\sigma_{\max}\leqslant[\sigma]$$

在应用上述强度条件时，应注意下列问题：

（1）对塑性材料：塑性材料的抗拉和抗压许用能力相同。为了使截面上的最大拉应力和最大压应力同时达到其许用应力，通常将梁的横截面做成与中性轴对称的形状，如工字形、圆形、矩形等，所以强度条件为

$$\sigma_{\max}=\frac{M_{\max}}{W_z}\leqslant[\sigma] \tag{1-4-17}$$

（2）对脆性材料：脆性材料的抗拉能力远小于其抗压能力。为使截面上的压应力大于拉应力，常将梁的横截面做成与中性轴不对称的形状，如 T 形截面，此时应分别计算横截面的最大拉应力和最大压应力，则强度条件应为

$$\begin{aligned}\sigma_{\max}^{+}&=\frac{M_{\max}y^{+}}{I_z}\leqslant[\sigma^{+}]\\ \sigma_{\max}^{-}&=\frac{M_{\max}y^{-}}{I_z}\leqslant[\sigma^{-}]\end{aligned} \tag{1-4-18}$$

式中，y+和 y－分别表示受拉与受压边缘到中性轴的距离。

根据强度条件，一般可进行梁的强度校核、截面设计及确定许可载荷。

【例 1-4-11】 图 1-4-28（a）为一矩形截面简支梁，已知 F=5kN，a=180mm，b=30mm，h=60mm，试求竖放时与横放时梁横截面上的最大正应力。

解：

（1）求支反力。

$$F_{\mathrm{A}y}=F_{\mathrm{B}y}=5\mathrm{kN}$$

（2）画弯矩图（见图 1-4-28（b））。

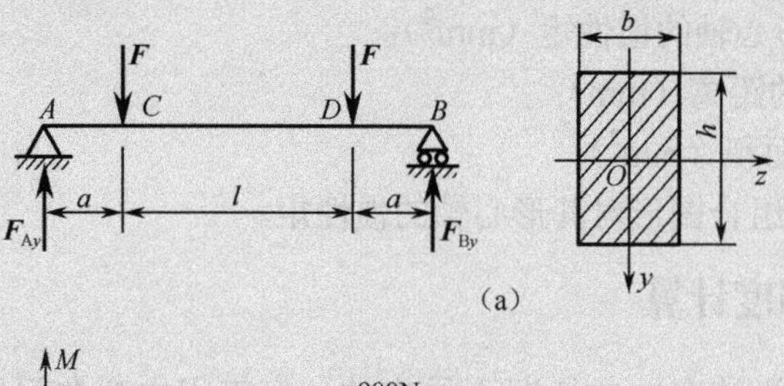

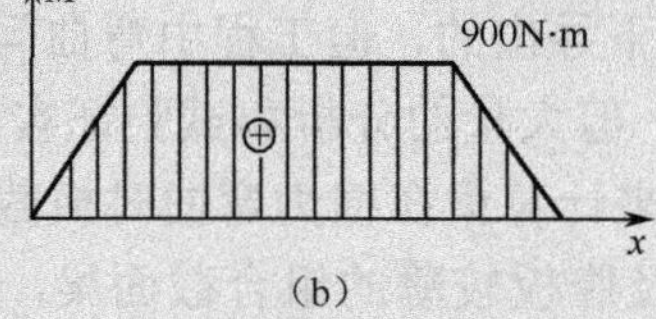

图 1-4-28　矩形截面简支梁

竖放时最大正应力：$\sigma_{max}=\dfrac{M}{W_z}=\dfrac{M}{\dfrac{bh^2}{6}}=\dfrac{900\times10^3\text{N}\cdot\text{mm}}{\dfrac{30\text{mm}\times(60\text{mm})^2}{6}}=50\text{MPa}$

横放时最大正应力：$\sigma_{max}=\dfrac{M}{W_y}=\dfrac{M}{\dfrac{hb^2}{6}}=\dfrac{900\times10^3\text{N}\cdot\text{mm}}{\dfrac{60\text{mm}\times(30\text{mm})^2}{6}}=100\text{MPa}$

【例 1-4-12】 如图 1-4-29（a）所示的螺旋压板装置，已知工件受到的压紧力 F=2.5kN，板长为 $3a$，a=50mm，压板材料的许用应力$[\sigma]$=140MPa，试校核压板的弯曲强度。

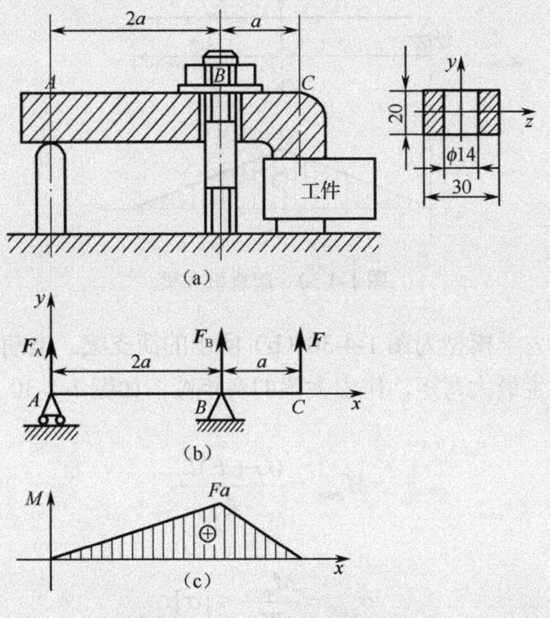

图 1-4-29　螺旋压板装置

解：压板发生弯曲变形，建立压板的力学模型，如图 1-4-29（b）所示的外伸梁。画该梁的弯矩图如图 1-4-29（c）所示。从弯矩图上可见，B 截面的弯矩最大，其值为

$$M_{max}=Fa=2.5\times10^3\times50\text{N}\cdot\text{mm}=1.25\times10^5\text{N}\cdot\text{mm}$$

B 截面的抗弯截面系数最小，其值为

$$I_z=\left(\frac{30\times20^3}{12}-\frac{14\times20^3}{12}\right)\text{mm}^4=1.07\times10^4\text{N}\cdot\text{mm}$$

$$W_z=\frac{I_z}{y_{max}}=\frac{1.07\times10^4}{10}\text{mm}^3=1.07\times10^3\text{mm}^3$$

校核压板的弯曲强度为

$$\sigma_{max}=\frac{M_{max}}{W_z}=\frac{1.25\times10^5}{1.07\times10^3}\text{MPa}=117\text{MPa}<[\sigma]=140\text{MPa}$$

压板的强度足够。

【例 1-4-13】 如图 1-4-30 所示桥式起重机的大梁由 32b 工字钢制成，跨长 L=10m，材料的许用应力为$[\sigma]$=140MPa，电葫芦自重 G=0.5kN，梁的自重不计，求梁能够承受的最大起吊

重量 ***F***。

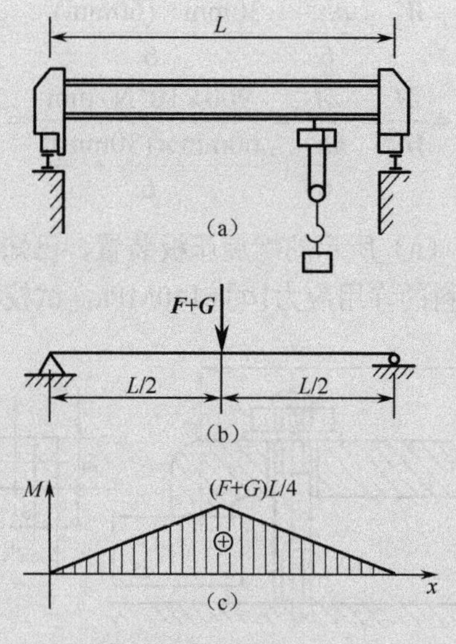

图 1-4-30　起重机大梁

解：起重机大梁的力学模型为图 1-4-30（b）所示的简支梁。电葫芦移动到梁跨长的中点时，梁中点截面处将产生最大弯矩，作出大梁的弯矩图，如图 1-4-30（c）所示。梁中点为危险截面，其最大弯矩为

$$M_{\max}=\frac{(G+F)L}{4}$$

由梁的弯曲强度条件得：

$$\sigma_{\max}=\frac{M_{\max}}{W_z}\leqslant[\sigma]$$

$$\frac{(G+F)L}{4}\leqslant[\sigma]W_z$$

查型钢表中的 32b 工字钢，其 $W_z=726.33\text{cm}^3=7.26\times10^5\text{mm}^3$，代入上式得：

$$F\leqslant\frac{4[\sigma]W_z}{L}-G=\frac{4\times140\times7.26\times10^5}{10\times10^3}-0.5\times10^3$$

$$=40.2\times10^3\text{N}=40.2\text{kN}$$

梁能够承受的最大起吊重量为 40.2kN。

【例 1-4-14】 图 1-4-31（a）所示为 T 形截面铸铁梁，已知 F_1=9kN，F_2=4kN，a=1m，许用拉应力$[\sigma^+]=30\text{MPa}$，许用压应力$[\sigma^-]=60\text{MPa}$，T 形截面尺寸如图 1-4-31（b）所示。已知截面对形心轴的惯性矩 I=763cm^4，y_1=52mm，试校核梁的抗弯强度。

解：通过静力平衡方程可求得梁支座的约束力为 F_A=2.5kN，F_B=10.5kN，作出梁的弯矩图，如图 1-4-31（c）所示。由图可见，最大正弯矩在 C 截面，$M_C=F_Aa$=2.5kN·m，最大负弯矩在 B 截面，$M_B=-F_2a$=−4kN·m。

铸铁梁 B 截面上的最大拉应力出现在截面的上边缘各点处，最大压应力出现在截面的下边缘各点处，分别为

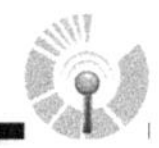

$$\sigma_B^+ = \frac{M_B y_1}{I_z} = \frac{4\times10^6\times52}{763\times10^4}\text{MPa} = 27.26\text{MPa}$$

$$\sigma_B^- = \frac{M_B y_2}{I_z} = \frac{4\times10^6\times(120+20-52)}{763\times10^4}\text{MPa} = 46.13\text{MPa}$$

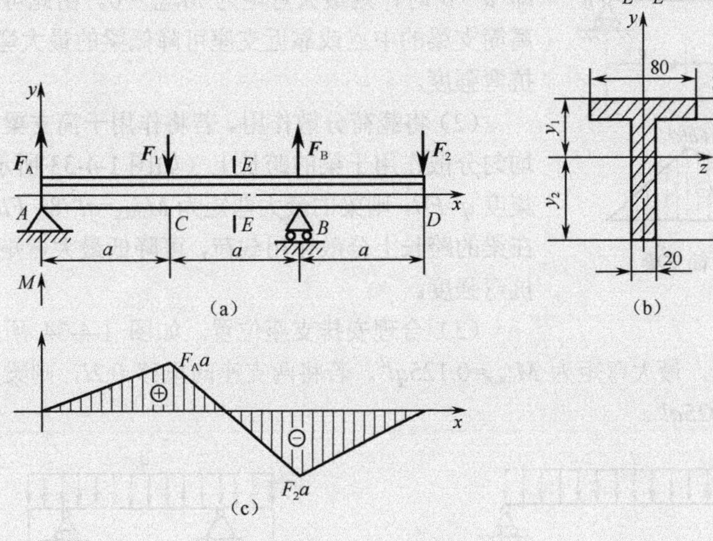

图 1-4-31　铸铁梁

铸铁梁 C 截面上的最大拉应力出现在截面的下边缘各点处，最大压应力出现在截面的上边缘各点处，分别为

$$\sigma_C^+ = \frac{M_C y_2}{I_z} = \frac{2.5\times10^6\times88}{763\times10^4}\text{MPa} = 28.83\text{MPa}$$

$$\sigma_C^- = \frac{M_C y_1}{I_z} = \frac{2.5\times10^6\times52}{763\times10^4}\text{MPa} = 17.04\text{MPa}$$

所以，梁的最大拉应力出现在 C 截面的下边缘各点处，最大压应力出现在 B 截面的下边缘各点处，即

$$\sigma_{max}^+ = \sigma_C^+ = 28.83\text{MPa} < [\sigma^+]$$

$$\sigma_{max}^- = \sigma_B^- = 46.13\text{MPa} < [\sigma^-]$$

梁的弯曲强度足够。

4.2.5　提高梁弯曲强度的措施

在梁的强度设计中，常遇到如何根据工程实际情况来提高梁的抗弯强度问题。分析梁的弯曲正应力强度条件可以知道，降低梁的最大弯矩、提高梁的抗弯截面系数等，都可提高梁的抗弯承载能力。所以，可以从这几个方面着手找出提高梁抗弯强度的几条主要措施。

1. 降低梁的最大弯矩

在载荷不变的前提下，通过合理布置载荷和安排支座位置可以降低梁的最大弯矩。

（1）集中力远离简支梁的中点。如图 1-4-32 所示是简支梁，作用有集中力 $\boldsymbol{F}$，由弯矩图可见，最大弯矩为 $M_{max}=Fab/l$，若集中力 $\boldsymbol{F}$ 作用在梁的中点，即 $a=b=l/2$，则最大弯矩为 $M_{max}=Fl/4$；若集中力 $\boldsymbol{F}$ 作用点偏离梁的中点，如 $a=l/4$，则最大弯矩为 $M_{max}=3Fl/16$；若集中力 $\boldsymbol{F}$ 无限靠近支座 A，即 $a\to 0$ 时，则最大弯矩为 $M_{max}\to 0$。由此可见，集中力远离简支梁的中点或靠近支座可降低梁的最大弯矩，提高梁的抗弯强度。

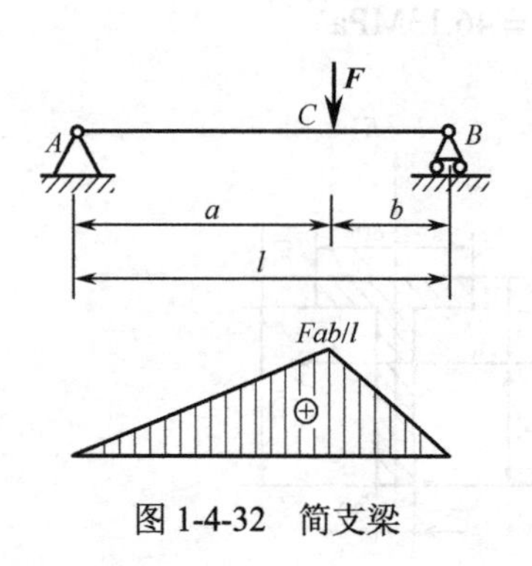

图 1-4-32　简支梁

（2）将载荷分散作用。若将作用于简支梁中点的集中力均匀分散作用于梁的跨长上（如图 1-4-33 所示），均匀载荷集度 $q=F/l$，则梁的最大弯矩为 $M_{max}=ql^2/8=Fl/8$。由此可见，在梁的跨长上分散作用载荷，可降低最大弯矩值，提高梁的抗弯强度。

（3）合理安排支座位置。如图 1-4-34 所示为一受均布载荷作用的简支梁，最大弯矩为 $M_{max}=0.125ql^2$。若将两支座向里移 $0.2l$，则梁的最大弯矩值将降低为 $M_{max}=0.025ql^2$。

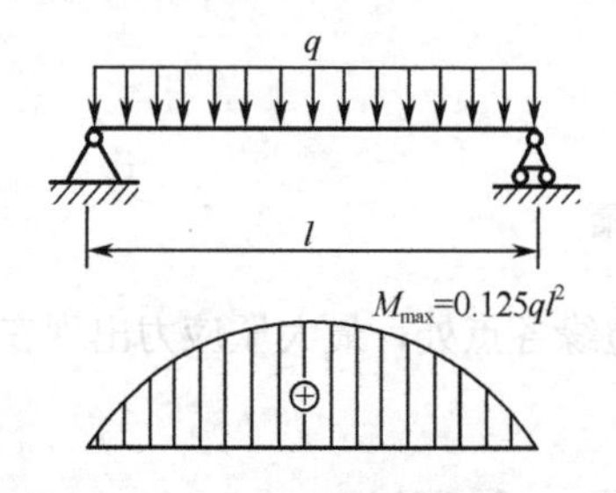

图 1-4-33　集中力均匀分散后的简支梁

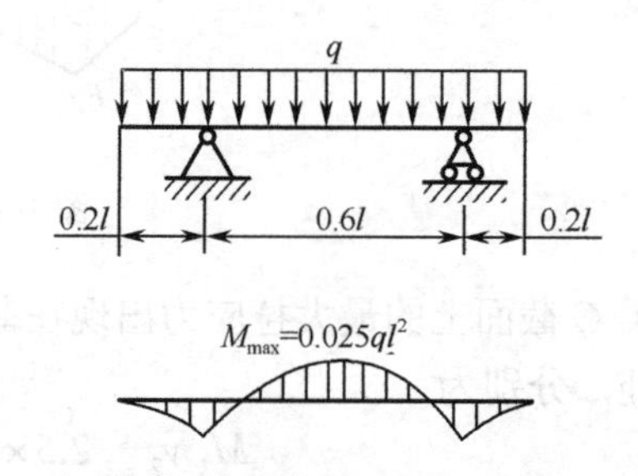

图 1-4-34　受均布载荷作用的简支梁

工程上将许多受弯构件的支座都向里移动，目的就是降低构件的最大弯矩，如机械设备的底座、运动场上双杠的支杆等。

2. 选择梁的合理截面

从梁的弯曲强度条件可知，梁的抗弯截面系数 W_z 越大，横截面上的最大正应力就越小，即梁的抗弯能力就越大。W_z 一方面与截面尺寸有关，同时还与截面的形状有关。梁的横截面面积越大，W_z 越大，消耗的材料也越多。因此梁的合理截面形状应该是用最小的面积得到最大的抗弯截面系数。若用比值 W_z/A 来衡量截面的经济程度，则该比值越大，截面就越经济合理。表 1-4-2 给出了圆形、矩形、工字形截面的 W_z/A 值。

表 1-4-2　圆形、矩形、工字形截面的 W_z/A 值

截面形状	W_z/mm³	所需尺寸/mm	A/mm²	W_z/A
	250×10^2	D=137	148×10^2	1.69

续表

截面形状	W_z/mm^3	所需尺寸/mm	A/mm^2	W_z/A
	250×10^2	b=72 h=144	104×10^2	2.4
	250×10^2	20b 工字钢	39.5×10^2	6.33

由表中可以看出，矩形优于圆形，而工字形又优于矩形。原因是当构件危险截面上危险点的正应力达到材料的极限应力或破坏应力时，中性轴附近的正应力还较小。在整个工作过程中，中性轴附近材料的强度作用始终未得到充分利用，所以只有使大部分材料分布在离中性轴较远处，才能充分发挥材料的强度作用，从而充分利用材料。在表 1-4-2 中的三个截面形状中，工字形截面最充分地体现了这个原则。

3. 采用变截面梁

等截面直梁的尺寸是按危险截面承受最大弯矩来设计的。但是其他截面的弯矩值较小，所以对非危险截面来说，强度都有富余，材料未得到充分利用。工程中经常采用变截面梁，它们的截面尺寸随截面上弯矩的大小而变化。例如摇臂钻的摇臂 AB（图 1-4-35）、汽车上的板簧（图 1-4-36）、阶梯轴（图 1-4-37）等，都是变截面梁的应用实例。

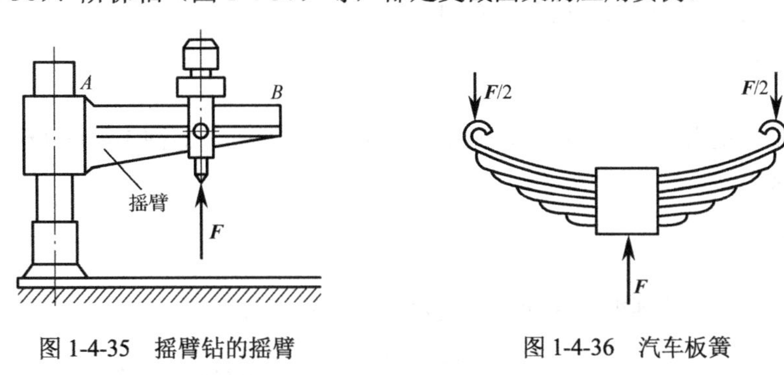

图 1-4-35　摇臂钻的摇臂　　图 1-4-36　汽车板簧

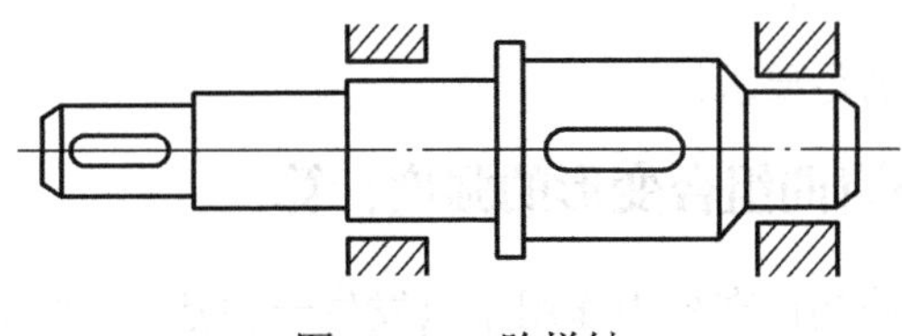

图 1-4-37　阶梯轴

任务 4.3　输出轴弯扭组合变形分析

学习目标

1. 了解减速器工作原理及输出轴的工作过程，会对减速器输出轴进行弯扭组合分析；
2. 掌握圆轴的弯扭组合变形的强度计算；
3. 培养学生严谨的工作作风和分析问题、解决问题的能力。

学习任务

减速器齿轮箱中的从动轴转速为 n=76.4r/min；输入功率 P=3.8kW；从动轮的节圆直径 d=250mm；齿轮啮合角 α=20°。若轴的许用应力$[\sigma]$=60MPa，要求按第三强度理论校核轴的强度。

任务分析

1. 外力分析

将输出轴受力图进行分解：在力偶作用下，发生扭转变形；在与轴垂直的力作用下，发生弯曲变形。因此，输出轴发生的是弯扭组合变形。

2. 内力分析

根据输出轴的受力图，可得输出轴的扭矩图 1-4-3（c）和弯矩图 1-4-11（f）。从而可判断输出轴的危险截面。

3. 强度计算

应用第三强度理论的强度条件计算出危险截面的应力为

$$\sigma_{xd3}=\frac{\sqrt{M_{\max}^2+T^2}}{W_z}=\frac{\sqrt{128.63^2+475^2}}{0.1\times 63^3}=19.68\text{MPa}<[\sigma]$$

可见，输出轴的强度满足要求。

4.3.1　拉伸（压缩）与弯曲组合变形的强度计算

以上几个项目所研究的构件在外力作用下只发生一种基本变形。工程上大多数构件的受力情况比较复杂，它们的变形往往是两种或两种以上基本变形的组合。同时产生两种或两种以上基本变形的复杂变形称为组合变形。

以图 1-4-38（a）所示的钻床立柱为例来分析拉伸（压缩）与弯曲组合变形的强度计算。

用截面法将立柱沿 **m-n** 截面截开，取上半部分为研究对象，上半部分在外力 $\boldsymbol{F}$ 及截面内力作用下应处于平衡状态，由平衡条件不难求得 **m-n** 截面上的轴向拉力 $\boldsymbol{F}_{\mathrm{N}}$ 和弯矩 M 分别为 $F_{\mathrm{N}}=F$，$M=Fe$。

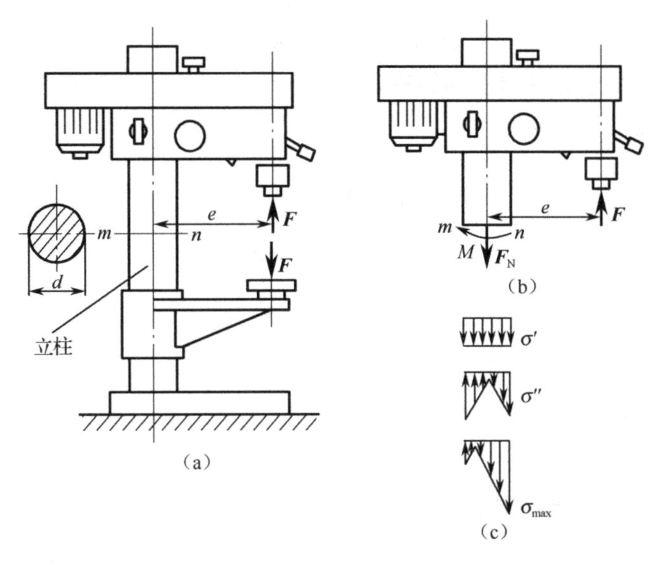

图 1-4-38　钻床立柱

轴向拉力 $\boldsymbol{F}_{\mathrm{N}}$ 使立柱产生拉伸作用，弯矩 M 使立柱产生平面弯曲，故立柱的变形为拉伸与弯曲的组合变形。拉力 $\boldsymbol{F}_{\mathrm{N}}$ 在 **m-n** 截面上产生拉伸正应力，弯矩 M 在 **m-n** 截面上产生弯曲正应力。这两种基本变形在立柱 **m-n** 截面上产生的都是正应力，因此在计算 **m-n** 截面上的总应力时，只需要将这两种正应力进行代数相加即可，如图 1-4-38（c）所示。相加结果为截面左侧边缘处有最大压应力，截面右侧边缘处有最大拉应力，其值分别为

$$\sigma_{\max}^{-}=\frac{F_{\mathrm{N}}}{A}-\frac{M}{W_z}$$

$$\sigma_{\max}^{+}=\frac{F_{\mathrm{N}}}{A}+\frac{M}{W_z}$$

杆件发生轴向拉伸（压缩）与弯曲的组合变形时，对于抗拉与抗压强度相同的塑性材料，只需要按截面上的最大应力进行强度计算即可，其强度条件为

$$\sigma_{\max}=\left|\frac{F_{\mathrm{N}}}{A}\right|+\left|\frac{M}{W_z}\right|\leqslant[\sigma] \tag{1-4-19}$$

对于抗压强度大于抗拉强度的脆性材料，要分别按最大拉应力和最大压应力进行强度计算，其强度条件分别为

$$\left.\begin{aligned}\sigma_{\max}^{+}&=\frac{F_{\mathrm{N}}}{A}+\frac{M}{W_z}\leqslant[\sigma^{+}]\\ \sigma_{\max}^{-}&=\left|-\frac{F_{\mathrm{N}}}{A}-\frac{M}{W_z}\right|\leqslant[\sigma^{-}]\end{aligned}\right\} \tag{1-4-20}$$

【例 1-4-15】 如图 1-4-38 所示，钻床钻孔时钻削力 F=15kN，偏心距 e=400mm，圆截面铸铁立柱的直径 d=125mm，许用拉应力$[\sigma^{+}]$=35MPa，许用压应力$[\sigma^{-}]$=120MPa，试校核立柱的强度。

解：

（1）求内力。由上述分析可知，立柱各截面发生拉弯组合变形，其内力分别为

$$F_N=F=15\text{kN}$$

$$M=Fe=15\times0.4=6\ \text{kN}\cdot\text{m}$$

（2）强度计算。由于立柱材料为铸铁，且抗压性能优于抗拉性能，故只需要对立柱截面右侧边缘点处的拉应力进行强度校核，即

$$\begin{aligned}\sigma_{\max}^{+}&=\frac{F_N}{A}+\frac{M}{W_z}\\&=\frac{15\times10^3}{\pi\times125^2/4}+\frac{6\times10^6}{0.1\times125^3}\\&=32.5\text{MPa}<[\sigma^+]\end{aligned}$$

计算结果表明立柱的强度足够。

4.3.2 弯曲与扭转组合变形的强度计算

1. 弯曲与扭转组合变形的概念

工程机械中的轴类构件，工作时大多数会发生弯曲和扭转的组合变形。如图 1-4-39（a）所示的一端固定、一端自由的圆轴，A 端装有半径为 R 的圆轮，在轮上 C 点处作用一切向水平力 $\boldsymbol{F}$ 和一附加力偶 M_A，如图 1-4-39（b）所示。横向力 $\boldsymbol{F}$ 使圆轴在 xz 平面内发生弯曲变形，力偶 M_A 使圆轴发生扭转变形，故圆轴的变形为弯曲与扭转的组合变形，简称弯扭组合变形。

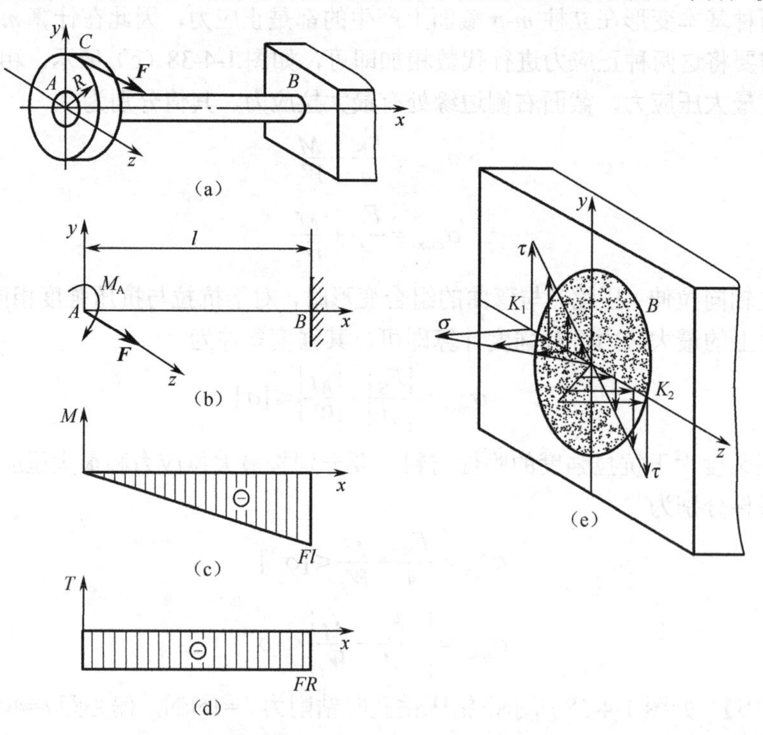

图 1-4-39　轴的弯扭组合变形

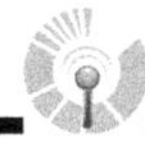

2. 应力分析与强度条件

为了确定圆轴危险截面的位置，必须先分析轴的内力情况。圆轴在力 $\boldsymbol{F}$ 和力偶 M_A 的作用下，横截面上存在弯矩和扭矩，作出圆轴的弯矩图（见图 1-4-39（c））和扭矩图（见图 1-4-39（d））。由此可见，圆轴各横截面上的扭矩相同，而弯矩则在固定端 B 截面处为最大，故 B 截面为圆轴的危险截面，其弯矩值和扭矩值分别为 $M_{max}=Fl$ 和 $T=FR$。弯矩 M 将引起垂直于横截面的弯曲正应力 σ，扭矩 T 将引起平行于横截面的切应力 τ，B 截面上的应力分布规律见图 1-4-39（e）。由图可知，B 截面上 K_1、K_2 两点处弯曲正应力和扭转切应力同时为最大值，所以这两点为危险截面上的危险点。危险点的正应力和切应力的值分别为

$$\sigma_{max}=M_{max}/W_z \qquad \tau_{max}=T/W_n$$

式中，M_{max} 为危险截面上的弯矩；T 为危险截面上的扭矩；W_z 为抗弯截面系数；W_n 为抗扭截面系数。

由于弯扭组合变形中危险点上既有正应力又有切应力，属于复杂应力状态。在复杂应力状态下，不能将正应力和切应力简单地代数相加，而必须应用强度理论来建立强度条件。强度理论是关于材料破坏原因的假说。机械中产生弯扭组合变形的转轴大多采用塑性材料。实践证明，适用于塑性材料的强度理论是最大切应力理论和形状改变比能理论，分别称为第三强度理论和第四强度理论，两者都认为最大切应力是造成塑性材料屈服破坏的主要原因。据此，对于塑性材料处在弯扭组合变形的复杂应力状态下，可用第三、第四强度理论来建立强度条件进行强度计算。第三、第四强度理论的强度条件为

$$\sigma_{xd3}=\sqrt{\sigma^2+4\tau^2}\leqslant[\sigma]$$

$$\sigma_{xd4}=\sqrt{\sigma^2+3\tau^2}\leqslant[\sigma]$$

式中，σ_{xd3} 为第三强度理论的相当应力；σ_{xd4} 为第四强度理论的相当应力。将圆轴弯扭组合变形的弯曲正应力和扭转切应力代入上式，即得到圆轴弯扭组合变形时第三、第四强度理论的强度条件分别为

$$\sigma_{xd3}=\frac{\sqrt{M_{max}^2+T^2}}{W_z}\leqslant[\sigma]$$

$$\sigma_{xd4}=\frac{\sqrt{M_{max}^2+0.75T^2}}{W_z}\leqslant[\sigma] \qquad (1\text{-}4\text{-}21)$$

【例 1-4-16】 图 1-4-40（a）所示的直轴 AB，在轴右端的联轴器上作用有外力偶 M。已知带轮直径 D=0.5m，带拉力 F_T=8kN，F_t=4kN，轴的直径 d=90mm，间距 a=500mm。若轴的许用应力 $[\sigma]=50\text{MPa}$，试按第三强度理论校核轴的强度。

解：

（1）外力分析。带的拉力平移到轴线，画直轴的力学模型，如图 1-4-40（b）所示，作用于轴上的载荷有作用于点 C 垂直向下的(F_T+F_t)和作用面垂直于轴线的附加力偶矩$(F_T-F_t)D/2$。其值分别为

$$F_T+F_t=8+4=12\text{kN}$$

$$M=(F_T-F_t)D/2=(8-4)\times0.5/2=1\text{kN}\cdot\text{m}$$

(F_T+F_t)与 A、B 处的约束力使轴产生弯曲变形，附加力偶 M 与联轴器上的外力偶使轴产生扭转变形，因此，轴 AB 发生弯扭组合变形。

（2）内力分析。作轴的弯矩图和扭矩图，如图 1-4-40（c）、（d）所示，由图可知，轴的 C 截面为危险截面，该截面上的弯矩和扭矩分别为

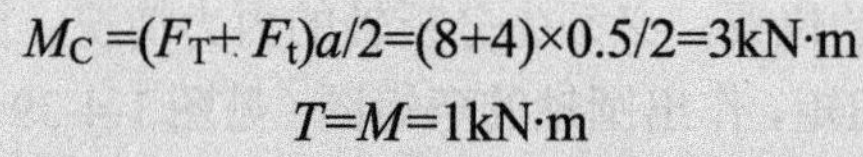

$$M_C=(F_T+F_t)a/2=(8+4)\times0.5/2=3\text{kN}\cdot\text{m}$$

$$T=M=1\text{kN}\cdot\text{m}$$

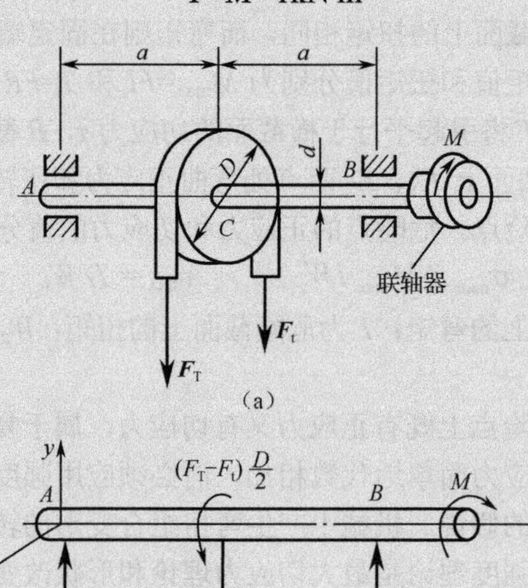

（a）

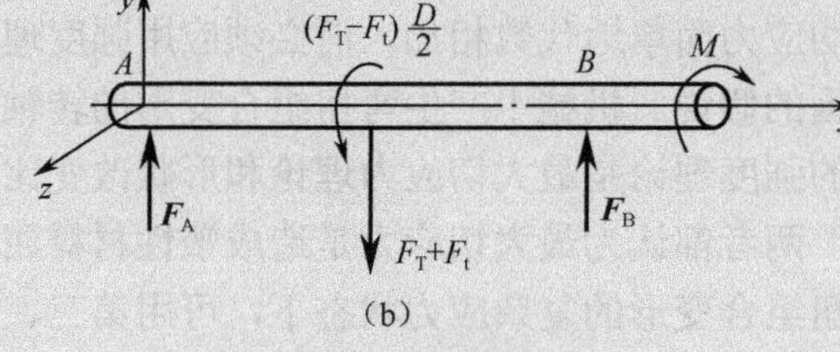

（b）

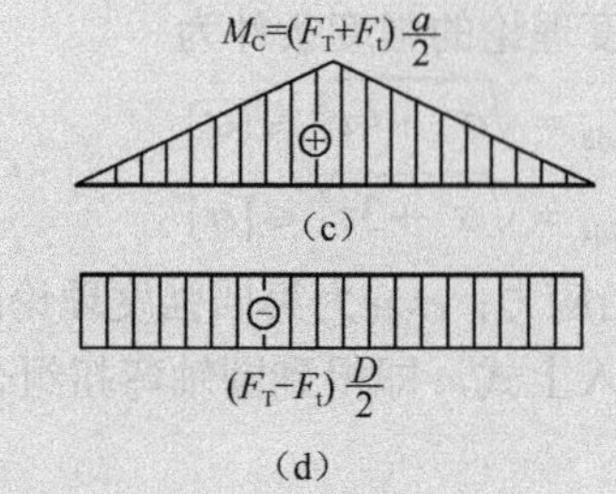

（c）

（d）

图 1-4-40　直轴

（3）强度校核。由以上分析可知，C 截面的上、下边缘点是轴的危险点，按第三强度理论，其最大相当应力为

$$\sigma_{xd3}=\frac{\sqrt{M_{\max}^2+T^2}}{W_z}=\frac{\sqrt{(3\times10^6)^2+(1\times10^6)^2}}{0.1\times90^3}=43.4\text{MPa}<[\sigma]$$

所以轴的强度满足要求。

【例 1-4-17】 某减速器齿轮箱中的第Ⅱ轴如图 1-4-41 所示，该轴转速为 n=265r/min；输入功率 P_c=10kW；C、D 两轮的节圆直径分别为 D_1=396mm，D_2=168mm；轴径 d=50mm；齿轮压力角 α=20°。若轴的许用应力[σ]=100MPa，试按第四强度理论校核轴的强度。

解：

（1）外力分析。将齿轮啮合力正交分解为

$$F_{t1}=F_1\cos\alpha \qquad F_{r1}=F_1\sin\alpha$$

$$F_{t2}=F_2\cos\alpha \qquad F_{r2}=F_2\sin\alpha$$

$$M_C=M_D=9550\times10/265=360.38\text{N}\cdot\text{m}$$

则

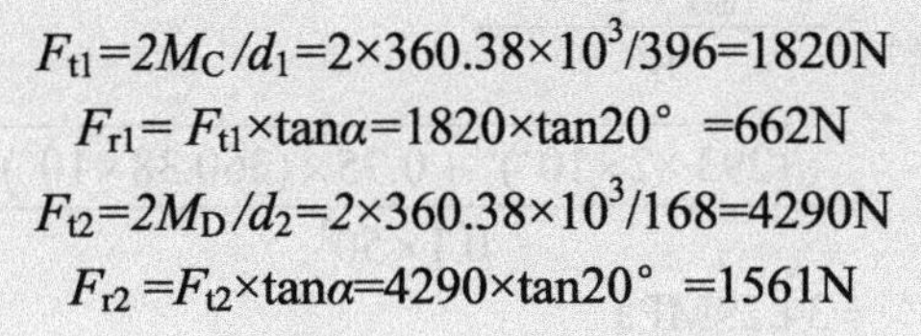

$$F_{t1}=2M_C/d_1=2\times360.38\times10^3/396=1820\text{N}$$
$$F_{r1}=F_{t1}\times\tan\alpha=1820\times\tan20^\circ=662\text{N}$$
$$F_{t2}=2M_D/d_2=2\times360.38\times10^3/168=4290\text{N}$$
$$F_{r2}=F_{t2}\times\tan\alpha=4290\times\tan20^\circ=1561\text{N}$$

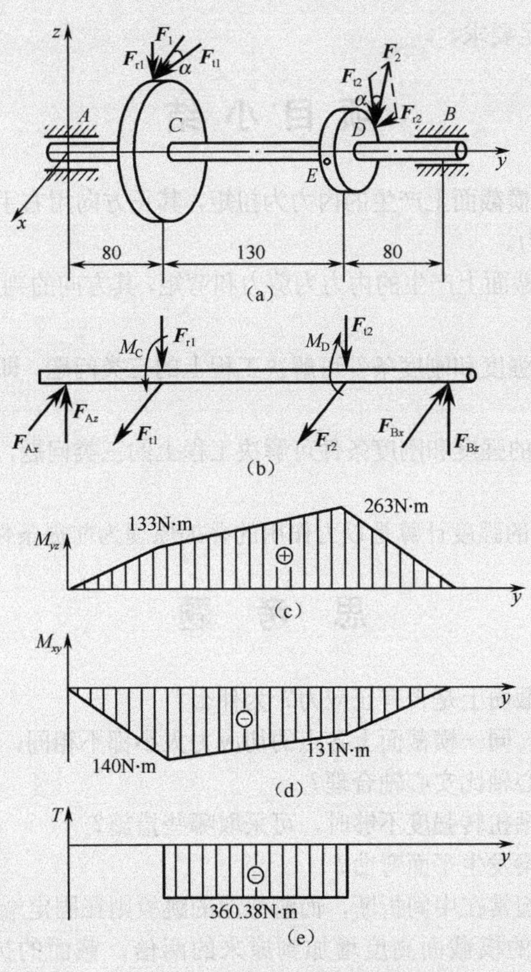

图 1-4-41　减速器齿轮箱的轴

（2）作内力图。如图 1-4-41（b）所示，轴在两相互垂直的平面内同时受到力的作用，所以在两个平面内都会发生弯曲变形，同时也可以作出两个相互垂直平面内的弯曲图，如图 1-4-41（c）、（d）所示。由矢量合成法可以将两个方向的弯矩合成，合成后的弯矩称为合成弯矩，各截面上合成弯矩的大小可用式 $M=\sqrt{M_{yz}^2+M_{xy}^2}$ 进行计算。由 yz 平面和 xy 平面两弯矩图（图 1-4-41（c）、（d））可见，轴的 D 截面是最大合成弯矩所在的截面，即轴的危险截面，其最大合成弯矩为

$$M_{\max}=\sqrt{M_{yz}^2+M_{xy}^2}=\sqrt{263^2+131^2}=293.82\text{N}\cdot\text{m}$$

（3）按第四强度理论计算。

$$\sigma_{xd4} = \frac{\sqrt{M_{max}^2 + 0.75T^2}}{W_z}$$

$$= \frac{\sqrt{(293.82\times10^3)^2 + 0.75\times(360.38\times10^3)^2}}{0.1\times50^3}$$

$$= 34.29\text{MPa}$$

所以，轴的强度满足要求。

项 目 小 结

1．圆轴扭转变形时横截面上产生的内力为扭矩，其正方向用右手螺旋法则判定，其横截面上产生的应力为切应力。

2. 梁弯曲变形时横截面上产生的内力为剪力和弯矩，其方向的判定：左上右下剪力为正，上凹下凸弯矩为正。

3．运用圆轴扭转的强度和刚度条件可解决工程上的三类问题，即校核强度、设计截面尺寸和确定许可载荷。

4．运用梁弯曲变形的强度和刚度条件可解决工程上的三类问题，即校核强度、设计截面尺寸和确定许可载荷。

5．组合变形时构件的强度计算是以力作用的叠加原理为前提条件的。

思 考 题

1-4-1　圆轴扭转时截面上是否有正应力？为什么？

1-4-2　圆轴扭转时，同一横截面上各点的切应力大小都不相同，对吗？

1-4-3　为什么说空心轴比实心轴合理？

1-4-4　当所设计的轴扭转强度不够时，可采取哪些措施？

1-4-5　什么情况下梁发生平面弯曲？

1-4-6　挑东西的扁担常在中间折断，而游泳池的跳板则在固定端处折断，为什么？

1-4-7　矩形截面梁的横截面高度增加到原来的两倍，截面的抗弯能力将增大到原来的几倍？若矩形截面梁的横截面宽度增加到原来的两倍，则截面的抗弯能力将增大到原来的几倍？

1-4-8　矩形截面梁沿其横向对称轴剖为双梁，其截面的抗弯能力是否有变化？矩形截面梁沿其纵向对称轴剖为双梁，其截面的抗弯能力是否有变化？

1-4-9　拉弯组合变形杆件的危险点位置如何确定？

1-4-10　弯扭组合变形的圆截面杆，在建立强度条件时，为什么要用强度理论？

习 题

1-4-1　作图习题1-4-1所示各轴的扭矩图。

1-4-2　如图习题 1-4-2 所示，传动轴转速 n=200r/min，主动轮 A 输入的功率 P_1=60 kW，两个从动轮 B、C 输出功率分别为 P_2 =20kW，P_3=40kW。（1）作轴的扭矩图。（2）轮子如何布置比较合理？并求出这种方案的最大扭矩。

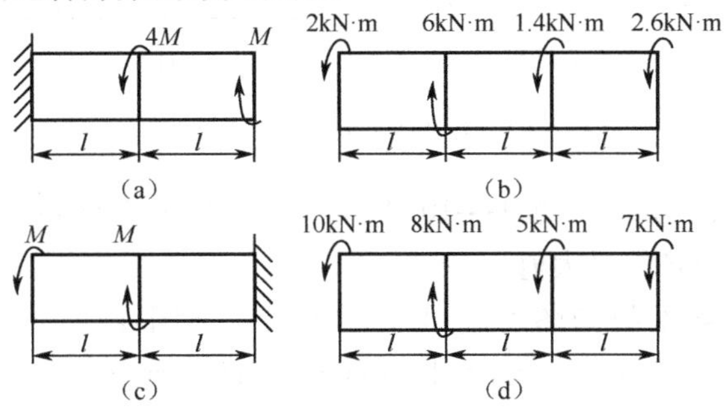

图习题 1-4-1　轴

1-4-3　阶梯轴 AB 如图习题 1-4-3 所示，AC 段直径 d_1=40mm，CB 段直径 d_2=70mm，外力偶矩 M_B=1500N·m，M_A=700N·m，M_C=800N·m，G=80GPa，[τ]=60MPa，[θ]=2° /m。试校核轴的强度和刚度。

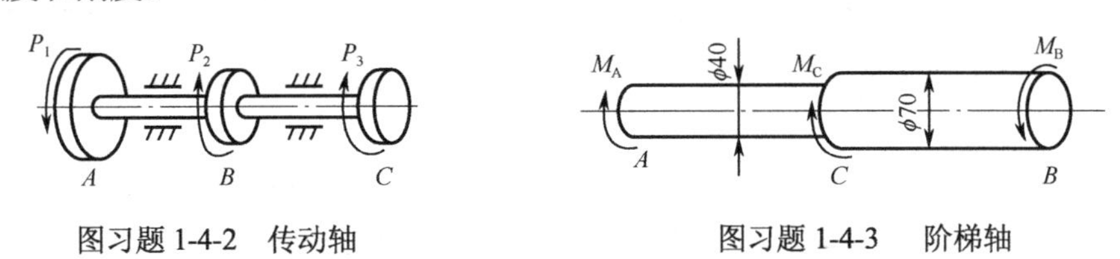

图习题 1-4-2　传动轴　　　　图习题 1-4-3　阶梯轴

1-4-4　某传动轴的直径 D=45mm，转速 n=200r/min，若轴的[τ]=60MPa，试求轴所能传递的最大功率。

1-4-5　某机器传动轴传递功率 P=15kW，轴的转速 n=400r/min，[τ]=40MPa，试设计轴的直径。

1-4-6　在保证相同的外力偶矩作用产生相等的最大切应力的前提下，用内、外径之比 d/D=3/4 的空心圆轴代替实心圆轴，问能省多少材料？

1-4-7　试求出图习题 1-4-7 所示梁各指定截面上的剪力与弯矩，设 q、F、a 均为已知。

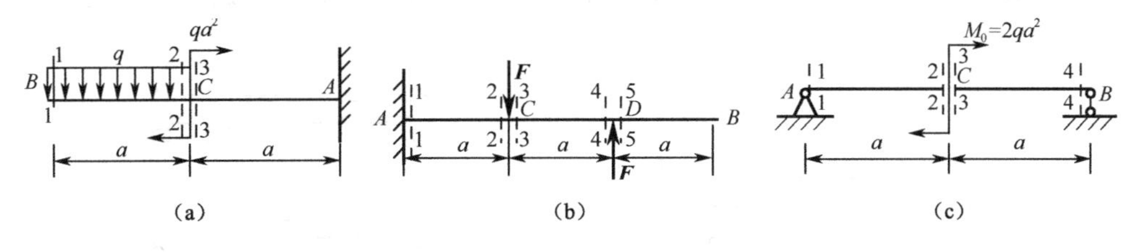

图习题 1-4-7　梁

1-4-8　试作图习题 1-4-8 所示各梁的剪力图和弯矩图，并求出剪力和弯矩的绝对值的最大值，设 F、q、l、a 均为已知。

1-4-9　圆形截面简支梁受载如图习题 1-4-9 所示，试计算支座 B 处梁截面上的最大正应力。

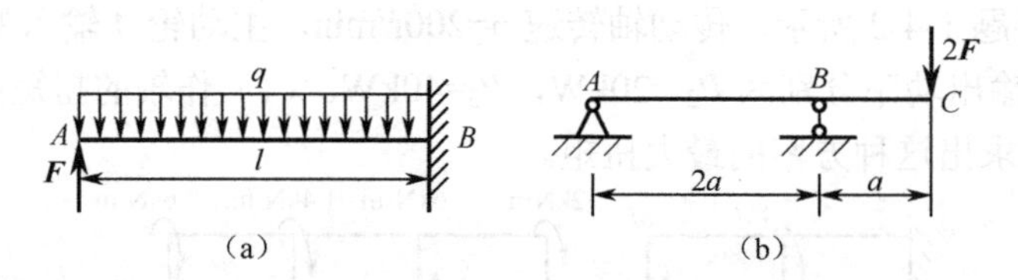

图习题 1-4-8　梁

1-4-10　空心管梁受载如图习题 1-4-10 所示，已知$[\sigma]=150\text{MPa}$，管外径 D=60mm。在保证安全的条件下求内径 d 的最大值。

1-4-11　矩形铸铁梁受载如图习题 1-4-11 所示，槽形截面对中性轴 z 轴的惯性矩 $I_z=40\times10^6\text{mm}^4$，材料的许用拉应力$[\sigma^+]=40\text{MPa}$，许用压应力$[\sigma^-]=150\text{MPa}$。试校核该梁的强度。

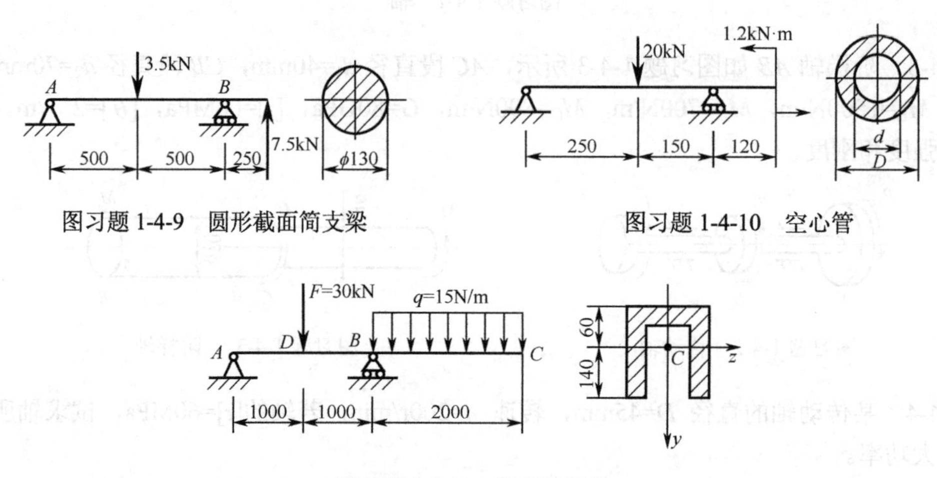

图习题 1-4-9　圆形截面简支梁

图习题 1-4-10　空心管

图习题 1-4-11　矩形铸铁梁

1-4-12　由 20b 工字钢制成的外伸梁如图习题 1-4-12 所示，在外伸端 C 处作用集中载荷 $\boldsymbol{F}$，已知材料的许用应力$[\sigma]=160\text{MPa}$，外伸端的长度为 2m。求最大许可载荷$[F]$。

1-4-13　如图习题 1-4-13 所示，桥式起重机大梁由 32a 工字钢制成，梁跨 l=5m，许用应力$[\sigma]=160\text{MPa}$，若梁的最大起吊重量 F=50kN，试按正应力强度条件校核梁的强度。

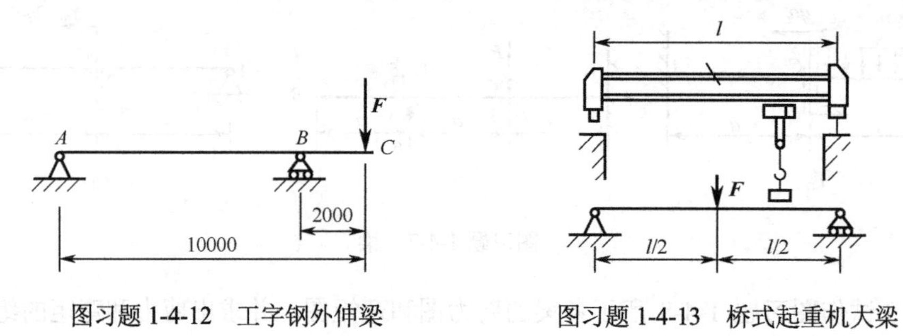

图习题 1-4-12　工字钢外伸梁

图习题 1-4-13　桥式起重机大梁

1-4-14　图 1-4-14 所示结构中，AB 梁的变形及重量可忽略不计。杆 1 为钢质圆杆，直径 d_1=20mm，$E_{钢}$=200GPa。杆 2 为铜质圆杆，直径 d_2=25mm，$E_{铜}$=100GPa。试问：（1）载荷 $\boldsymbol{F}$ 加在何处，才能使加力后刚梁仍保持水平。（2）若此时 F=30kN，则两杆内正应力各为多少？

1-4-15　外伸梁受力如图习题 1-4-15 所示，梁为 T 形截面。已知 q=10kN/m，材料的许用应力$[\sigma]$=160MPa，试确定截面尺寸 a 。

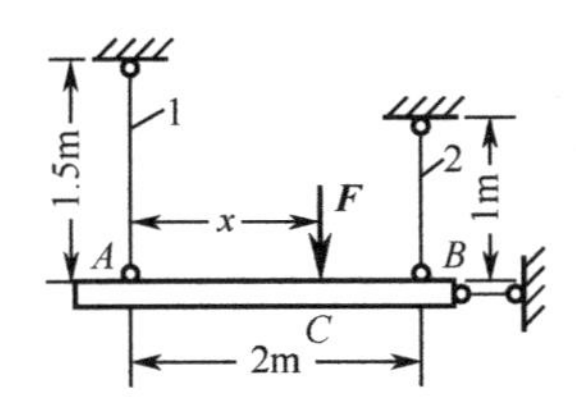

图习题 1-4-14　梁

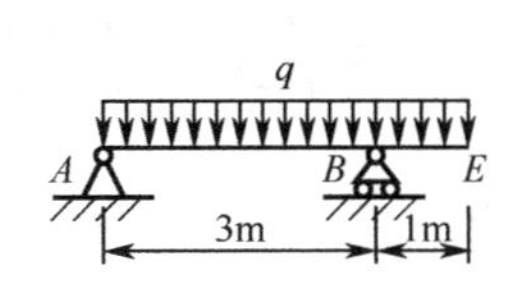

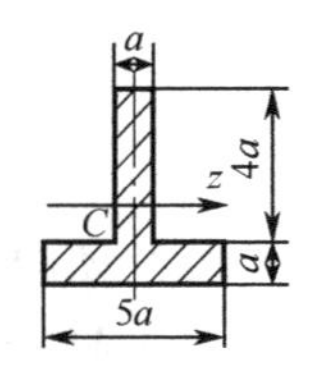

图习题 1-4-15　T 形铸铁梁

部分习题参考答案

1-1-1　（a）$M_O(\boldsymbol{F})=Fl$

（b）$M_O(\boldsymbol{F})=0$

（c）$M_O(\boldsymbol{F})=Fl\sin\alpha$

（d）$M_O(\boldsymbol{F})=-Fa$

（e）$M_O(\boldsymbol{F})=F(l+r)$

1-1-8　（a）$F_A=20kN$（垂直向上），$F_B=40kN$（垂直向上）

（b）$F_A=-60kN$（垂直向上），$F_B=120kN$（垂直向上）

（c）$F_A=30kN$（垂直向上），$F_B=90kN$（垂直向上）

（d）$F_A=120kN$（垂直向上），$M_A=66kN\cdot m$（逆时针）

1-2-2　$\sigma_{1-1}=70MPa$，$\sigma_{2-2}=47.8MPa$

1-2-4　$a\geqslant14.14mm$，$b\geqslant28.28mm$

1-2-6　$[F]\leqslant84kN$

1-2-7　（1）$\Delta l_{AC}=-0.1875mm$，$\Delta l_{CD}=0.075mm$，$\Delta l_{DB}=0.3mm$

（2）$\Delta l_{AB}=0.1875mm$

（3）$|\varepsilon_{AC}|_{max}=6.25\times10^{-4}$

1-3-1　$F\geqslant36.2kN$

1-3-3　$a\geqslant20mm$，$l\geqslant200mm$

1-3-5　$[F]\leqslant76.8kN$

1-4-2　$P_{max}=13.5kW$

1-4-9　$\sigma_{max}=8.7MPa$

二 拓 展 篇

拓展知识 1　平面简单桁架的内力计算

桁架是工程中常用的结构，如房屋建筑中的一些屋架（见图 2-1-1（a））、钢架桥梁（见图 2-1-1（b））、油田井架、起重机的机身、飞机骨架及电视塔等结构物常用桁架结构。所谓桁架，是指由一些直杆在两端用铰链彼此连接而成的结构，它在受力后几何形状不变。

所有杆件的轴线都在同一平面的桁架称为平面桁架。杆件的连接点称为节点。桁架的优点是使用材料比较经济，本身质量较轻，它主要承受拉力或压力。

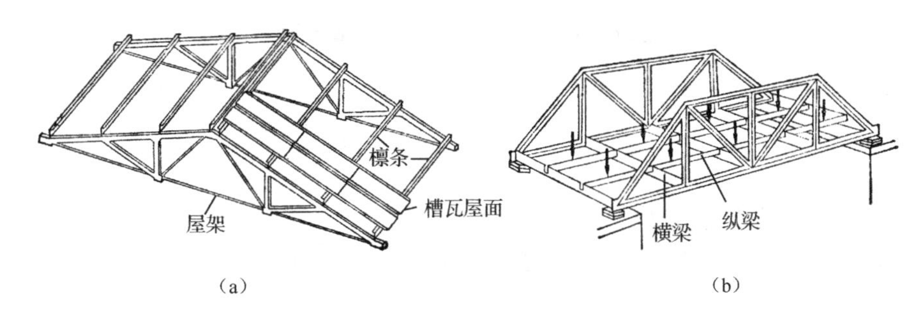

图 2-1-1　桁架

桁架承受荷载以后，一般各杆件将受力，对整个桁架来说，这些力是内力。分析桁架的目的就是求解内力，用来作为设计的依据。

为了既能反映出桁架结构的特点，又能便于计算，通常有如下假设：

（1）各杆件都是直的；

（2）杆件用光滑铰链连接；

（3）桁架所有的力都作用于节点上且位于轴线的平面内；

（4）各杆件自重不计，或平均分配到杆件两端的节点上。

这样的桁架称为理想桁架。根据以上假设，各杆件都是二力杆，因此各杆件所受的力都是沿着杆的轴线，受拉或受压。

本节仅介绍平面静定简单桁架内力计算的两种基本方法：节点法和截面法。

1. 节点法

桁架的每一个节点都受平面汇交力系作用而平衡。为了求每根杆的内力，逐个地取每个节点为研究对象，由已知力求出全部未知内力，这种方法称为节点法。用节点法分析内力，一次可以求解两个未知力。求解的步骤一般是先求出外部支反力，再根据已知条件逐个地取每个节点为研究对象，求出所有未知力。未知内力均假设受拉力作用，若结果是负值，则是压杆。

【例 2-1-1】 平面桁架如图 2-1-2（a）所示。求各杆件所受的内力。

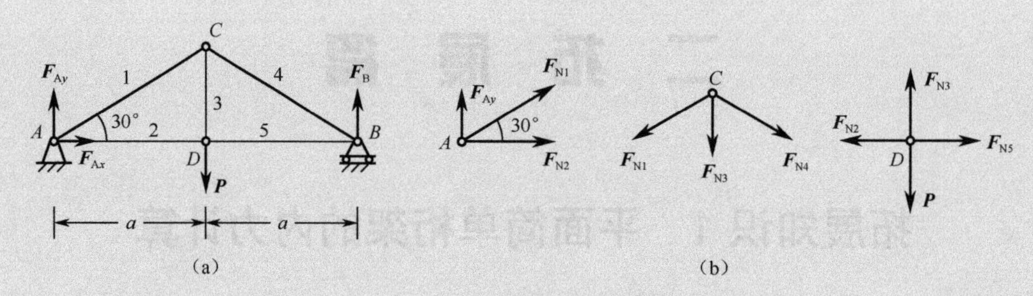

图 2-1-2　节点法求桁架内力

解：

（1）先计算平面桁架的支座反力，取桁架整体为研究对象，列平衡方程得：

$$\sum F_x = 0,\quad F_{Ax} = 0$$
$$\sum F_y = 0,\quad F_{Ay} - P + F_B = 0$$
$$\sum M_A(\boldsymbol{F}) = 0,\quad -Pa + 2F_B a = 0$$

解得反力为

$$F_{Ax} = 0,\ F_{Ay} = 0,\ F_B = \frac{P}{2}$$

（2）再依次取各个节点为研究对象，计算内力。

① 对 A、C、D 节点，受力如图 2-1-2（b）所示。三个节点中，A 节点的未知力是两个，故先分析。列平衡方程：

$$\sum F_y = 0,\ F_{Ay} + F_{N1}\sin 30° = 0$$
$$\sum F_x = 0,\ F_{N1}\cos 30° + F_{N2} = 0$$

得到：$F_{N1} = -P$，$F_{N2} = \dfrac{\sqrt{3}}{2}P$。

② 分析 C 节点，在前一步骤的基础上，F_{N1} 已求出，便只有两个未知力。列平衡方程：

$$\sum F_x = 0, -F_{N1}\cos 30° + F_{N4}\cos 30° = 0$$
$$\sum F_y = 0, -(F_{N1} + F_{N4})\sin 30° - F_{N3} = 0$$

得到：$F_{N3} = P$，$F_{N4} = -P$。

③ 最后对 D 节点，只剩下一个力 F_{N5} 未知。列平衡方程：

$$\sum F_x = 0, -F_{N2} + F_{N5} = 0$$

解得：$F_{N5} = \dfrac{\sqrt{3}}{2}P$。

④ 再对 B 节点进行分析，得到的答案可起到校核的作用。

各节点上内力也可用几何法分析封闭的力矢三角形求解。

总结上述节点法的步骤和要点如下：

（1）一般先求出桁架的支座反力。

（2）逐个地取桁架的节点作为研究对象。由于每个节点受平面汇交力系作用而平衡，只能确定两个未知量，所以必须从两杆相交的节点开始（这样的节点通常在支座上），可用解析法或图解法求出两杆未知力的大小和方向。然后，取另一节点，该点的未知力同样不能多于两个，按同样方法求出这一节点上的未知力。如此逐个地进行，最后一个节点可用来校核所得结果是否正确。

（3）判断每个杆件是受拉力还是受压力。对于被截割的节点，如果杆件对节点的作用力指向节点，则节点受压力，根据作用力定律，杆件也受压力；同理，如果杆件对节点的作用力背离节点，则杆件受拉力。

2. 截面法

若只需要求出某些杆件的内力，可以适当地选取一截面，假想地把桁架截开，取其中一部分为研究对象，用平面任意力系平衡方程求出这些内力。这种方法称为截面法。求解的步骤一般是先求出外部支反力，再假想地在未知力杆件处截断，让内力暴露出来成为外力，利用平衡方程求解。注意一次只可求解三个未知力。

【例 2-1-2】 如图 2-1-3（a）所示平面桁架，求杆件 1、2 和 3 的内力。

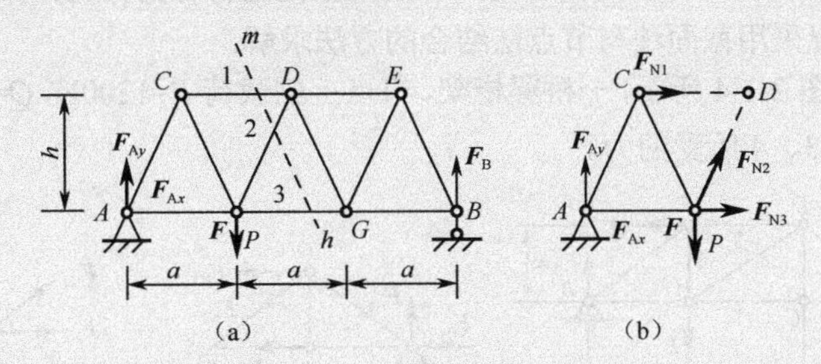

图 2-1-3 截面法求桁架内力

解：

与例 2-1-1 相同，先计算支座反力。取桁架整体为研究对象，列平衡方程得：

$$\sum F_x = 0,\ F_{Ax} = 0$$
$$\sum F_y = 0,\ F_{Ay} - P + F_B = 0$$
$$\sum M_A(\boldsymbol{F}) = 0, - Pa + 3F_B a = 0$$

求得反力：$F_{Ax} = 0$，$F_{Ay} = \dfrac{2}{3}P$，$F_B = \dfrac{P}{3}$。

为求三根杆件的内力，可作一截面将三杆截断。取左半部分为研究对象，代之以内力而平衡，如图 2-1-3（b）所示。列平衡方程：

$$\sum M_F(\boldsymbol{F}) = 0,\ -F_{Ay}a - F_{N1}h = 0$$
$$\sum F_y = 0,\ F_{Ay} + \frac{h}{\sqrt{h^2 + a^2}}F_{N2} - P = 0$$
$$\sum M_D(\boldsymbol{F}) = 0,\ -\frac{3}{2}F_{Ay}a + \frac{1}{2}Pa + F_{N3}h = 0$$

求得：$F_{N1} = -\dfrac{2aP}{3h}$，$F_{N2} = \dfrac{P\sqrt{h^2 + a^2}}{3h}$，$F_{N3} = \dfrac{aP}{2h}$。

计算结果 F_{N1} 为负值，说明杆 1 受压；F_{N2}、F_{N3} 为正值，说明杆 2、3 受拉。

由上例可见，采用截面法时，选择适当的力矩方程，常可较快地求得某些指定杆件的内力。当然，应注意到，平面任意力系只有三个独立的平衡方程，因而，作截面时每次最多只能截断三根杆件。如截断杆件多于三根时，它们的内力一般不能全部求出。

总结上述截面法的步骤和要点如下：

（1）用解析法求出桁架支座反力。

（2）如果需要求某杆的内力，可以通过该杆作一截面，将桁架截为两部分（只截杆件，不要截在节点上），但被截的杆数一般不能多于三根。研究半边桁架的平衡，在杆件被截处，画出杆件的内力，通常假定它们受拉力。

（3）对所研究的那部分桁架列出三个平衡方程。为了求解方程简单起见，常可用力矩方程，将矩心取在两个未知力的交点上，这样的方程只含一个未知量。

（4）由于截割时，内力都假定为拉力，所以计算结果若为正值，则杆件受拉力；若为负值，则杆件受压力。

比较两种方法，共同特点：①先求支座反力；②假设各杆件受拉。若需要求桁架中每根杆件内力时，采用节点法。若只需要求桁架中某几根指定杆件的内力，采用截面法可以迅速求解。也可根据情况采用截面法与节点法结合的方法求解。

【例 2-1-3】 如图 2-1-4 所示，一桥梁桁架，节点上的载荷 P=1200N，Q=400N。尺寸 a=4m，b=3m，求杆 1、2、3、4 所受的力。

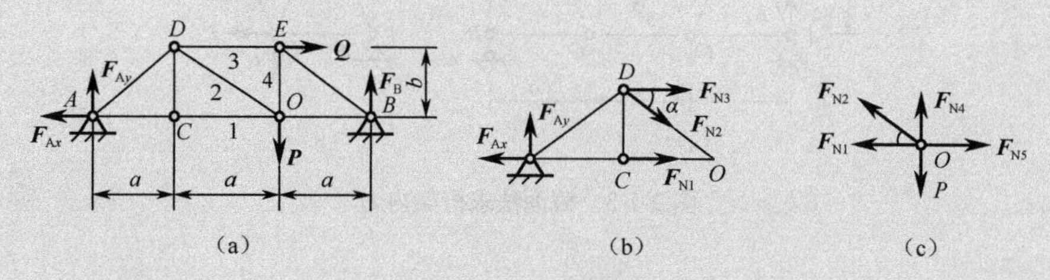

图 2-1-4　综合法求桁架内力

解： 综合截面法和节点法求解。

（1）研究整个桁架，受力如图 2-1-4（a）所示。

$$\sum M_A(\boldsymbol{F})=0, -2Pa-Qb+3F_Ba=0$$

得：$F_B=900\text{N}$。

$$\sum F_x=0, -F_{Ax}+Q=0$$

得：$F_{Ax}=400\text{N}$。

$$\sum F_y=0,\ F_{Ay}+F_B-P=0$$

得：$F_{Ay}=300\text{N}$。

（2）作截面将杆 1、2、3 截断，使桁架分成两部分，研究左半部分桁架，受力如图 2-1-4（b）所示。

$$\sum M_O(\boldsymbol{F})=0,\quad -F_{N3}b-2F_{Ay}a=0$$

得：$F_{N3}=-800\text{N}$（压力）。

$$\sum M_D(\boldsymbol{F})=0,\ F_{N1}b-F_{Ax}b-F_{Ay}a=0$$

得：$F_{N1}=800\text{N}$（拉力）。

$$\sum F_y = 0,\ F_{Ay} - F_{N2}\sin\alpha = 0, \sin\alpha = \frac{3}{5}$$

得：$F_{N2} = 500\text{N}$（拉力）。

（3）考虑节点 O，其受力如图 2-1-4（c）所示。

$$\sum F_y = 0,\ F_{N4} - P + F_{N2}\sin\alpha = 0$$

得：$F_{N4} = 900\text{N}$（拉力）。

说明：

（1）若需求出所有杆件的受力时，一般采用节点法。如果节点量大，需采用节点法计算时，可用计算机求解；只需要求桁架中某一根或几根杆件的受力时，采用截面法，应注意每个截面未知力的杆件数应不超过三根。有时也可先采用截面法再用节点法求解问题。

（2）两种方法一般都先要取整体为研究对象，根据平面力系平衡方程求出支座约束力。

3. 零杆的判定

桁架中有时会出现轴力为零的杆件，称为零杆。在计算内力之前，如果能把零杆找出，将会使计算得到简化。通常在下列几种情况中会出现零杆：

（1）不共线的两杆组成的结点上无载荷作用时，该两杆均为零杆（见图 2-1-5（a））。

（2）不共线的两杆组成的结点上有载荷作用时，若载荷与其中一杆共线，则另一杆必为零杆（见图 2-1-5（b））。

（3）三杆组成的结点上无载荷作用时，若其中有两杆共线，则另一杆必为零杆，且共线的两杆内力相等（见图 2-1-5（c））。

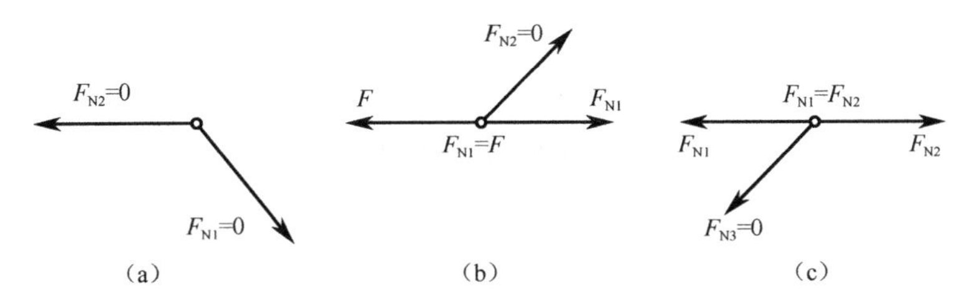

图 2-1-5　零杆的判定

习　　题

2-1-1　图习题 2-1-1 所示悬臂桁架受到大小均为 ***F*** 的三个力作用，试分别求出杆 1、2、3 内力的大小。

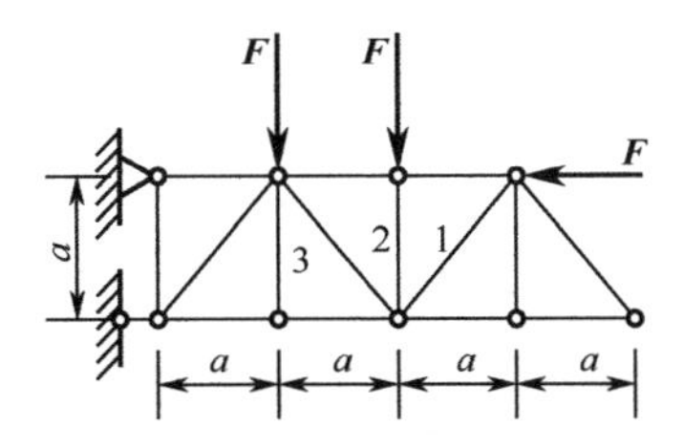

图习题 2-1-1　悬臂桁架

2-1-2　图习题 2-1-2 所示简支架，已知力 ***P***、***Q***。试分别求出杆 1、2、3 内力的大小。

2-1-3　图习题 2-1-3 所示组合屋架，已知 q=5kN/m，DC=4m，AC=CB=8m。求杆 AC、CB、DC 所受的力。

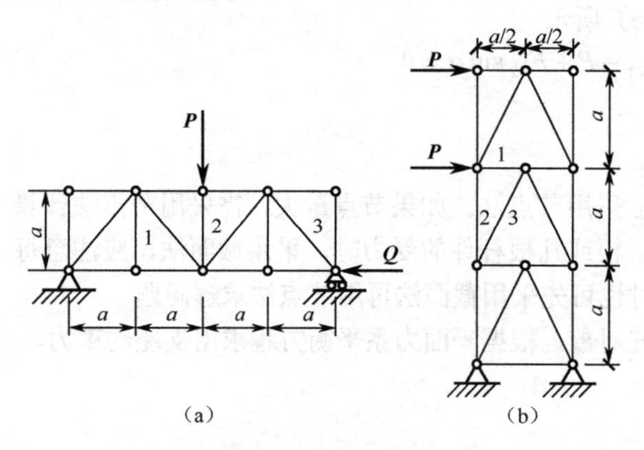

图习题 2-1-2　简支架

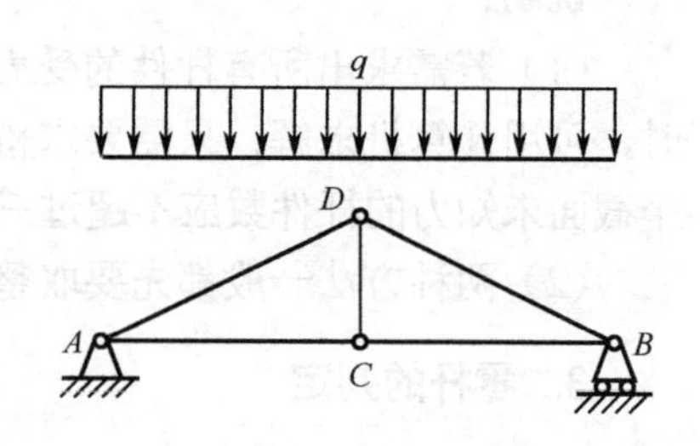

图习题 2-1-3　组合屋架

2-1-4　不经计算，判定出图习题 2-1-4 所示桁架中的零杆。

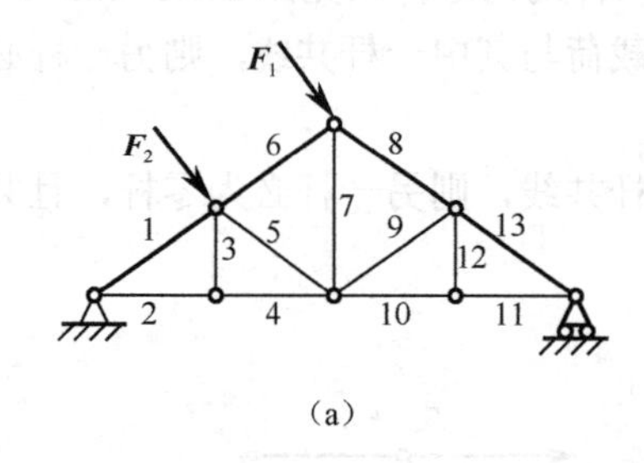

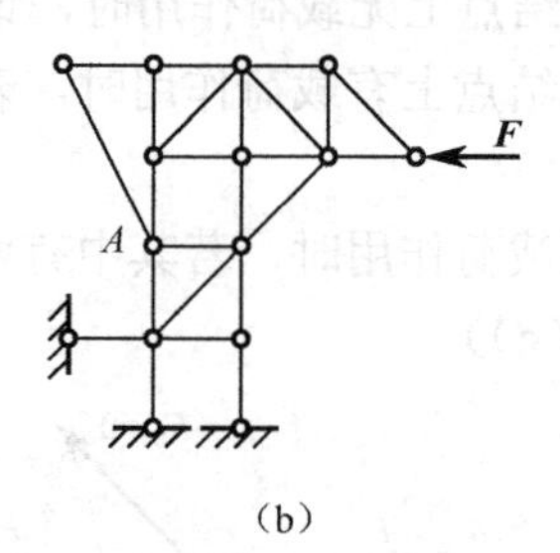

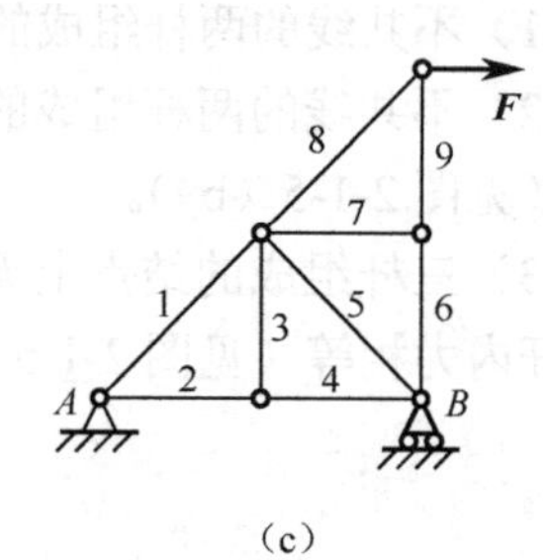

图习题 2-1-4　桁架

拓展知识 2　考虑摩擦时的平衡问题

1. 摩擦概述

两个相互接触的物体产生相对运动或具有相对运动趋势时，彼此在相互接触部位会产生一种阻碍对方相对运动的作用，这种现象称为摩擦，这种阻碍作用称为摩擦阻力。物体之间的这种相互阻碍有两种基本形式：一种是阻碍彼此间沿接触面公切线方向的滑动或滑动趋势的作用，这种摩擦现象称为滑动摩擦，相应的摩擦阻力称为滑动摩擦力，简称摩擦力；另一种是两物体之间具有相对滚动或相对滚动趋势，彼此在接触部位将产生阻碍对方相对滚动的作用，这种摩擦称为滚动摩擦，相应的摩擦阻力是一个力偶，称为滚动摩擦阻力偶，简称滚阻力偶。

摩擦是自然界最普遍的一种现象，绝对光滑而没有摩擦的情形是不存在的。在许多问题中，摩擦对所研究的问题是次要因素，可以略去不计。但在有些实际问题中，摩擦却是重要的甚至是决定性的因素，必须加以考虑。例如，重力坝依靠摩擦防止在水压力作用下可能产生的滑动；车床上的卡盘夹固工件，也需依靠摩擦来工作。在自动调节、精密测量等工程问题中，即使摩擦很小，也会影响机构的灵敏度和准确性，必须考虑摩擦的影响。另外，摩擦阻力会消耗能量，产生热、噪声、振动、磨损，特别是在高速运转的机械中，摩擦往往表现得更为突出。

摩擦现象的物理本质极为复杂。人们在摩擦理论和实践方面做了大量的工作，目前已形成一门边缘学科“摩擦学”。在本书中，我们仅介绍有关滑动摩擦的基本概念和经典的理论，对一般工程问题，这些理论具有足够的精确性。

2. 滑动摩擦

（1）静滑动摩擦

设重为 $\boldsymbol{W}$ 的物体放在水平面上处于平衡状态，今在物体上施加一水平力 $\boldsymbol{F}$，如图 2-2-1（a）所示。当力 $\boldsymbol{F}$ 小于某一特定值时，物体仍能保持静止，这是因为物体与水平面之间并非绝对光滑的，水平面除了给物体一个法向反力 $\boldsymbol{F}_N$ 之外，还有一个阻碍物体向右运动的力 $\boldsymbol{F}_f$。这个力就是水平面施加给物体的静滑动摩擦力，简称静摩擦力。静摩擦力 $\boldsymbol{F}_f$ 的方向与物体滑动趋势的方向相反，其大小根据物体的平衡条件 $F_f=F$ 求出。当 $F=0$ 时，$F_f=0$，即物体没有滑动趋势也就没有摩擦力；当力 $\boldsymbol{F}$ 增大时静摩擦力 $\boldsymbol{F}_f$ 也相应地增大，达到某一极限数值 $\boldsymbol{F}_{fmax}$ 时，物体处于将动而未动的临界平衡状态；如力 $\boldsymbol{F}$ 再略微增大，物体即开始沿支承面滑动，如图 2-2-1（b）所示。由此可见，静摩擦力的大小随主动力的变化而变化，变化范围在零与最大值之间，即

$$0 \leqslant F_f \leqslant F_{fmax} \tag{2-2-1}$$

大量试验证明，最大摩擦力 $\boldsymbol{F}_{fmax}$ 的大小与两个相互接触物体间的正压力（即法向反力）$\boldsymbol{F}_N$ 成正比，即

$$F_{\mathrm{fmax}} = f_{\mathrm{s}} F_{\mathrm{N}}$$

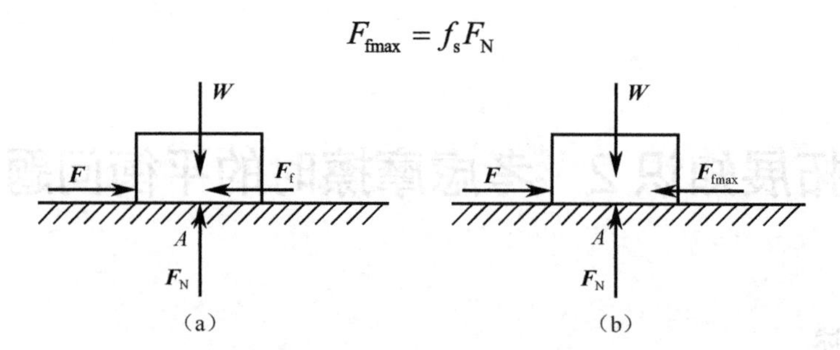

图 2-2-1　物体的静滑动摩擦

这就是静摩擦定律（又称库仑静摩擦定律）。式中的 f_s 是量纲为 1 的比例系数，称为静摩擦因数。它的大小与两物体接触表面的材料性质和物理状态（光滑度、温度、湿度）有关，而与接触面积无关，一般可由试验测定，其数值可在工程手册中查到。

（2）动滑动摩擦

当物体沿支承面滑动时，摩擦继续起着阻碍运动的作用。这时的摩擦力称为动滑动摩擦力，简称动摩擦力，以 $\boldsymbol{F}'_{\mathrm{f}}$ 表示。大量试验证明，动摩擦力的方向与物体相对滑动的方向相反，大小与接触面之间的正压力（即法向反力）$\boldsymbol{F}_{\mathrm{N}}$ 成正比，即

$$F_{\mathrm{f}}' = f \cdot F_{\mathrm{N}} \tag{2-2-2}$$

这就是动摩擦定律。式中的 f 称为动摩擦因数，它的大小除了与物体接触表面的材料性质和物理状态等有关外，还与物体相对滑动的速度有关。在一般工程计算中，可不考虑速度变化对 f 的影响，在精度要求不高时，可近似认为 $f \approx f_s$。

以上介绍的经典摩擦理论，虽然远远没有反映摩擦的复杂性，但是这种理论形式简单，一般已满足工程要求，因此至今仍然得到广泛应用。

3. 摩擦角与自锁

（1）摩擦角

当物体与支承面之间存在摩擦并处于平衡状态时，支承面对物体的约束反力包含法向反力 $\boldsymbol{F}_{\mathrm{N}}$ 和切向反力 $\boldsymbol{F}_{\mathrm{f}}$（即静摩擦力），两者的合力 $\boldsymbol{F}_{\mathrm{R}}=\boldsymbol{F}_{\mathrm{N}}+\boldsymbol{F}_{\mathrm{f}}$ 称为支承面的全约束反力，它的作用线与接触面的公法线之间的夹角为 α，如图 2-2-2（a）所示。当物块处于临界平衡状态时，静摩擦力达到最大值，角 α 也达到最大值 φ，角 φ 称为摩擦角。由图 2-2-2（b）可得：

$$\tan\varphi = \frac{F_{\mathrm{fmax}}}{F_{\mathrm{N}}} = \frac{f_{\mathrm{s}} F_{\mathrm{N}}}{F_{\mathrm{N}}} = f_{\mathrm{s}} \tag{2-2-3}$$

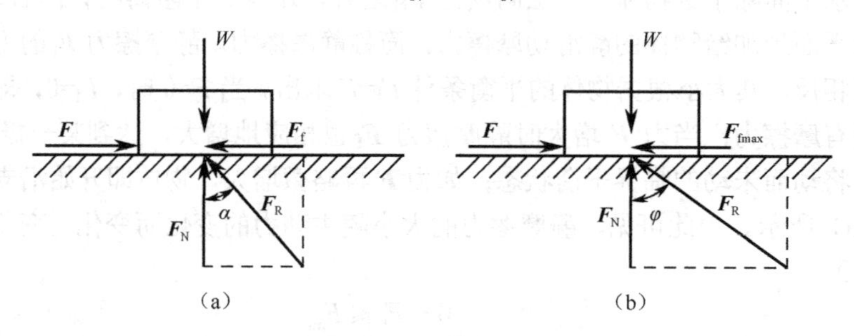

图 2-2-2　摩擦角概念

即摩擦角的正切等于静摩擦因数。摩擦角是静摩擦因数的几何表示，它只反映材料之间的摩擦性质，而与物体是否受力无关。

（2）自锁现象

当物体处于临界平衡状态时，如通过全约束反力作用点在不同的方向作出全约束反力的作用线，则这些直线将形成一个锥面，称为摩擦锥。如沿接触面的各个方向的摩擦因数都相同，摩擦锥是一个顶角为 2φ 的圆锥，如图 2-2-3 所示。

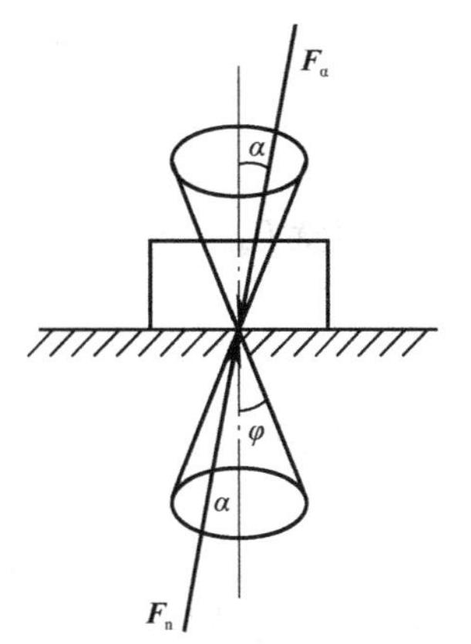

图 2-2-3　摩擦锥

由于静摩擦力可在零与 $\boldsymbol{F}_{\text{fmax}}$ 之间变化，所以角α也在零与摩擦角φ之间变化，即

$$0 \leqslant \alpha \leqslant \varphi \qquad (2\text{-}2\text{-}4)$$

因此，全约束反力的作用线必在摩擦锥之内。由此可得：

① 如果作用于物体上的全部主动力的合力 $\boldsymbol{F}_{\text{Q}}$ 的作用线在摩擦锥之内，则无论这个力怎样大，支承面总会产生一个全约束反力与之平衡，使物体保持静止。这种现象称为自锁现象，式（2-2-4）称为自锁条件。

② 如果全部主动力的合力 $\boldsymbol{F}_{\text{Q}}$ 的作用线在摩擦锥之外，则无论这个力多小，物体将发生运动。

工程上常用“自锁”设计一些机构或夹具，如螺旋千斤顶举起重物后不会自行下落就是一种自锁现象。而在另一些问题中，则要设法避免产生自锁现象，如工作台在导轨中要求能顺利滑动，不允许发生卡死现象（即自锁）。

4. 考虑摩擦时平衡问题的解法

考虑摩擦时物体的平衡问题与不计摩擦时物体的平衡问题共同之处在于它们都是平衡问题，作用于物体上的力系都满足力系平衡条件。但在考虑有摩擦的平衡问题时，应注意约束反力含有摩擦力，其方向总是与相对滑动趋势的方向相反的，且摩擦力的大小在一定范围内变化。因此，解决这类问题要分清两种情况：一是物体处于临界平衡状态，这时摩擦力 $\boldsymbol{F}_{\text{f}}$ 达到最大值，其大小为 $F_{\text{fmax}}=f_sF_{\text{N}}$；二是物体处于平衡范围内 $0\leqslant F_{\text{f}} \leqslant F_{\text{fmax}}$，$\boldsymbol{F}_{\text{f}}$ 与 $\boldsymbol{F}_{\text{N}}$ 是独立的未知量。与以上两种情况相对应，对于考虑有摩擦的平衡问题，应采用不同的分析方法，即所谓临界平衡分析和平衡范围分析。

【例 2-2-1】 水平面上叠放着物块 A 和 B，分别重 W_{A}=100N 和 W_{B}=80N。物块 B 用拉紧的水平绳子系在固定点，如图 2-2-4（a）所示。已知物块 A 与支承面、两物块间的静摩擦因数分别是 f_{s1}=0.8 和 f_{s2}=0.6。求自左向右推动物块 A 所需的最小水平力的值。

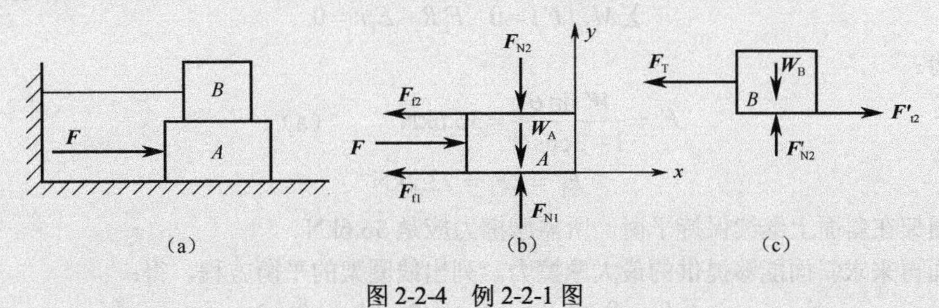

图 2-2-4　例 2-2-1 图

解：分别画出物块 A 和 B 的受力图，如图 2-2-4（b）、（c）所示。由于物块 A 的运动趋势是向右的，它的两个接触面都受到向左的摩擦力。设物块 A 在力 $\boldsymbol{F}$ 的作用下已处于临界平衡状态，则有

$$F_{f1}=f_{s1}F_{N1} \qquad F_{f2}=f_{s2}F_{N2}$$

考虑物块 A 的平衡，列平衡方程：

$$\sum F_x=0 \quad F-F_{f1}-F_{f2}=0$$

$$\sum F_y=0 \quad F_{N1}-F_{N2}-W_A=0$$

注意 $F_{N2}=F'_{N2}=W_B$，得：

$$F_{N1}=W_A+F_{N2}=W_A+W_B$$

$$F=F_{f1}+F_{f2}=f_{s1}F_{N1}+f_{s2}F_{N2}=f_{s1}W_A+(f_{s1}+f_{s2})W_B$$

以题设数据代入上式，求得最小水平推力为

$$F=0.8\times100\text{N}+(0.8+0.6)\times80\text{N}=192\text{N}$$

若自右向左推物块 A，则绳子将放松，因而物块 A 和 B 将作为整体一起被推动，此时最小的推力将减至 $F=f_{s1}(W_A+W_B)=144\text{N}$。

【例 2-2-2】 如图 2-2-5 所示，线圈架重 W=200kN，R=200mm，r=100mm，在芯抽上绕一细绳，并将此细绳固结在墙上，芯抽与墙之间的细绳保持水平。设线圈架与斜面之间的静摩擦因数 f_s=0.15，若在图示位置静止释放线圈架，试判断线圈架是否继续保持平衡（忽略滚动摩擦）。

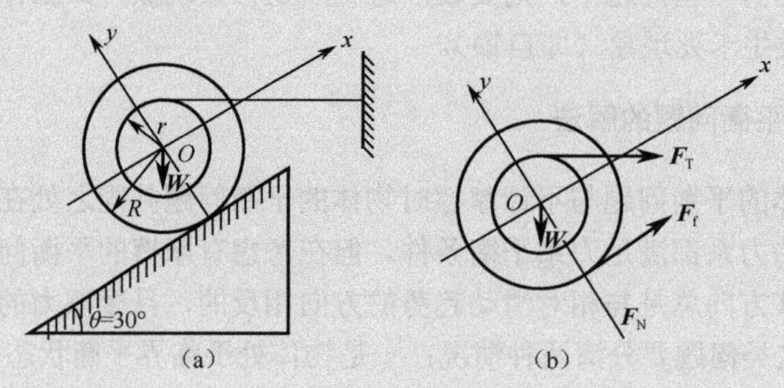

图 2-2-5 例 2-2-2 图

解：先假设线圈架处于平衡状态，求出保持平衡时所需的摩擦力 $\boldsymbol{F}_f$，然后计算斜面能提供的最大摩擦力，进行比较后就可知线圈架处于何种状态。

取线圈架为研究对象，画出受力图 2-2-5（b），列平衡方程：

$$\sum F_x=0 \quad F_f+F_T\cos\theta-W\sin\theta=0$$

$$\sum M_O(\boldsymbol{F})=0 \quad F_fR-F_Tr=0$$

解得：

$$F_f=\frac{W\sin\theta}{1+2\cos\theta}=36.6\text{kN} \qquad \text{(a)}$$

$$F_T=2F_f=73.2\text{kN}$$

欲使线圈架在斜面上继续保持平衡，所需摩擦力应是 36.6kN。

下面再来求斜面能够提供的最大摩擦力。列出线圈架的平衡方程，得：

$$\sum F_y=0 \quad F_N-F_T\sin\theta-W\cos\theta=0$$

$$F_N = F_T \sin\theta + W\cos\theta = 209.8\text{kN}$$

于是，斜面能够提供的最大摩擦力为

$$F_{fmax} = f_s F_N = 31.47\text{kN} \qquad \text{(b)}$$

比较式（a）与式（b），有 $F_{fmax} < F_f$。

因此，当线圈架由静止释放时，在斜面上不能保持平衡。

【例 2-2-3】 梯子长 $AB=l$，重 W_1=100N，靠在光滑墙壁上并和水平地面夹角θ=75°，如图 2-2-6（a）所示。已知地面对梯子的静摩擦因数 f_s=0.4，问重 W_2=700N 的人能否爬到梯子顶端而不使梯子滑倒，并求地面对梯子的摩擦力。假定梯子的重心在点 C。

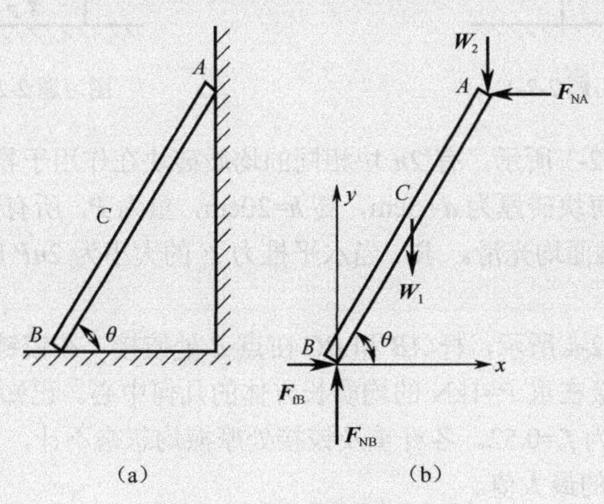

图 2-2-6　例 2-2-3 图

解： 梯子滑倒的趋势是水平向左，摩擦力 $\boldsymbol{F}_{fB}$ 的方向必定是水平向右的。现假定人站在梯子顶端时梯子能平衡。

取梯子为研究对象，画受力图 2-2-6（b），列平衡方程：

$$\sum F_x = 0,\ F_{fB} - F_{NA} = 0$$

$$\sum F_y = 0,\ F_{NB} - W_1 - W_2 = 0$$

$$\sum M_B(\boldsymbol{F}) = 0,\ F_{NA} l\sin 75° - W_2 l\cos 75° - W_1 \frac{1}{2} l\cos 75° = 0$$

解得：

$$F_{NA} = \frac{2W_2 + W_1}{2}\cot 75° = \frac{2\times 700 + 100}{2}\times 0.268\text{N} = 201\text{N}$$

$$F_{NB} = W_1 + W_2 = (100 + 700)\text{N} = 800\text{N}$$

$$F_{fB} = 201\text{N}$$

最大摩擦力 $F_{fBmax}=f_f F_{NB}$=0.4×800N=320N，可见 $F_{fB}<F_{fBmax}$，即假定梯子不滑倒是符合事实的，并且地面对梯子的摩擦力 F_{fB}=201N。若 $F_{fB}>F_{fBmax}$，则说明在人爬到梯子顶端之前，梯子早已滑倒了。

习　　题

2-2-1　如图习题 2-2-1 所示，物 A 重 100kN，物 B 重 25kN，物 A 与地面间的摩擦因数为 0.2，滑轮处摩擦不计，求物体 A 与地面间的摩擦力。

2-2-2　如图习题 2-2-2 所示均质正方形薄板重 **P**，置于铅垂面内。薄板与地面间的静摩擦因数为 f_s=0.5，在点 *A* 处作用一力 **F**，要使薄板静止不动，求力 **F** 的最大值。

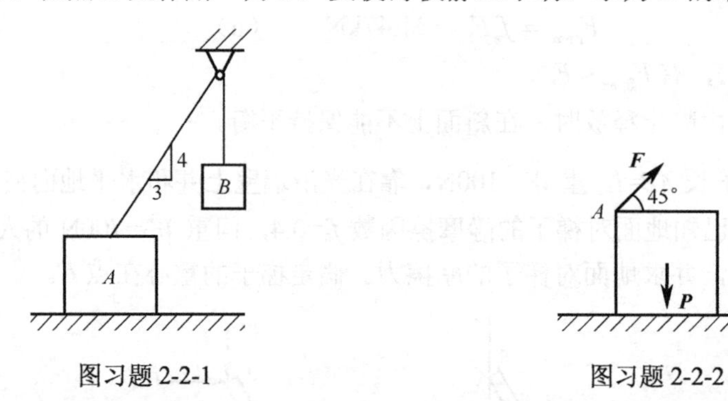

图习题 2-2-1　　　　图习题 2-2-2

2-2-3　如图习题 2-2-3 所示，有 2*n* 块相同的均质砖块在作用于物块 *H* 上的水平力 **F** 的作用下保持平衡。已知每块砖厚为 *d*=5cm，高 *h*=20cm，重为 **P**，所有铅垂接触面间的摩擦因数均为 f_s=0.5，水平接触面均光滑。求：当水平推力 **F** 的大小为 2*nP* 时能保持平衡的 *n* 的最大值。

2-2-4　如图习题 2-2-4 所示，杆 *AB* 和 *BC* 在点 *B* 处铰接，在铰链上作用有铅垂力 **F**，*C* 端铰接在墙上，*A* 端铰接在重 *P*=1kN 的均质长方体的几何中心。已知杆 *BC* 水平，长方体与水平面间的静摩擦因数为 f_s=0.52。各杆重及铰接处摩擦均忽略不计，尺寸如图所示。确定不致破坏系统平衡时力 **F** 的最大值。

2-2-5　用逐渐增加的水平力去推一重 *W*=1000N 的衣橱，如图习题 2-2-5 所示。已知 *h*=1.3*a*， f_s=0.4，问衣橱是先滑动还是先翻倒？

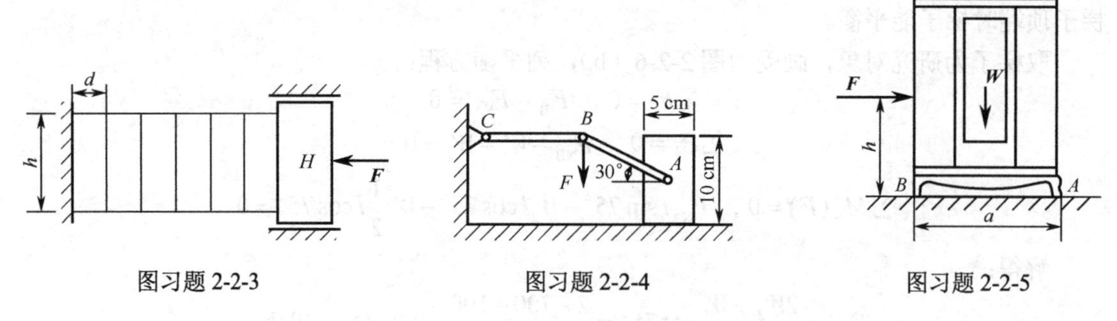

图习题 2-2-3　　　　图习题 2-2-4　　　　图习题 2-2-5

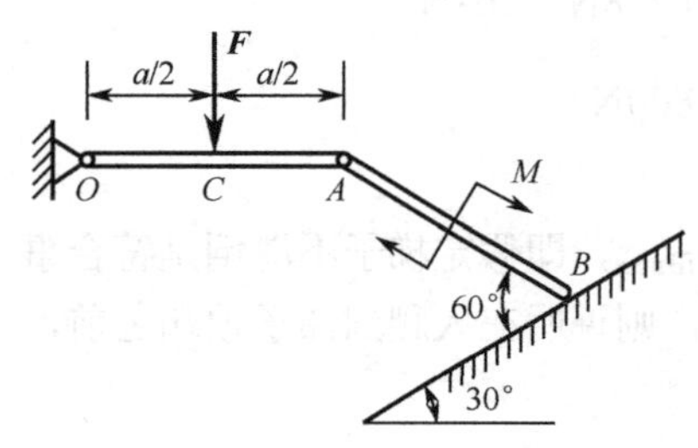

图习题 2-2-6

2-2-6　如图习题 2-2-6 所示，两杆 *OA*、*AB* 长皆为 *a*=1m，以铰 *A* 连接，*O* 为铰支座，而 *B* 端置于倾角为 30°的斜面上，与斜面间的静摩擦因数 *f* =0.2。今在杆 *OA* 的中点 *C* 作用一向下的力 *F*=100N，在杆 *AB* 上作用一力偶矩 *M*。为使系统在图示状态下平衡，*M* 的值应在什么范围内？

2-2-7　如图习题 2-2-7 所示，均质杆 *AD* 重 **P**，杆 *BC* 重不计，如将两杆于 *AD* 的中点 *C* 搭在一起，杆与杆之间的静摩擦因数 *f*=0.6。问系统是否静止？

2-2-8　如图习题 2-2-8 所示，已知 l=4m，均布载荷 q=0.5kN/m，两杆接触处的静摩擦因数 f=1/3。求能使结构在图示位置保持平衡所需的力偶矩 M。

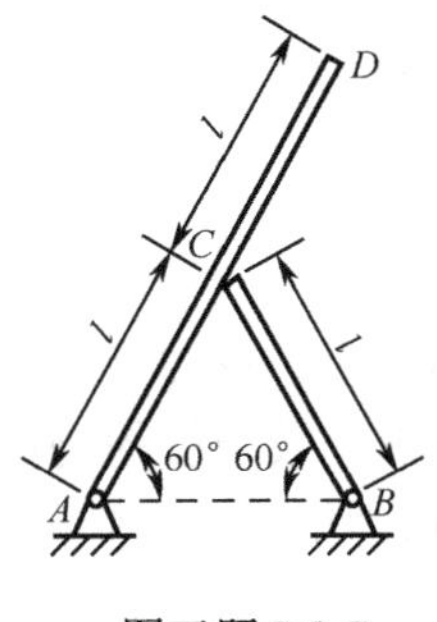

图习题 2-2-7

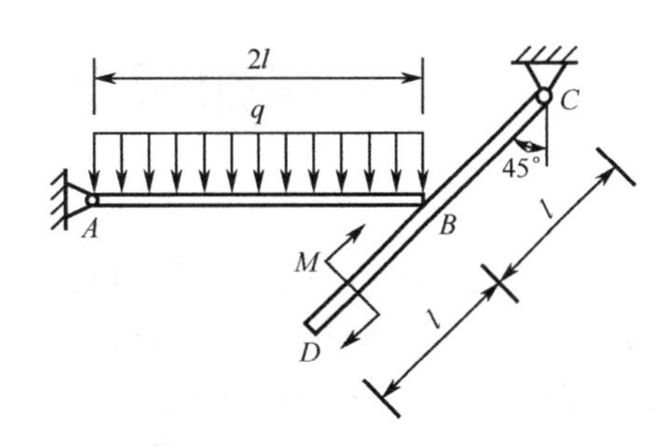

图习题 2-2-8

2-2-9　两个重量相同的物块 A 和 B，用绳相连放在水平面及斜面上，如图习题 2-2-9 所示。已知两物块重 W_A=W_B=2kN，物块与水平面和斜面之间的静摩擦因数 f=0.3，斜面与水平面夹角 β=60°，α=20°。求拉动两物块所需要的力 $\boldsymbol{F}$ 的最小值。

2-2-10　如图习题 2-2-10 所示，均质箱体的宽度 b=1m，高 h=2m，重 P=100kN，放在倾角 α=20º 的斜面上。箱体与斜面之间的静摩擦因数 f_s=0.2。今在箱体的点 C 处系一软绳，其上作用一拉力 $\boldsymbol{F}$，已知 BC=a=1.8m，问拉力 $\boldsymbol{F}$ 多大，才能保证箱体处于平衡状态。

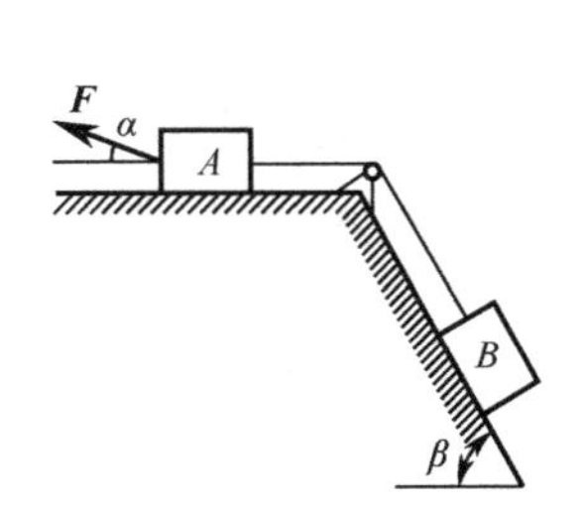

图习题 2-2-9

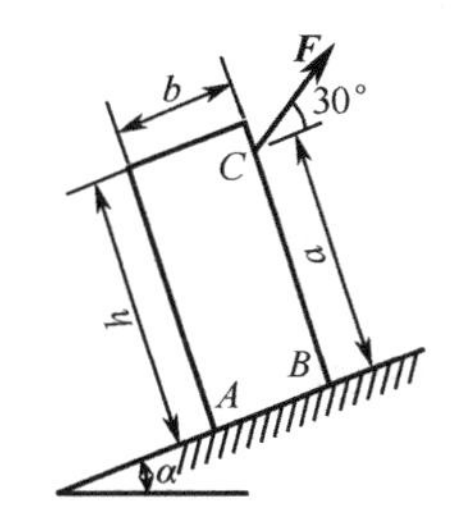

图习题 2-2-10

拓展知识 3　物体的重心

在地球表面附近的物体都受到地球对它的作用力，即物体的重力。重力作用于物体内的每一微小部分，是一个分布力系。这些重力汇交于地心，但因地球远较一般的物体大，故物体上各点到地心的连线几乎平行，因此可以足够精确地认为这些重力组成一个空间平行力系。无论将物体怎样放置，只要物体的体积和形状都不变，这个空间平行力系合力的作用点总是在相对于物体位置不变的一个确定点，这个点就是物体的重心。由此可见，通过找出此空间平行力系合力的作用点就可确定物体的重心位置。

重心位置在工程实际中有重要意义。例如，安装管道、机械和预制构件，就需要知道其重心的位置，以便吊装工作能够平稳地进行；在转动机械中，若其转动部分的重心不在转轴上，就会引起强烈的振动而造成各种不良后果；在房屋构件截面设计以及挡土墙、重力水坝、起重机等倾翻问题中，都要涉及重心位置的确定。

1. 重心的坐标公式

为了确定物体的重心位置，可将它分割为许多小块（设为 n 个），并分别以 $\boldsymbol{G}_1$、$\boldsymbol{G}_2$、…、$\boldsymbol{G}_n$ 表示各小块的重量，如图 2-3-1 所示。建立图示直角坐标系 $Oxyz$，则可用（x_1，y_1，z_1），（x_2，y_2，z_2），…，（x_n，y_n，z_n）分别表示各小块的重心位置。各小块所受重力 $\boldsymbol{G}_1$、$\boldsymbol{G}_2$、$\boldsymbol{G}_3$、…、$\boldsymbol{G}_n$ 的合力 $\boldsymbol{G}$ 即为整个物体所受的重力，其大小为 $G=\sum G_i$，方向与各小块重力同向平行。

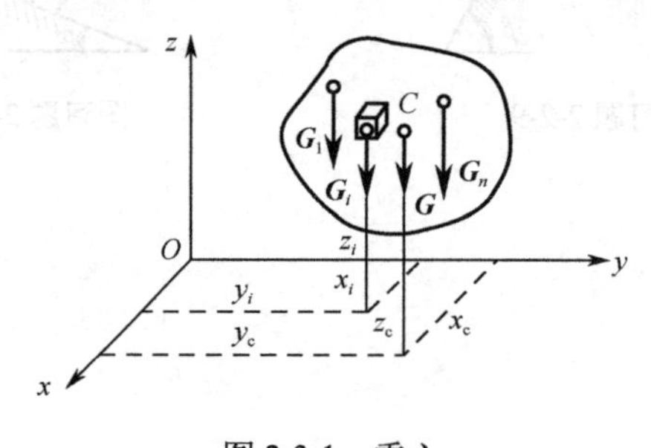

图 2-3-1　重心

无论物体怎样放置，重力 $\boldsymbol{G}$ 的作用线均通过某点 C，该点即为物体的重心。根据合力矩定理可知，物体的重力 $\boldsymbol{G}$ 对 x 轴之矩等于各小块重力对 x 轴之矩的代数和，即

$$-Gy_c=-G_1y_1-G_2y_2-\cdots-G_ny_n=-\sum G_iy_i$$

所以 $y_c=\dfrac{\sum G_iy_i}{G}$。

利用坐标轮换方法，同理可得 $x_c=\dfrac{\sum G_ix_i}{G}$，$z_c=\dfrac{\sum G_iz_i}{G}$。

由此得重心的坐标公式为

$$\left.\begin{aligned} x_c &= \frac{\sum G_i x_i}{G} \\ y_c &= \frac{\sum G_i y_i}{G} \\ z_c &= \frac{\sum G_i z_i}{G} \end{aligned}\right\} \tag{2-3-1}$$

若物体是均质的，且以γ表示物体每单位体积的重量（称为容重），以ΔV_i表示第 i 小块的体积，以 V 表示整个物体的体积（$V=\sum\Delta V_i$），则因$G_i=\gamma\cdot\Delta V_i$，以及$G=\sum G_i=\sum\gamma\cdot\Delta V_i=\gamma\cdot V$，消去$\gamma$，则可得到均质物体的重心坐标公式为

$$\left.\begin{aligned} x_c &= \frac{\sum \Delta V_i x_i}{V} \\ y_c &= \frac{\sum \Delta V_i y_i}{V} \\ z_c &= \frac{\sum \Delta V_i z_i}{V} \end{aligned}\right\} \tag{2-3-2}$$

可见，均质物体的重心位置与其单位体积的重量（密度）无关，仅决定于物体的形状。均质物体的重心亦称为体积形心，式（2-3-2）亦称为均质物体体积形心坐标的计算公式。

如物体是均质等厚的平薄板，设薄板的面积为 A，厚度为 h，则薄板的总体积为 $V=Ah$，平面每一微小体积为$\Delta V_i=\Delta A_i h$。在薄板平面内取直角坐标系 Oxy 如图 2-3-2 所示，此时 $z_c=0$。将上述关系代入式（2-3-2）中的前两式，消去 h 后，得：

$$\left.\begin{aligned} x_c &= \frac{\sum \Delta A_i x_i}{A} \\ y_c &= \frac{\sum \Delta A_i y_i}{A} \end{aligned}\right\} \tag{2-3-3}$$

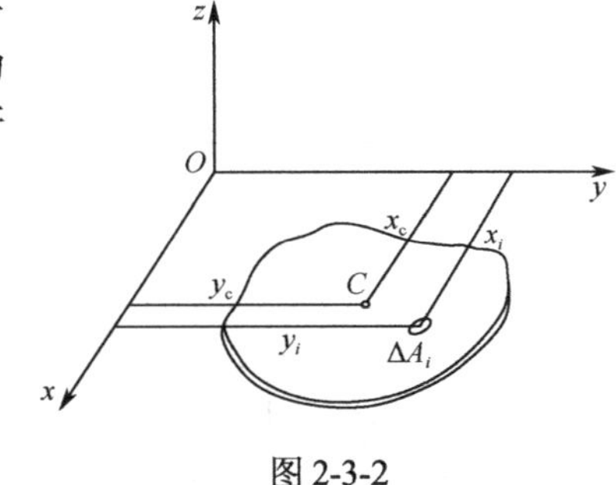

图 2-3-2

式（2-3-3）所确定的点 C 称为薄板的形心，或平面图形的形心。

具有对称面、对称轴或对称中心的均质物体，重心必在其物体的对称面、对称轴或对称中心上。如直线段的重心在该线段的中点，圆面积或整个圆周的重心在圆心，平行四边形的重心在其两对称线的交点上等。另外，简单形状物体的重心可查阅工程手册，表 2-3-1 列出了几种简单形状物体的重心。工程上常用的型钢（如工字钢、角钢、槽钢等）的截面形心可从工程手册中的型钢表中查到。

2. 确定物体形心的几种方法

（1）利用对称性求重心

不难理解，对均质物体，凡具有对称面、对称轴或对称中心的，其重心一定在它们的对称面、对称轴或对称中心上。例如，均质圆球的重心在其对称中心（球心）上，均质矩形薄板的重心在其两对称轴的交点上等。

（2）积分法求重心

对于形状规则的物体，可用积分法求重心。这时应根据物体的几何形状，合理地建立坐标系并选取微元体，定出微元体的坐标，再利用重心的积分坐标公式，进行积分即求出重心的位置。

表 2-3-1　简单形体重心表

图　形	重 心 位 置
	$y_c=\frac{1}{3}h$
	$y_c=\frac{h(2a+b)}{3(a+b)}$
	$x_c=\frac{\gamma\sin\alpha}{a}$
	$x_c=\frac{2}{3}\frac{r^3\sin^3\alpha}{S}$ $\left[\text{面积}S=\frac{r^2(2a-\sin 2\alpha)}{2}\right]$
	$x_c=\frac{2}{3}\frac{r\sin\alpha}{\alpha}$
	$x_c=\frac{2}{3}\frac{(R^3-r^3)\sin\alpha}{(R^2-r^2)\alpha}$

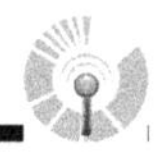

（3）组合法求重心

① 分割法。

在计算较为复杂的均质物体的重心时，常将其分割为若干简单形状的物体，而这些简单形体的重心是已知的，则整个物体的重心即可由有限形式的重心坐标公式求出。这种方法称为分割法。

【例 2-3-1】 试求图 2-3-3 所示均质薄板的重心，其尺寸如图所示。

解： 建立图示直角坐标系 Oxy，将该图形用虚线分割成 3 个矩形，以 A_1、A_2、A_3 和 C_1（x_1、y_1）、C_2（x_2、y_2）、C_3（x_3、y_3）分别表示它们的面积及重心位置，则

$$A_1 = 300\text{mm}^2,\ x_1 = -15\text{mm},\ y_1 = 45\text{mm}$$

$$A_2 = 400\text{mm}^2,\ x_2 = 5\text{mm},\ y_2 = 30\text{mm}$$

$$A_3 = 300\text{mm}^2,\ x_3 = 15\text{mm},\ y_3 = 5\text{mm}$$

按公式求得该薄板重心的坐标 x_c、y_c 为

$$x_c = \frac{\sum x_i A_i}{A} = \frac{x_1A_1 + x_2A_2 + x_3A_3}{A_1 + A_2 + A_3} = 2\text{mm}$$

$$y_c = \frac{\sum y_i A_i}{A} = \frac{y_1A_1 + y_2A_2 + y_3A_3}{A_1 + A_2 + A_3} = 27\text{mm}$$

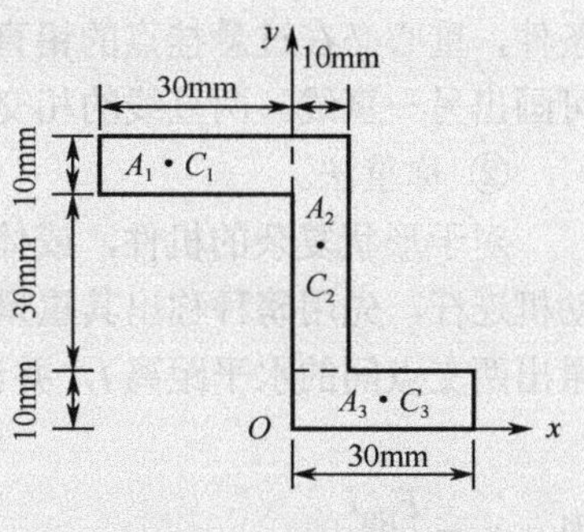

图 2-3-3　例 2-3-1 图

② 负面积法。

若在物体或薄板内切去一部分（如物体内有孔、洞），则其重心仍可用与分割法相同的公式求得，只是切去部分的重量或体积、面积应取负值，这种方法称为负面积法。

【例 2-3-2】 在半径为 R 的均质圆盘内有一半径为 r 的圆孔，两圆心相距 $R/2$，如图 2-3-4 所示。求此盘的重心位置。

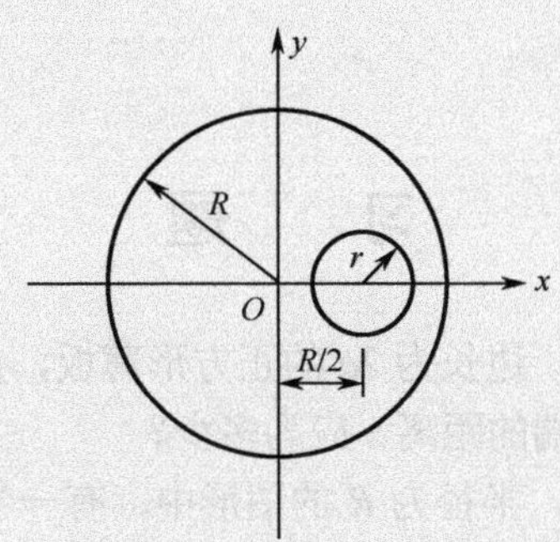

图 2-3-4　例 2-3-2 图

解： 建立图示 Oxy 坐标系，此盘的重心必在对称轴 Ox 轴上，即

$$y_c = 0$$

现将此盘分割成为半径为 R 的大圆和半径为 r 的小圆，其面积分别为 A_1、A_2，重心位置分别为 x_1、x_2，则

$$A_1 = \pi R^2,\ x_1 = 0$$

$$A_2 = -\pi r^2,\ x_2 = \frac{R}{2}$$

于是圆盘重心 C 的 x 坐标为

$$x_c = \frac{x_1 A_1 + x_2 A_2}{A_1 + A_2} = \frac{0 \times \pi R^2 + \frac{R}{2} \times (-\pi r^2)}{\pi R^2 - \pi r^2} = -\frac{Rr^2}{2(R^2 - r^2)}$$

（4）试验法测定重心

如果物体形状复杂或质量分布不均匀，其重心（或形心）常用试验法确定。

① 悬挂法。

如需求一薄板的重心，可先将板悬挂于任一点 A，如图 2-3-5（a）所示。根据二力平衡条件，重心必在过悬挂点的铅直线上，在板上画出此线。然后再将板悬挂于另一点 B，同样可画出另一直线。两直线的相交点 C 即是薄板的重心位置，如图 2-3-5（b）所示。

② 称重法。

对于形状复杂的机件，或体积很大的物体，可由称重法求其重心。图 2-3-6 所示为一发动机连杆，先用磅秤称出其重量 $\boldsymbol{G}$，然后将其一端支于固定的支点 A，另一端支于磅秤上，量出两支点间的水平距离 l，并读出磅秤上的读数 $\boldsymbol{F}_{NB}$，则由

$$F_{NB} l - G x_c = 0$$

得：$x_c = \dfrac{F_{NB} l}{G}$。

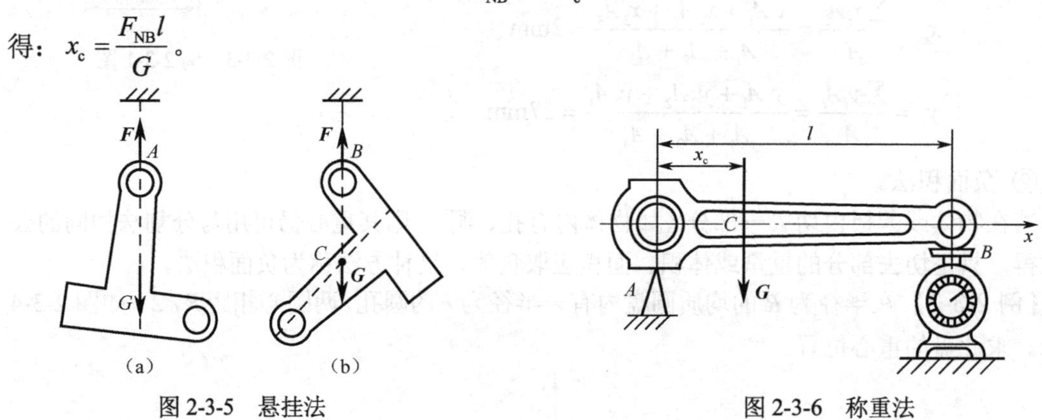

图 2-3-5　悬挂法　　　　图 2-3-6　称重法

习　题

2-3-1　如图习题 2-3-1 所示，边长为 $2a$ 的正方形薄板，截去四分之一后悬挂在点 A 上，欲使 AB 保持水平，则点 A 距右端的距离 x 应为多少？

2-3-2　如图习题 2-3-2 所示，半径为 R 的图形中，有一半径为 r 的偏心小圆孔，偏心距为 e，求该图形的形心。

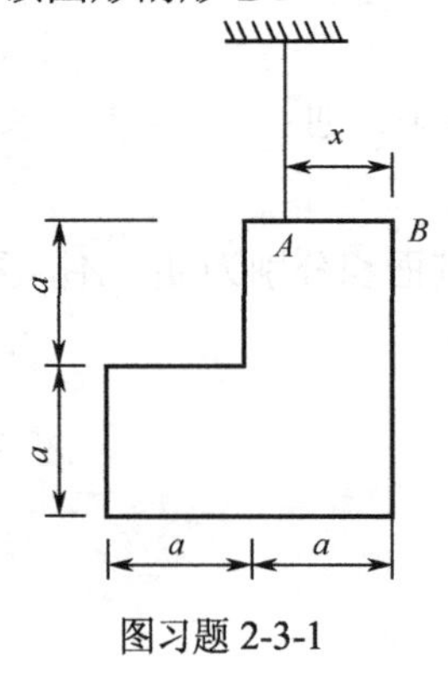

图习题 2-3-1

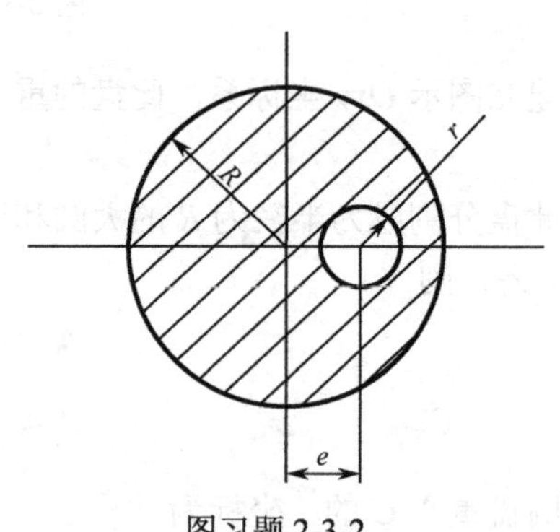

图习题 2-3-2

2-3-3　房屋建筑中，为隔音而采用的空心三角形楼梯踏步如图习题 2-3-3 所示，试确定其横截面的形心位置。

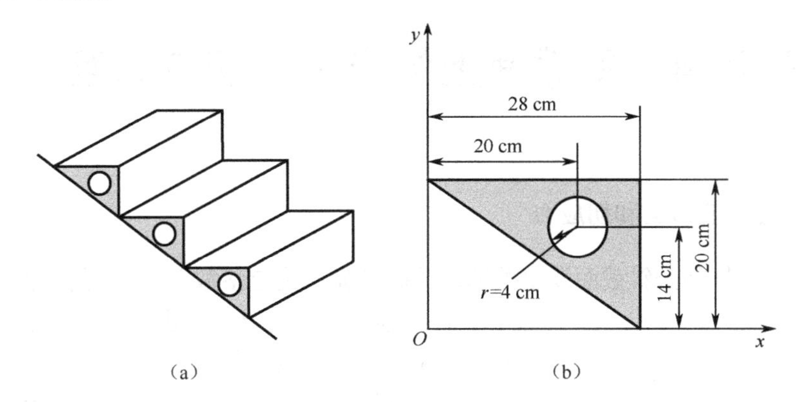

图习题 2-3-3

2-3-4　试确定图习题 2-3-4 所示平面图形的形心位置。

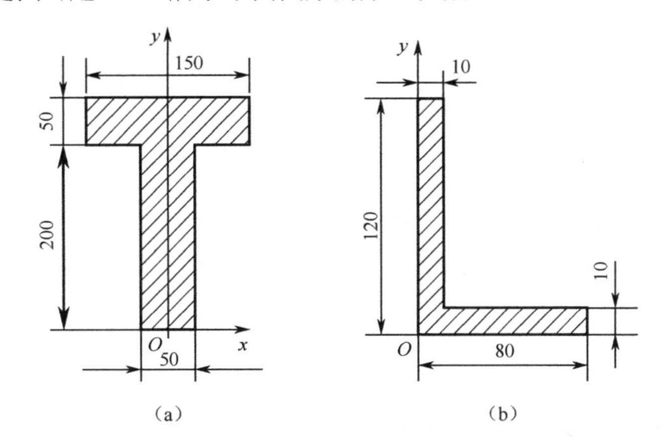

图习题 2-3-4

2-3-5　试确定图习题 2-3-5 所示平面图形的形心位置。

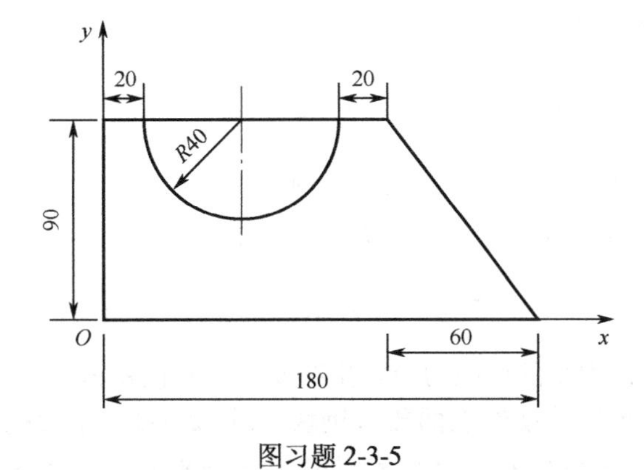

图习题 2-3-5

拓展知识 4　斜截面上的应力、切应力互等定律

1. 斜截面上的正应力和切应力

有时拉（压）杆件沿斜截面发生破坏，此时应如何确定斜截面 k-k 上的应力？

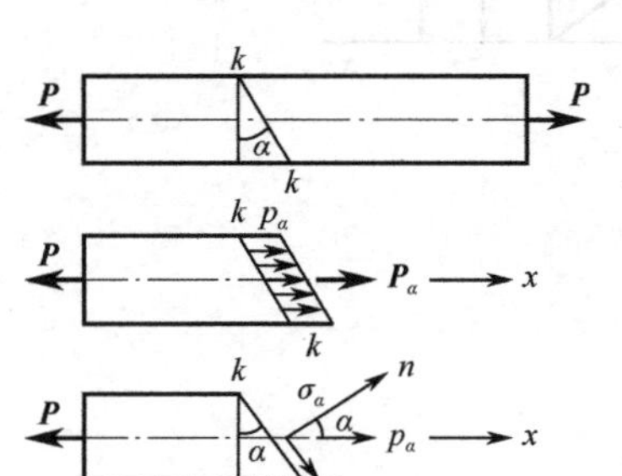

图 2-4-1　斜截面上的应力

设等直杆的轴向拉力为 $\boldsymbol{P}$（如图 2-4-1 所示），横截面面积为 A，由于 k-k 截面上的内力仍为 $P_\alpha = P$，而且由斜截面上沿 x 方向伸长变形仍均匀分布可知，斜截面上应力仍均匀分布。

若以 p_α 表示斜截面 k-k 上的应力，于是有

$$p_\alpha = \frac{P_\alpha}{A_\alpha}$$

而 $A_\alpha = \dfrac{A}{\cos\alpha}$，所以

$$p_\alpha = \frac{P_\alpha}{A}\cos\alpha = \sigma\cos\alpha$$

将斜截面上全应力 p_α 分解成正应力 σ_α 和切应力 τ_α，有

$$\sigma_\alpha = p_\alpha\cos\alpha = \sigma\cos^2\alpha \qquad (2\text{-}4\text{-}1)$$

$$\tau_\alpha = p_\alpha\sin\alpha = \frac{\sigma}{2}\sin 2\alpha \qquad (2\text{-}4\text{-}2)$$

α、σ_α、τ_α 正负号规定如下：

① α：自 x 轴逆时针转向斜截面外法线 n，α 为正；反之为负。

② σ_α：拉应力为正，压应力为负。

③ τ_α：取保留截面内任一点为矩心，当 τ_α 对矩心顺时针转动时为正；反之为负。

2. 最大正应力、最大切应力

（1）当 $\alpha = 0°$ 时，横截面上，$\sigma_{\alpha\max} = \sigma$，$\tau_\alpha = 0$。

（2）当 $\alpha = 45°$ 时，斜截面上，$\sigma_\alpha = \dfrac{\sigma}{2}$，$\tau_{\alpha\max} = \dfrac{\sigma}{2}$。

（3）当 $\alpha = 90°$ 时，纵向截面上，$\sigma_\alpha = 0$，$\tau_\alpha = 0$。

结论：对于轴向拉（压）杆，$\sigma_{\alpha\max} = \sigma$，发生在横截面上；$\tau_{\alpha\max} = \dfrac{\sigma}{2}$，发生在沿顺时针转 45° 的斜截面上。同样大小的切应力也发生在 $\alpha = -45°$ 的斜截面上。

【例 2-4-1】木立柱承受压力 $\boldsymbol{P}$，上面放有钢块。如图 2-4-2 所示，钢块截面积 A_1 为 $2\times2\text{cm}^2$，已知钢块承受压应力 $\sigma_{钢} = 35\,\text{MPa}$，木柱截面积 $A_2 = 8\times8\,\text{cm}^2$，求木柱顺纹方向切应力大小及指向。

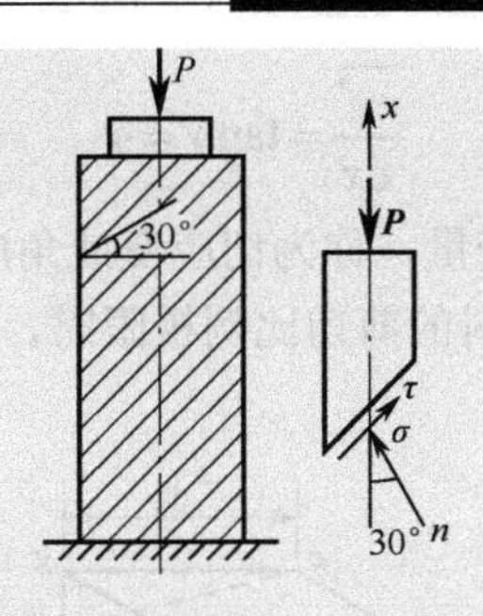

图 2-4-2　例 2-4-1 图

解：（1）计算木柱压力 ***P***，由 $\sigma_{钢}=\dfrac{P}{A_1}$，所以

$$P=\sigma_{钢}\cdot A_1=35\times10^6\times2\times2\times10^{-4}=14\text{kN}\ （压力）$$

（2）计算木柱的切应力。

横截面上：$\sigma=\dfrac{P}{A_2}=\dfrac{14\times10^3}{64\times10^{-4}}\times10^{-6}=2.19\text{MPa}$（压应力）

则 $\tau_{30^\circ}=\dfrac{\sigma}{2}\sin(2\times30^\circ)=0.95\text{MPa}$，指向如图 2-4-2 所示。

3. 切应力互等定理

如图 2-4-3 所示，当 $\alpha_1=\alpha+90°$ 时，则

$$\sigma_{\alpha+90^\circ}=\sigma\cos^2(\alpha+90^\circ)=\sigma\sin^2\alpha$$

$$\tau_{\alpha+90^\circ}=\frac{1}{2}\sigma\sin^2(\alpha+90^\circ)=-\frac{\sigma}{2}\sigma\sin2\alpha$$

因此得 $\tau_{\alpha+90^\circ}=-\tau_\alpha$。

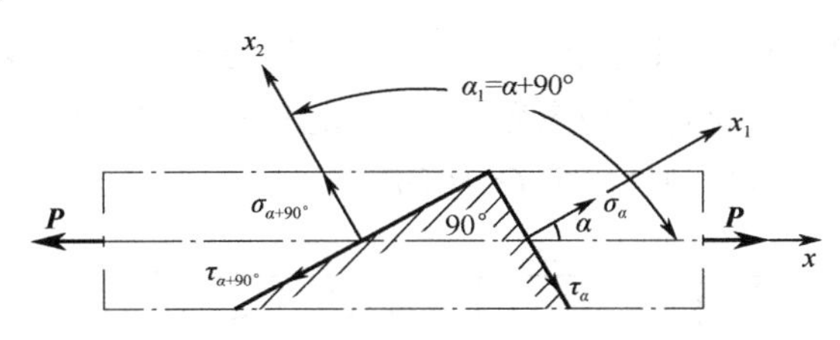

图 2-4-3　切应力互等定理

上式表达了切应力互等定理：杆上某点在任意两相互垂直截面上的切应力，大小相等，符号相反。说明两相互垂直截面上的切应力必定同时存在（$\tau_\alpha\neq0$，$\tau_{\alpha+90^\circ}\neq0$）或同时不存在（$\tau_\alpha=0$，$\tau_{\alpha+90^\circ}=0$），即所谓的成对出现。且它们的矢量箭头必同时指向或背离两互相垂直截面的交线。尽管切应力互等定理是在拉（压）杆的特定场合得到的，但其具有普遍意义，在其他场合，也都可以证明它的存在。

4. 剪切胡克定律

为便于分析剪切变形，在构件受剪部位取一微小正六面体（单元体）研究。剪切变形时，截面产生相对错动，使正六面体变为平行六面体，如图 2-4-4（b）所示。在切应力的作用下，单元体的右面相对于左面产生错动，其错动量为绝对剪切变形，而相对变形为

$$\frac{\overline{ee'}}{\mathrm{d}x}=\tan\gamma\approx\gamma$$

式中，γ是矩形直角的微小改变量，称为切应变或角应变，用弧度（rad）度量。

试验表明：当切应力不超过材料的剪切比例极限时，切应力τ与切应变γ成正比关系，如图 2-4-4（c）所示，即$\tau \propto \sigma$ 。

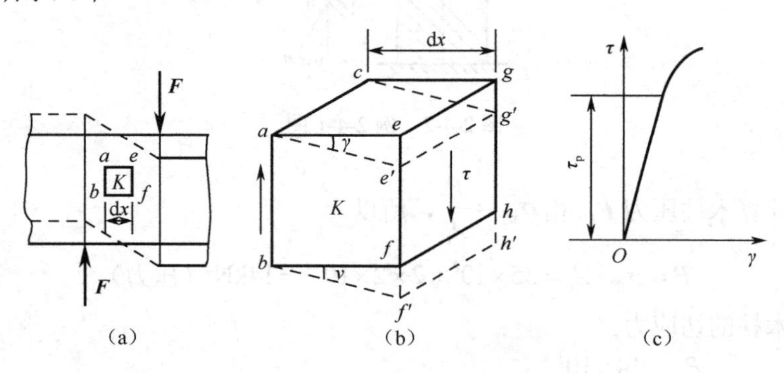

图 2-4-4　剪切胡克定律

引入比例常数 G，得：

$$\tau = G\gamma \tag{2-4-3}$$

这就是剪切胡克定律的表达式。比例常数 G 称做剪切弹性模量，单位与 E 的单位相同。当切应力τ不变时，G 越大，切应变γ就越小，所以 G 表示材料抵抗剪切变形的能力。一般钢材的 G 约为 80GPa。

可以证明，对于各向同性的材料，G、E 和μ不是各自独立的三个弹性常量，它们之间有如下关系：

$$G=\frac{E}{2(1+\mu)}$$

【例 2-4-2】 如图 2-4-5 所示边长为 a 的正方形微体处于纯切应力状态，由试验测出对角线 AC 的正应变σ=3.0×10^{-4}，试计算切应变γ（即直角三角形 BAD 的改变量）以及作用在微体上的切应力τ。已知材料的剪切弹性模量 G=80GPa。

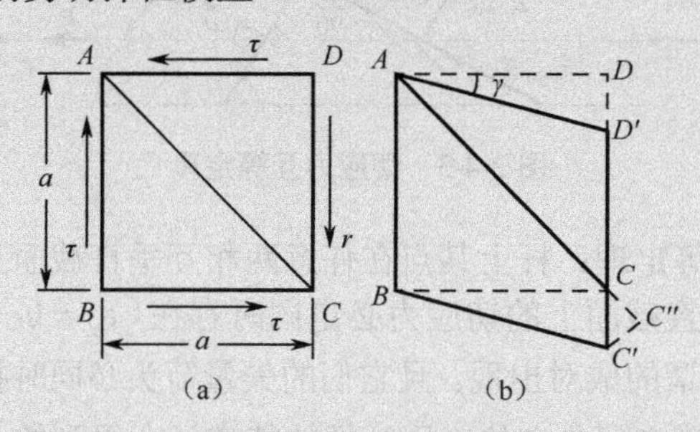

图 2-4-5　例 2-4-2 图

解：（1）先画出微体的变形图 2-4-5（b），侧面 DC 相对 AB 发生错动，此时 C 移至 C'，D 移至 D'，出现切应变γ；对角线 AC 伸长，用切线代圆弧的方法从 C'向 AC 的延长线作垂线交于 C''，显然$\overline{CC''}$即代表对角线 AC 的伸长量。$\overline{CC''}=\overline{AC}\cdot\varepsilon=\sqrt{2}a\varepsilon$。

（2）根据图 2-4-5（b）的几何关系可得出下式：

$$\gamma=2\varepsilon=2\times3\times10^{-4}=6\times10^{-4}\,\text{rad}$$

提示：在小变形条件下，$\tan\gamma \approx \gamma$。

（3）由剪切胡克定律得：

$$\tau = G\gamma = 80 \times 10^3 \times 6 \times 10^{-4} = 48\text{MPa}$$

习　　题

2-4-1　（1）图习题 2-4-1 中杆件受力 ***P*** 作用，则三个指定截面的内力（　　）。

（A）全相等

（B）I-I 截面与 II-II 截面相等，但小于 III-III 截面

（C）全不相等

（D）I-I 截面与 II-II 截面相等，但大于 III-III 截面

（2）图习题 2-4-1 中，设内力在各截面均匀分布，则三个指定截面上的应力（　　）。

（A）全相等　　　　（B）全不相等

（C）I-I 截面与 II-II 截面相等，但小于 III-III 截面

2-4-2　等截面直杆受力 ***F*** 作用发生拉伸变形。已知杆件横截面积为 *A*，则横截面上的正应力和 45° 斜截面上的正应力分别为（　　）。

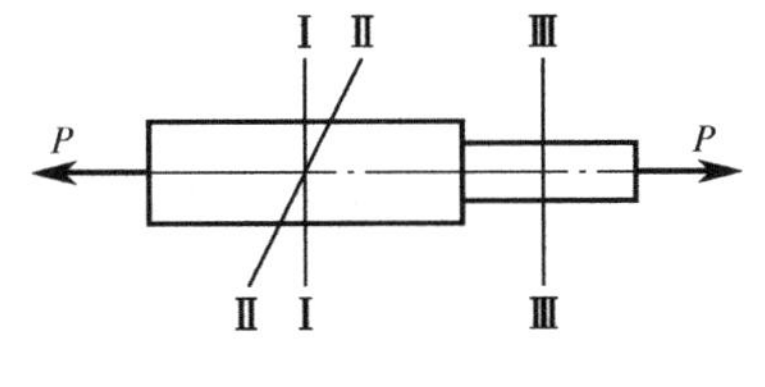

图习题 2-4-1

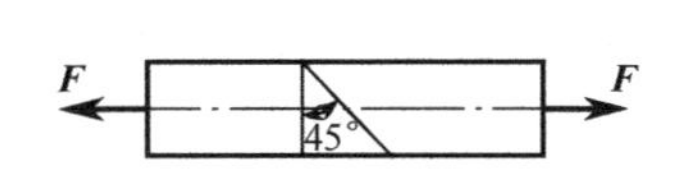

图习题 2-4-2

（A）$\dfrac{F}{A}$，$\dfrac{F}{2A}$　　（B）$\dfrac{F}{A}$，$\dfrac{F}{\sqrt{2}A}$　　（C）$\dfrac{F}{2A}$，$\dfrac{F}{2A}$　　（D）$\dfrac{F}{A}$，$\dfrac{\sqrt{2}F}{A}$

2-4-3　图习题 2-4-3 所示杆件，受轴向载荷 *F*=200kN 作用，斜截面 *AB* 与杆的上边界 *ED* 成 40°，请计算斜截面 *AB* 以及与 *AB* 垂直的斜截面 *BC* 上的正应力和剪应力。

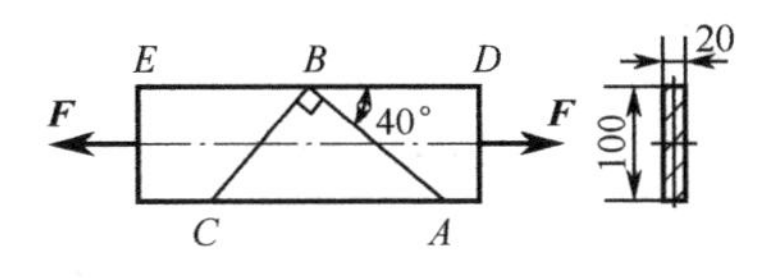

图习题 2-4-3

2-4-4　切应力互等定理是由单元体（　　）导出的。

（A）静力平衡关系　　（B）几何关系　　（C）物理关系　　（D）强度条件

拓展知识 5　截面的几何性质

杆的横截面面积 A、极惯性矩 I_p、抗扭截面系数 W_n 等，都是与截面形状和尺寸有关的几何量，称为截面的几何性质，是杆件强度、刚度计算中不可缺少的几何参数。在弯曲等问题的计算中，还要遇到截面的另一些几何性质，因此，本章介绍它们的概念和计算。

1. 形心和面矩

（1）形心。研究截面的几何性质，首先要确定其形心。由理论力学可知，形心是截面图形的几何中心，其位置仅与截面的形状和尺寸大小有关。设截面面积为 A，C 为其形心（图 2-5-1），则形心 C 的坐标公式为

$$x_c=\frac{\int_A x\mathrm{d}A}{A}$$
$$y_c=\frac{\int_A y\mathrm{d}A}{A} \qquad (2\text{-}5\text{-}1)$$

式（2-5-1）表明，当截面有对称轴时，形心必位于对称轴上；若截面有两个对称轴，则两个对称轴的交点即为形心。

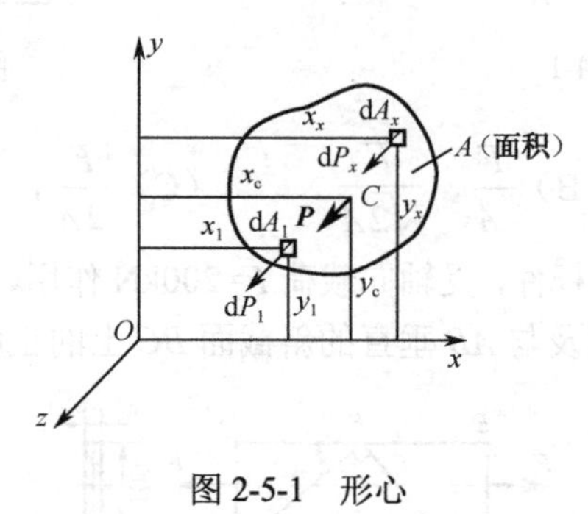

图 2-5-1　形心

（2）面矩。式（2-5-1）中 $x\mathrm{d}A$ 和 $y\mathrm{d}A$，分别称为微面积 $\mathrm{d}A$ 对 y 轴和 x 轴的面矩（或静矩，或一次矩）。定积分 $\int_A x\mathrm{d}A$ 和 $\int_A y\mathrm{d}A$，分别称为整个截面对 y 轴和 x 轴的面矩，以符号 S_y 与 S_x 表示。由式（2-5-1）可得

$$S_y=\int_A x\mathrm{d}A=Ax_c$$
$$S_x=\int_A y\mathrm{d}A=Ay_c \qquad (2\text{-}5\text{-}2)$$

即截面对某轴的面矩，等于其微面积面矩的代数和，或等于其面积 A 与形心至该轴距离（x_c 或 y_c）的乘积。

将上式中截面面积 A 与其微面积 $\mathrm{d}A$ 分别用合力 $\boldsymbol{P}$ 及其分力 $\mathrm{d}P$ 代替，可知面矩和力矩在性质、计算方法等方面相似。

由式（2-5-2）可知：

（1）面矩的大小，不仅与截面面积有关，且取决于参考轴的位置，它可为正值，可为负值，也可为零。其量纲为米^3（m^3）或毫米^3（mm^3）。

（2）当坐标轴通过其形心（称为形心轴）时，截面对该轴的面矩等于零；反之，若截面对某轴的面矩为零，则该轴必通过截面的形心。

【例 2-5-1】 试计算图 2-5-2 所示 *T* 形截面的形心坐标，以及形心轴以上和以下两部分截面对水平形心轴的面矩。

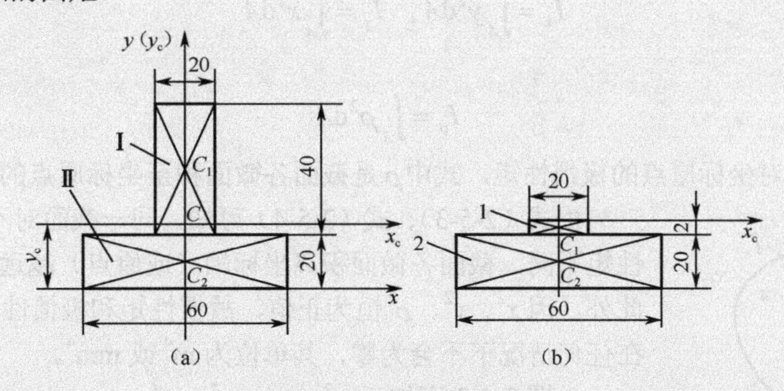

图 2-5-2　例 2-5-1 图

解：（1）求形心 *C* 的位置。首先取参考坐标系，取截面的对称轴为 *y*，与底边相重合的轴为 *x*。形心位于 *y* 轴上，x_c=0，故只需计算形心的 y_c 坐标。然后将截面分为Ⅰ、Ⅱ两个矩形（见图 2-5-2（a））。它们对 *x* 轴的面矩分别为

$$S_{\mathrm{I}} = 40 \times 20 \times \left(20 + \frac{40}{2}\right) = 32000\mathrm{mm}^3$$

$$S_{\mathrm{II}} = 60 \times 20 \times \left(\frac{20}{2}\right) = 12000\mathrm{mm}^3$$

根据面矩的定义，整个截面对 *x* 轴的面矩等于Ⅰ、Ⅱ两矩形对 *x* 轴面矩的代数和，即 $S_x = S_{\mathrm{I}} + S_{\mathrm{II}} = 32000 + 12000 = 44 \times 10^3 \mathrm{mm}^3$。

整个截面的面积为 $A = A_{\mathrm{I}} + A_{\mathrm{II}} = 40 \times 20 + 60 \times 20 = 2000\mathrm{mm}^2$。

运用式（2-5-1）、式（2-5-2）得：

$$y_c = \frac{\int_A y\mathrm{d}A}{A} = \frac{S_x}{A} = \frac{44 \times 10^3}{2 \times 10^3} = 22\mathrm{mm}$$

由于对称，x_c=0。

通过形心 *C* 的一对互相垂直的坐标轴 x_c、y_c，称为截面的形心轴（见图 2-5-2（a））。

（2）计算面矩。设 S_1 和 S_2 分别代表 x_c 轴以上和以下两部分截面对 x_c 轴的面矩。

$$S_1 = 20 \times (40 + 20 - 22) \times \left(\frac{40 + 20 - 22}{2}\right) = 14440\mathrm{mm}^3$$

为了求 S_2，将形心轴 x_c 以下的截面分为 1、2 两个矩形（见图 2-5-2（b））。S_2 为该两矩形对 x_c 轴的面矩的代数和，即

$$S_2 = 20 \times 2 \times (-1) + 60 \times \left[-\left(\frac{20}{2} + 2\right)\right] = -40 + (-14400) = -14440\mathrm{mm}^3$$

计算结果表明，S_1=$-S_2$。请读者思考，此结论对其他形状的截面是否也成立，为什么？

2. 惯性矩和惯性半径

（1）惯性矩和极惯性矩。如图 2-5-3 所示，微面积 dA 与其坐标平方的乘积 $y^2\mathrm{d}A$ 和 $x^2\mathrm{d}A$ 分别称为微面积 dA 对 x 轴和 y 轴的惯性矩。定积分 $\int_A y^2\mathrm{d}A$ 和 $\int_A x^2\mathrm{d}A$ 分别为整个截面对 x 轴和 y 轴的惯性矩，以符号 I_x 和 I_y 表示，即

$$I_x = \int_A y^2\mathrm{d}A\text{，}\quad I_y = \int_A x^2\mathrm{d}A \tag{2-5-3}$$

定积分为

$$I_\mathrm{p} = \int_A \rho^2\mathrm{d}A \tag{2-5-4}$$

I_p 称为截面对坐标原点的极惯性矩，式中 ρ 是截面各微面积至坐标原点的距离。

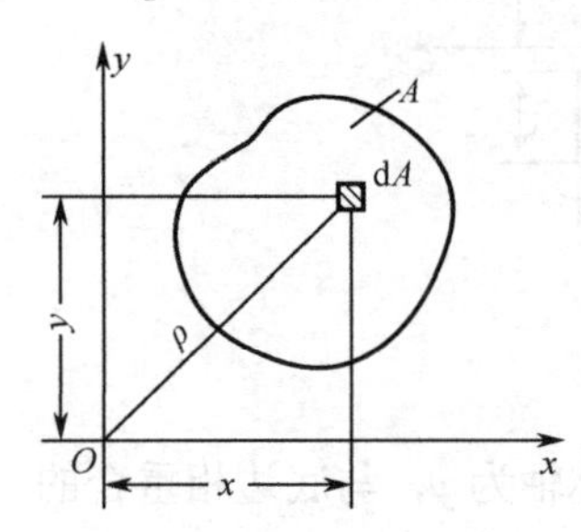

图 2-5-3　惯性矩和极惯性矩

由式（2-5-3）、式（2-5-4）可知，同一截面对不同坐标轴的惯性矩不同，截面各微面积离坐标轴（或原点）越远，惯性矩越大。此外，因 x^2、y^2、ρ^2 恒为正值，故惯性矩和极惯性矩也恒为正值，在任何情况下不会为零，其单位为 m^4 或 mm^4。

由图 2-5-3 可知，$\rho^2 = x^2 + y^2$。故

$$I_\mathrm{p} = \int_A \rho^2\mathrm{d}A = \int_A (x^2+y^2)\mathrm{d}A = \int_A x^2\mathrm{d}A + \int_A y^2\mathrm{d}A$$

即

$$I_\mathrm{p} = I_x + I_y \tag{2-5-5}$$

式（2-5-5）表明，截面对其平面内任一点的极惯性矩 I_p，等于该截面对同一平面内该点的任一对正交轴的惯性矩之和。因此，尽管过一点可作无数对正交轴，但截面对任一对正交轴的惯性矩之和不变，其值皆等于截面对该点的极惯性矩。

（2）惯性半径。工程中，常将截面对某轴的惯性矩表示为该截面面积 A 与某一长度平方的乘积，即

$$I_x = Ai_x^2\text{，}\quad I_y = Ai_y^2 \tag{2-5-6}$$

或

$$i_x = \sqrt{\frac{I_x}{A}}\text{，}\quad i_y = \sqrt{\frac{I_y}{A}}$$

式中，i_x 和 i_y 分别称为截面对 x 和 y 轴的惯性半径，单位为米（m）或毫米（mm）。由上式可知，惯性半径越大，截面对该轴的惯性矩也越大。

（3）简单形状截面的惯性矩。

① 矩形：设矩形的高为 h，宽为 b（见图 2-5-4），求其对形心轴 x_c、y_c 的惯性矩。

计算矩形对形心轴 x_c 的惯性矩 I_x 时，可取高为 dy、宽为 b 的矩形微面积，其微面积为

$$\mathrm{d}A = b\mathrm{d}y$$

代入式（2-5-3），得：

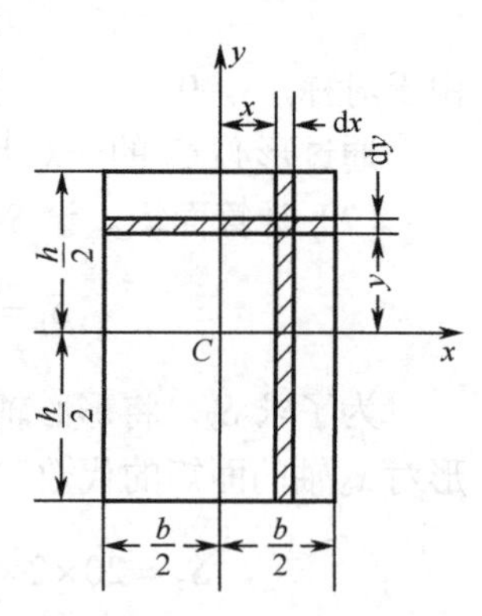

图 2-5-4　矩形惯性矩

$$I_x = \int_A y^2 \mathrm{d}A = \int_{-\frac{h}{2}}^{\frac{h}{2}} y^2 b \mathrm{d}y = b\left[\frac{y^3}{3}\right]_{-\frac{h}{2}}^{\frac{h}{2}} = \frac{bh^3}{12}$$

同理可得矩形对形心轴 y_c 的惯性矩 $I_y = \dfrac{hb^3}{12}$。

截面对形心轴的惯性矩，称为形心惯性矩。

② 圆形：设圆的直径为 d（见图 2-5-5），求其对圆心的极惯性矩 I_p 和形心惯性矩 I_x、I_y，惯性半径 i_x 和 i_y。

计算对圆心的极惯性矩时，可取半径为 ρ、宽为 $\mathrm{d}\rho$ 的环形微面积，其微面积为

$$\mathrm{d}A = 2\pi\rho\mathrm{d}\rho$$

由式（2-5-4）可得：

$$I_p = \int_A \rho^2 \mathrm{d}A = \int_0^{\frac{d}{2}} 2\pi\rho^3 \mathrm{d}\rho = \frac{\pi d^4}{32} \approx 0.1d^4$$

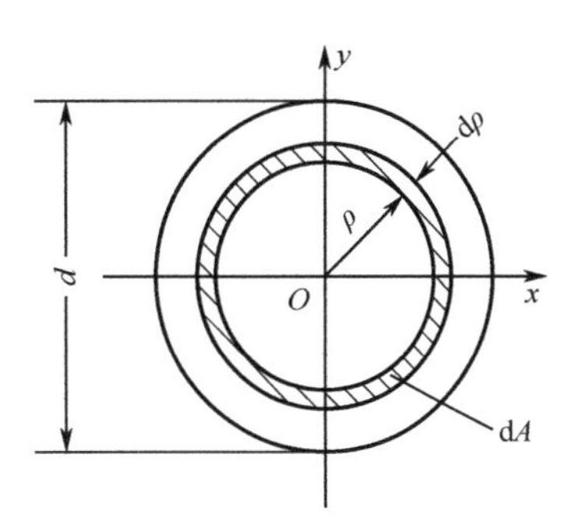

图 2-5-5　圆形惯性矩

由圆的对称性可知 $I_x = I_y$。由 $I_p = I_x + I_y$，得：

$$I_x = I_y = \frac{1}{2}I_p = \frac{\pi d^4}{64}$$

由式（2-5-6）可得：

$$i_x = i_y = \sqrt{\frac{I_y}{A}} = \sqrt{\frac{\pi d^4/64}{\pi d^2/4}} = \frac{d}{4}$$

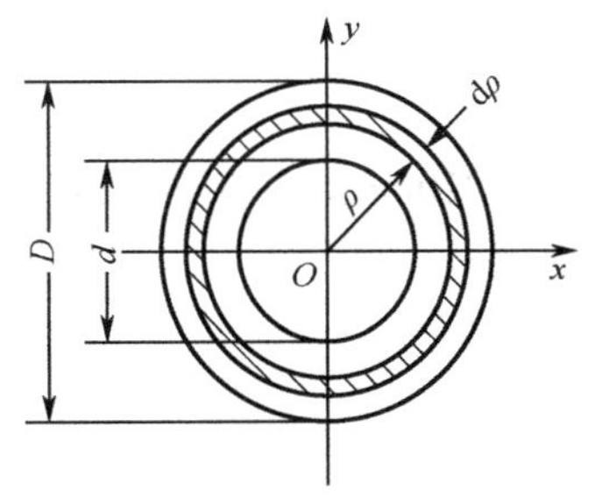

图 2-5-6　圆环形惯性矩

③ 圆环形。设圆环外径为 D，内径为 d，求 I_p 和 I_x、I_y，如图 2-5-6 所示。

$$I_p = \int_A \rho^2 \mathrm{d}A = \int_{\frac{d}{2}}^{\frac{D}{2}} 2\pi\rho^3 \mathrm{d}\rho = \frac{\pi}{32}(D^4 - d^4) = \frac{\pi D^4}{32}(1-\alpha^4)$$

$$I_x = I_y = \frac{1}{2}I_p = \frac{\pi D^4}{64}(1-\alpha^4)$$

式中，$\alpha = \dfrac{d}{D}$。

3. 组合截面的惯性矩

（1）平行移轴公式。同一截面图形对两个互相平行坐标轴的惯性矩虽然不同，但它们之间存在一定的关系。如图 2-5-7 所示，设截面面积为 A，形心为 C，形心轴 x_c 和 y_c 分别与任意坐标轴 x、y 平行，距离为 a、b。因此 $y_1=y+a$，$x_1=x+b$。截面对 x 轴的惯性矩为

$$I_x = \int_A {y_1}^2 \mathrm{d}A = \int_A (y+a)^2 \mathrm{d}A = \int_A y^2 \mathrm{d}A + 2a\int_A y\mathrm{d}A + a^2\int_A \mathrm{d}A$$

式中，$\int_A y^2 \mathrm{d}A = I_{xc}, \int_A y\mathrm{d}A = S_{xc}, \int_A \mathrm{d}A = A$。$I_{xc}$、$S_{xc}$ 为截面对形心轴的惯性矩和面矩。由于 xc 为形心轴，$S_{xc}=0$，故得：

$$I_x = I_{xc} + a^2 A$$

同理：

$$I_y = I_{yc} + b^2 A \qquad (2\text{-}5\text{-}7)$$

式（2-5-7）称为平行移轴公式。即截面对于任一轴的惯性矩，等于平行该轴的形心轴惯性矩和两轴距离平方与面积的乘积之和。由于 a^2A（b^2A）恒为正值，因此，截面对形心轴的惯性矩最小。

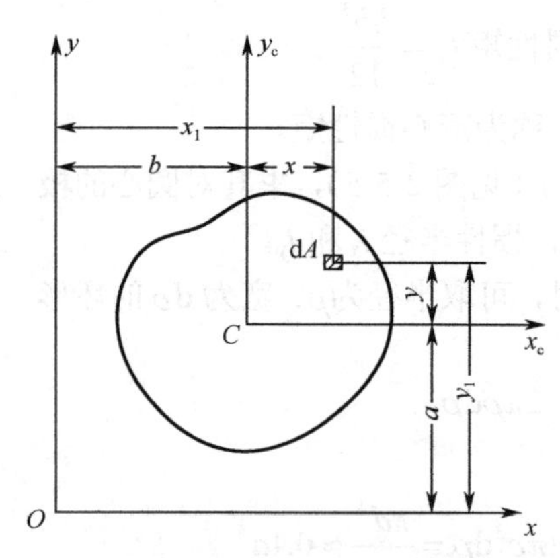

图 2-5-7　平行移轴公式

（2）组合截面的惯性矩。由矩形、圆形等简单形状截面组合而成的截面，称为组合截面。由惯性矩定义可知，组合截面对某轴的惯性矩等于各简单形状截面对同一轴惯性矩之和。即

$$I_x = I_{1x} + I_{2x} + \cdots + I_{nx} = \sum_{i=1}^{n} I_{ix} \tag{2-5-8}$$

下面举例说明组合截面惯性矩的计算方法。

【例 2-5-2】 截面（见图 2-5-8（a））的尺寸为 H_1=250mm，H_2=210mm，H_3=150mm，b_1=180mm，b_2=40mm，b_3=20mm。试求该截面对形心轴 x_c 轴的惯性矩。

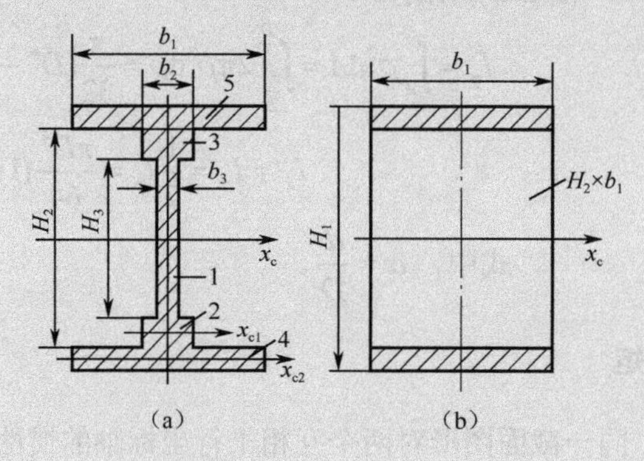

图 2-5-8　例 2-5-2 图

解：（1）将截面分割成简单形状截面。该截面可分割成五个矩形，其中 2 与 3、4 与 5 相同。它们的宽×高分别为 $b_3 \times H_3$、$1/2(H_2-H_3) \times b_2$、$1/2(H_1-H_2) \times b_1$。

（2）计算各矩形对 x_c 轴的惯性矩，设矩形 1 的惯性矩为 I_1，则

$$I_1 = \frac{b_3 H_3^3}{12} = \frac{20 \times 150^3}{12} = 5625 \times 10^3 \text{mm}^4$$

矩形 2 与 3 的惯性矩相同，设为 I_2，由于 x_c 轴不通过它们的形心，所以运用平行移轴公式：

$$I_2 = I_{xc1} + A_1 a_1^2 = \frac{b_2}{12}\left[\frac{1}{2}(H_2 - H_3)\right]^3 + \frac{1}{2}(H_2 - H_3) \times b_2 \times \left[\frac{1}{4}(H_2 + H_3)\right]^2$$

$$=\frac{40}{12}\left[\frac{1}{2}(210-150)\right]^3+\frac{1}{2}(210-150)\times40\times\left[\frac{1}{4}(210+150)\right]^2=981\times10^4\,\text{mm}^4$$

矩形4与5的惯性矩相同，设为I_3，则

$$I_3=I_{xc2}+A_2a_2^2=\frac{b_1}{12}\left[\frac{1}{2}(H_1-H_2)\right]^3+\frac{1}{2}(H_1-H_2)\times b_1\times\left[\frac{1}{4}(H_1+H_2)\right]^2$$

$$=\frac{180}{12}\left[\frac{1}{2}(250-210)\right]^3+\frac{1}{2}(250-210)\times180\times\left[\frac{1}{4}(250+210)\right]^2=4773\times10^4\,\text{mm}^4$$

（3）整个截面对x_c轴的惯性矩为I，则

$$I=I_1+2I_2+2I_3=5625\times10^3+2\times981\times10^4+4773\times10^4=121\times10^6\,\text{mm}^4$$

I_2与I_3也可采用“负面积法”计算。例如，计算I_3时，可将矩形4、5视为由矩形$H_1\times b_1$减去矩形$H_2\times b_1$组成的。x_c轴也是它们的形心轴（见图2-5-8（b）），因此：

$$2I_3=\frac{b_1H_1^3}{12}-\frac{b_1H_2^3}{12}=\frac{180\times250^3}{12}-\frac{180\times210^3}{12}=9546\times10^4\,\text{mm}^4$$

$$I_3=4773\times10^4\,\text{mm}^4$$

计算结果相同，说明惯性矩的计算方法与面矩类同，当把组合截面视为简单形状截面之和时，其惯性矩等于各简单形状截面惯性矩之和（算术和）；当组合截面视为简单形状截面之差时，其惯性矩等于简单形状截面惯性矩之差（所谓“负面积”法）。当截面上有孔或槽时，需采用“负面积法”计算。该例若采用“负面积法”计算，就无须运用平行移轴公式，计算过程较简单。请读者运用“负面积法”列出$2I_2$以及整个截面I的计算式。

【例2-5-3】 杆由16号槽钢与工字钢组成，其截面如图2-5-9所示，试求截面对形心轴x_c、y_c的惯性矩。

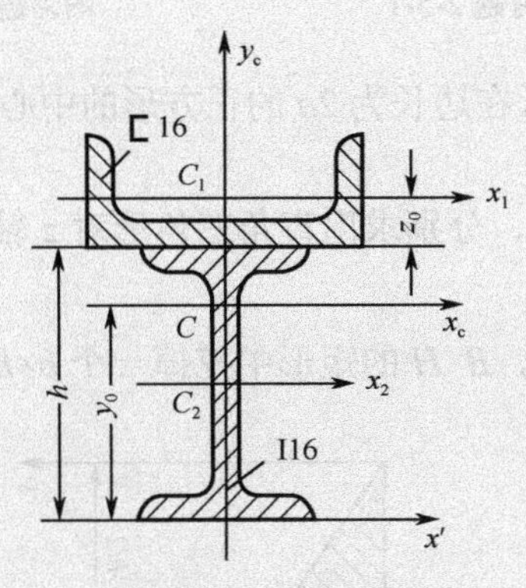

图2-5-9　例2-5-3图

解：计算形心C的位置。取截面下边为参考轴x'，轴y_c为该图形的对称轴，形心位于y_c轴上，x_c=0，故只需计算形心坐标y_c。

整个截面由槽钢和工字钢截面组合而成。查附录A型钢表得：

16号槽钢：A_1=25.15cm^2，I_{x1}=83.4cm^4，I_{y1}=934.5cm^4，z_0=1.75cm，C_1为其形心。

16号工字钢：A_2=26.1cm^2，I_{x2}=1130cm^4，I_{y2}=93.1cm^4，h=160cm，C_2为其形心。

由式（2-5-1）得：

$$y_c = \frac{\int_A y \mathrm{d}A}{A} = \frac{S_x}{A} = \frac{25.15\times10^2\times(17.5+160)+26.1\times10^2\times\dfrac{160}{2}}{(25.15+26.1)\times10^2} = 127.9\text{mm}$$

习　题

2-5-1　图习题 2-5-1 所示 T 形截面梁，在对称面内纯弯曲。材料为低碳钢，可视做理想弹塑性。当截面内最大正应力进入材料的屈服极限后，继续加载，其中性轴位置（　　）。

（A）永过截面形心 C　　（B）从截面形心向上移

（C）从截面形心向下移　　（D）永过截面 1-1 线

2-5-2　如图习题 2-5-2 所示，由惯性矩的平行移轴公式，（　　）。写出过程或理由。

（A）$I_{z2}=I_{z1}+\dfrac{bh^3}{4}$　　（B）$I_{z2}=I_z+\dfrac{bh^3}{4}$

（C）$I_{z2}=I_z+bh^3$　　（D）$I_{z2}=I_{z1}+bh^3$

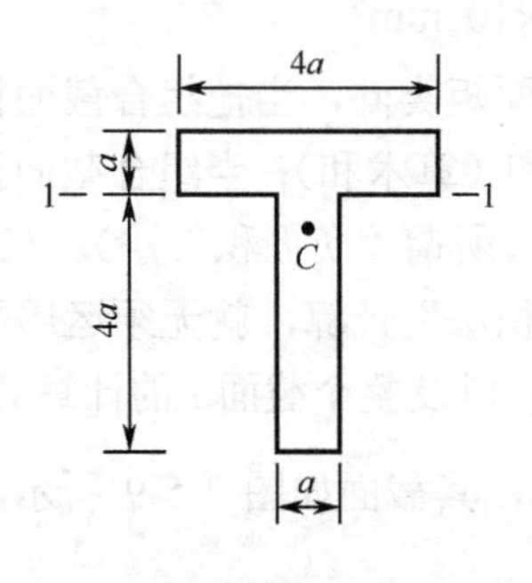

图习题 2-5-1

图习题 2-5-2

2-5-3　如图习题 2-5-3 所示，在边长为 $2a$ 的正方形的中心部挖去一个边长为 a 的正方形，求该图形对 y 轴的惯性矩。

2-5-4　如图习题 2-5-4 所示，分别求出直角三角形对 z 轴的惯性矩 I_z 及对 z_2 轴的惯性矩 I_{z2}。

2-5-5　如图习题 2-5-5 所示，$B\times H$ 的矩形中挖掉一个 $b\times h$ 的矩形，求此平面图形的 W_z。

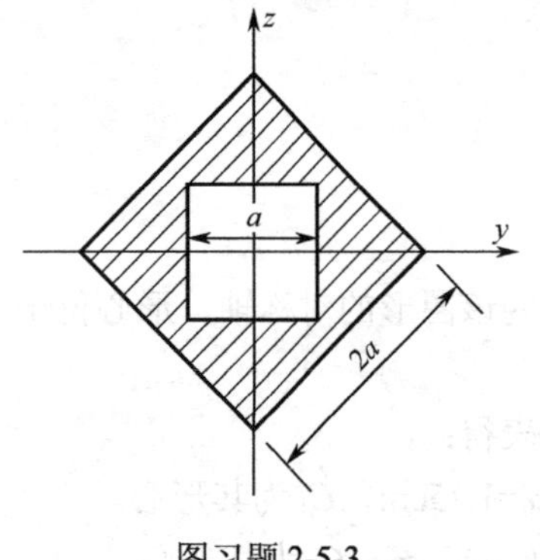

图习题 2-5-3

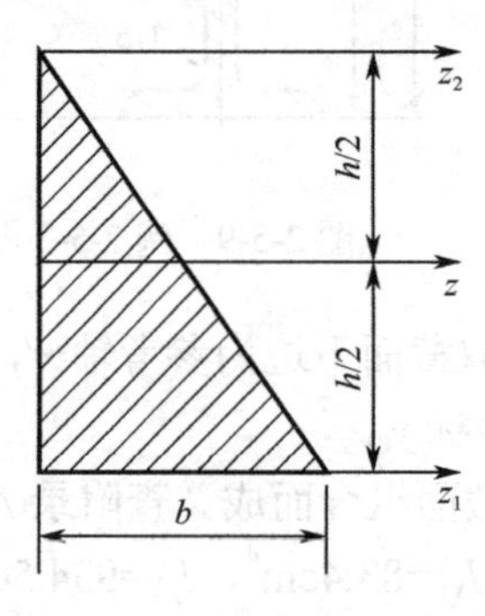

图习题 2-5-4

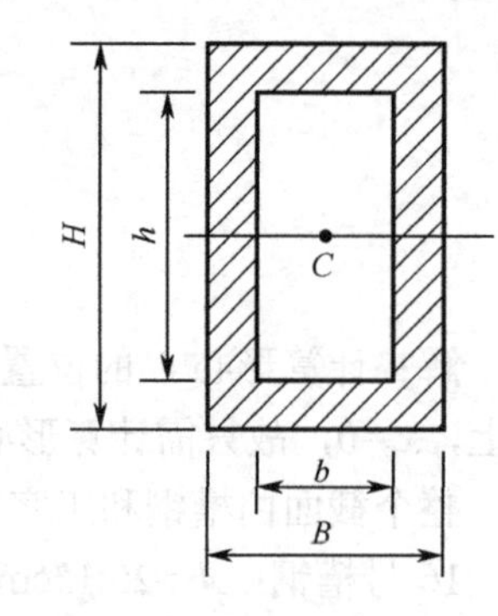

图习题 2-5-5

2-5-6　如图习题 2-5-6 所示组合图形由两个直径相等的圆截面组成，求此组合图形对形心主轴 y 的惯性矩 I_y。

2-5-7　已知图习题 2-5-7 所示截面图形的面积为 A，对 z_1 轴的惯性矩为 I_{z1}，z_c 为截面图形的形心轴，则截面图形对 z_2 轴的惯性矩 I_{z2} 为（　　）。

（A）$I_{z2}=I_{z1}+(a_1-a_2)^2A$　　（B）$I_{z2}=I_{z1}+(a_2+a_1)^2A$

（C）$I_{z2}=I_{z1}+(a_2^2-a_1^2)A$　　（D）$I_{z2}=I_{z1}+(a_2^2+a_1^2)A$

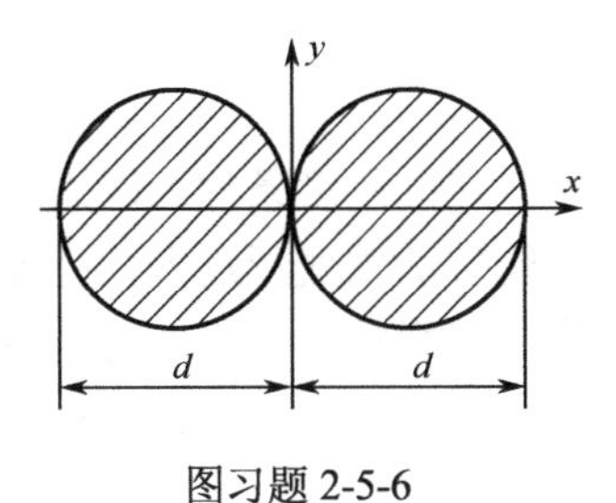

图习题 2-5-6

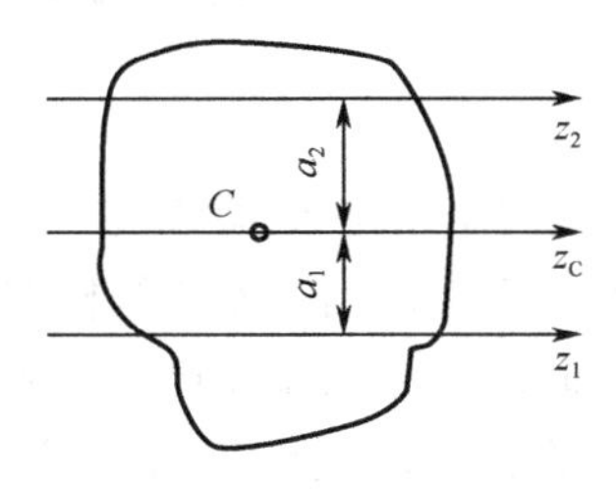

图习题 2-5-7

拓展知识 6　梁的变形及提高梁弯曲刚度的措施

在工程实际中，某些机器或机构中的构件需要满足一定的刚度条件。因为对某些构件而言，刚度条件将直接影响机器或机构的工作精度，如齿轮传动轴变形过大，会使齿轮不能正常啮合，工作时产生振动和噪声；机床主轴刚度不够将严重影响加工工件的精度；机械加工中刀杆或工件的变形会产生较大的制造误差等。因此研究梁的弯曲变形是十分必要的。

1. 挠度和转角

度量梁弯曲变形的两个基本量是挠度和转角。研究表明，对于较长的弯曲梁，其产生弯曲变形的主要因素是弯矩，而剪力的影响一般可以忽略不计。以悬臂梁为例（图 2-6-1），变形前梁的轴线为直线 AB，m-m 截面是梁的某一横截面；变形后直线 AB 为光滑的连续曲线 AB_1，m-m 截面转到了 m_1-m_1 的位置。轴线 AB 上各点在 y 方向产生了位移，该位移称为挠度，用 y 表示。如图 2-6-1 中的 CC_1 即为 C 点的挠度，一般规定向上的挠度为正，向下的挠度为负，挠度的单位为 mm。在弯曲变形过程中，梁的横截面绕中性轴相对于原来位置转过的角度称为该截面的转角，转角用 θ 表示，如图 2-6-1 中的 θ 即为 m-m 截面的转角，转角的单位为 rad。一般规定逆时针转的转角为正，顺时针转的转角为负。可以看出，转角的大小与挠曲线上的 C_1 点的切线与 x 轴的夹角相等。

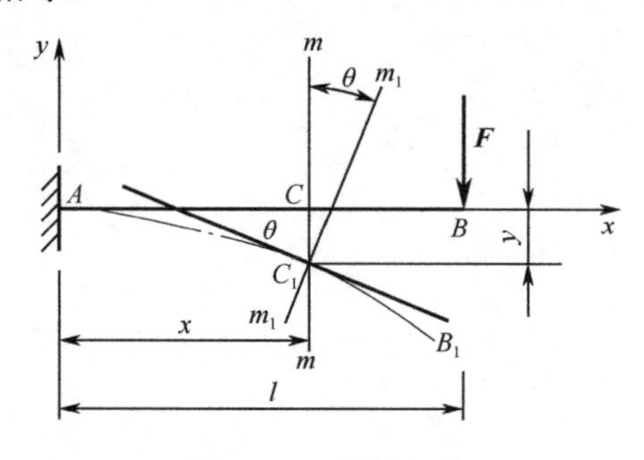

图 2-6-1　梁的变形

图 2-6-1 中的曲线 AB_1 表示了全梁各截面的挠度值，故称之为挠曲线。挠曲线是梁截面位置 x 的函数，记做

$$y = f(x)$$

上式称为挠曲线方程。

2. 用叠加法求梁的变形

叠加法是工程上常采用的一种比较简便的计算梁变形的方法。在小变形且材料服从胡克定律的前提下，梁的挠度和转角均与梁上载荷成线性关系。所以，梁上某一载荷所引起的变形可以看做独立的，不受其他载荷影响的，于是可以将梁在几个载荷共同作用下产生的变形看成各个载荷单独作用时产生变形的代数叠加。这就是计算梁弯曲变形的叠加原理。

用叠加法计算梁的变形时，需已知梁在简单载荷作用下的变形，表 2-6-1 列出了梁在简单载荷作用下的变形，用叠加法时可以直接查用。

表 2-6-1 梁在简单载荷作用下的变形

序号	梁的简图	挠曲线方程	端截面转角	最大挠度
1		$y=-\dfrac{Mx^2}{2EI_z}$	$\theta_B=-\dfrac{Ml}{EI_z}$	$y_B=-\dfrac{Ml^2}{2EI_z}$
2		$y=-\dfrac{Fx^2}{6EI_z}(3l-x)$	$\theta_B=-\dfrac{Fl^2}{2EI_z}$	$y_B=-\dfrac{Fl^3}{3EI_z}$
3		$y=-\dfrac{Fx^2}{6EI_z}(3a-x)$ $0\leqslant x\leqslant a$ $y=-\dfrac{Fa^2}{6EI_z}(3a-x)$ $a\leqslant x\leqslant l$	$\theta_B=-\dfrac{Fa^2}{2EI_z}$	$y_B=-\dfrac{Fa^2}{6EI_z}(3l-a)$
4		$y=-\dfrac{qx^2}{24EI_z}(x^2-4lx+6l^2)$	$\theta_B=-\dfrac{ql^3}{6EI_z}$	$y_B=-\dfrac{ql^4}{8EI_z}$
5		$y=-\dfrac{Mx}{6EI_z l}(l-x)(2l-x)$	$\theta_A=-\dfrac{Ml}{3EI_z}$ $\theta_B=\dfrac{Ml}{6EI_z}$	$x=\left(1-\dfrac{1}{\sqrt{3}}\right)l$ $y_{max}=-\dfrac{Ml^2}{9\sqrt{3}EI_z}$ $x=\dfrac{l}{2}$ $y_{max}=-\dfrac{Ml^2}{16EI_z}$
6		$y=-\dfrac{Mx}{6EI_z l}(l-3b^2-x)$ $(0\leqslant x\leqslant a)$ $y=\dfrac{M}{6EI_z l}[-x^3+3l(x-a)^2+$ $(l^2-3b^2)x]$ $(a\leqslant x\leqslant l)$	$\theta_A=\dfrac{M}{6EI_z l}(l^2-3b^2)$ $\theta_B=\dfrac{M}{6EI_z l}(l^2-3a^2)$	
7		$y=-\dfrac{Fx}{48EI_z}(3l^2-4x^2)$ $(0\leqslant x\leqslant \dfrac{l}{2})$	$\theta_A=-\theta_B=-\dfrac{Fl^2}{16EI_z}$	$x=\dfrac{l}{2}$ $y_{max}=-\dfrac{Fl^3}{48EI_z}$

续表

序号	梁的简图	挠曲线方程 I_z	端截面转角	最大挠度
8		$y=-\frac{Fbx}{6EI_zl}(l^2-x^2-b^2)$ $(0\leqslant x\leqslant a)$ $y=-\frac{Fbx}{6EI_zl}[\frac{1}{b}(x-a)^3+$ $(l^2-b^2)x-x^3]$ $(a\leqslant x\leqslant l)$	$\theta_A=-\frac{Fab(l+b)}{6EI_zl}$ $\theta_B=\frac{Fab(l+a)}{6EI_zl}$	设$a>b$ $x=\sqrt{(l^2-b^2)/3}$处 $y_{max}=-\frac{Fb\sqrt{(l^2-b^2)^3}}{9\sqrt{3}EI_zl}$ 在$x=\frac{l}{2}$处 $y=-\frac{Fb(3l^2-4b^2)}{48EI_z}$
9		$y=-\frac{qx}{24EI_z}(l^3-2lx^2+x^3)$	$\theta_A=-\theta_B=-\frac{ql^3}{24EI_z}$	$x=\frac{l}{2}$ $y_{max}=-\frac{5ql^4}{384EI_z}$
10		$y=-\frac{Fax}{6EI_zl}(l^2-x^2)$ $(0\leqslant x\leqslant l)$ $y=-\frac{F(x-l)}{6EI_z}[a(3x-l)$ $-(x-l)^2]$ $(l\leqslant x\leqslant l+a)$	$\theta_A=-\frac{1}{2}\theta_B=\frac{Fal}{6EI_z}$ $\theta_C=-\frac{Fa}{6EI_zl}(2l+3a)$	$y_C=-\frac{Fa^2}{3EI_z}(l+a)$
11		$y=-\frac{Mx}{6EI_zl}(x^2-l^2)$ $(0\leqslant x\leqslant l)$ $y=-\frac{M}{6EI_z}(3x^2-4xl+l^2)$ $(l\leqslant x\leqslant l+a)$	$\theta_A=-\frac{1}{2}\theta_B=\frac{Ml}{6EI_z}$ $\theta_C=-\frac{M}{3EI_z}(l+3a)$	$y_C=-\frac{Ma}{6EI_z}(2l+3a)$

【例 2-6-1】 图 2-6-2（a）所示简支梁，试用叠加法求梁跨中点 C 的挠度 y_C，以及支座处截面的转角 θ_A、θ_B。

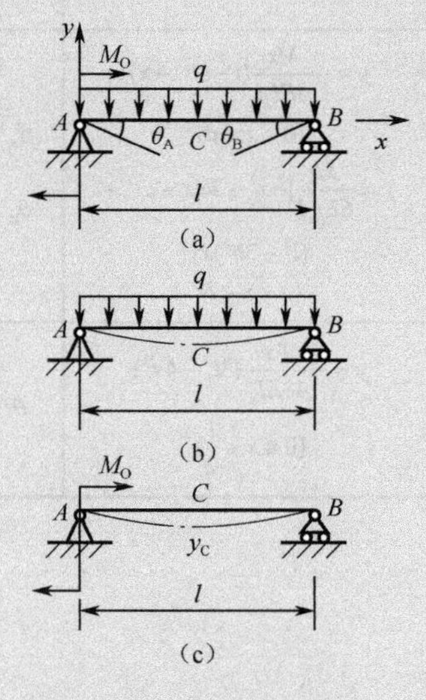

图 2-6-2　简支梁

解： 梁上的作用载荷可以分为两个简单载荷（见图 2-6-2（b）、（c））。应用变形表查出它

们分别作用时产生的相应变形，然后叠加求代数和，得：

$$y_C = y_{Cq} + y_{CM} = -\frac{5ql^4}{384EI_z} - \frac{M_O l^2}{16EI_z}$$

$$\theta_A = \theta_{Aq} + \theta_{AM} = -\frac{ql^3}{24EI_z} - \frac{M_O l}{3EI_z}$$

$$\theta_B = \theta_{Bq} + \theta_{BM} = \frac{ql^3}{24EI_z} + \frac{M_O l}{6EI_z}$$

【例 2-6-2】 图 2-6-3 所示的悬臂梁，已知 E、I_z、L、F、q，试用叠加法求梁的最大挠度和最大转角。

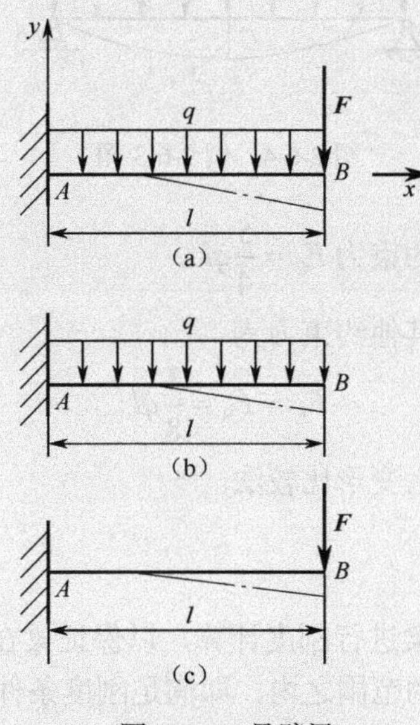

图 2-6-3　悬臂梁

解：梁上的作用载荷分别为两种受力形式，如图 2-6-3（b）、（c）所示。从悬臂梁在载荷作用下自由端有最大变形可知，梁 B 端有最大挠度和最大转角。查表 2-6-1 得到它们单独作用时产生的弯曲变形，然后叠加求代数和，得：

$$y_{max} = y_{Bq} + y_{BF} = -\frac{ql^4}{8EI_z} - \frac{Fl^3}{3EI_z}$$

$$\theta_B = \theta_{Bq} + \theta_{BF} = -\frac{ql^3}{6EI_z} - \frac{Fl^2}{2EI_z}$$

【例 2-6-3】 试求图 2-6-4（a）所示三支座桥梁支座的约束力。

解：与简支梁相比，三支座梁增加了一个活动铰链支座，也就增加了一个未知量。因此，本题为一次超静定问题。

将 C 处活动铰链支座视为多余约束。解除该处约束，以相应的约束力 $\boldsymbol{F}_C$ 代之作用，得到原超静定梁的相当系统，如图 2-6-4（b）所示。

变形（位移）协调条件为支座 C 处的挠度等于 0，即 $y_C = 0$。

由叠加法计算相当系统的 y_C，得补充方程 $y_C = y_{Cq} + y_{CFC} = -\frac{5ql^4}{24EI} + \frac{F_C l^4}{6EI} = 0$。

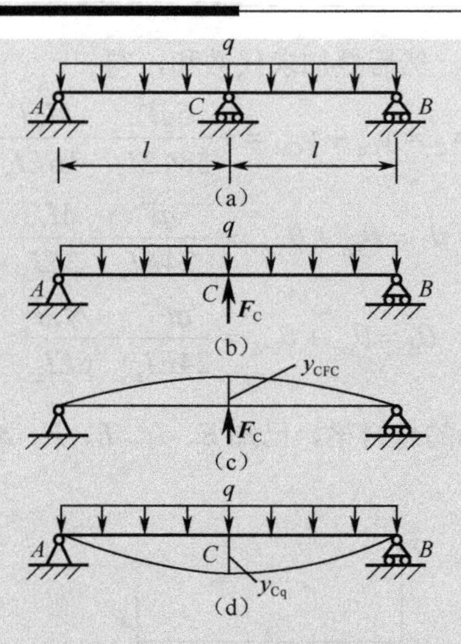

图 2-6-4　例 2-6-3 图

由上述补充方程，解得多余约束力 $F_C=\dfrac{5}{4}ql$ 。

利用静力平衡条件，可求得其他约束力为

$$F_A=F_B=\frac{3}{8}ql$$

以上求解超静定梁的方法称为变形比较法。

3. 梁的刚度校核

计算梁的变形，目的在于对梁进行刚度计算，以保证梁在外力的作用下，因弯曲变形产生的挠度和转角必须在工程允许的范围之内，即满足刚度条件：

$$y_{max}\leqslant[y] \tag{2-6-1}$$

$$\theta_{max}\leqslant[\theta] \tag{2-6-2}$$

式中，$[y]$、$[\theta]$分别为构件的许用挠度和许用转角，对于各类受弯构件的$[y]$、$[\theta]$可从工程手册中查到。

在设计梁时，一般应使其先满足强度条件，再校核刚度条件。如所选截面不能满足刚度条件，再考虑重新设计。

【例 2-6-4】 如图 2-6-5（a）所示为机床空心主轴的平面简图，已知轴的外径 D=80mm，内径 d=40mm，AB 跨长 l=400mm，a=100mm，材料的弹性模量 E=210GPa，设切削力在该平面上的分力 F_1=2kN，齿轮啮合力在该平面上分力 F_2=1kN。若轴 C 端的许可挠度$[y_C]$=0.0001l，B 截面的许用转角$[\theta_B]$=0.001rad。设全轴（包括 BC 端工件部分）可近似为等截面梁，试校核机床主轴的刚度。

解：

（1）求主轴的轴惯性矩。

$$I_z=\frac{\pi D^4}{64}(1-\alpha^4)=\frac{\pi\times80^4}{64}\left[1-\left(\frac{40}{80}\right)^4\right]\text{mm}^4=1.88\times10^6\,\text{mm}^4$$

（2）建立主轴的力学模型（见图 2-6-5（b））。

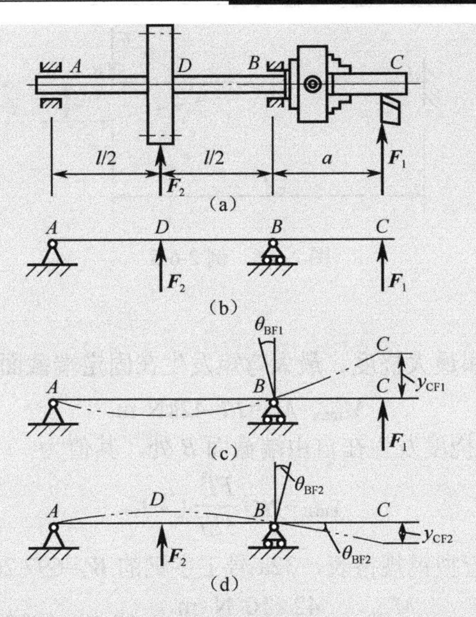

图 2-6-5　机床主轴

分别画出 $\boldsymbol{F}_1$、$\boldsymbol{F}_2$ 作用在梁上的变形，如图 2-6-5（c）、（d）所示。然后应用叠加法计算截面 C 的挠度和截面 B 的转角为

$$y_C = y_{CF1} + y_{CF2} = \frac{F_1 a^2 (l+a)}{3EI_z} - \theta_{BF2} a = \frac{F_1 a^2 (l+a)}{3EI_z} - \frac{F_2 l^2}{16EI_z} a$$

$$= \left[\frac{2\times10^3\times100^2(400+100)}{3\times210\times10^3\times1.88\times10^6} - \frac{1\times10^3\times400^2\times100}{16\times210\times10^3\times1.88\times10^6}\right]\text{mm}$$

$$= 5.91\times10^{-3}\,\text{mm}$$

$$\theta_B = \theta_{BF1} + \theta_{BF2} = -\frac{F_1 a l}{3EI_z} - \frac{F_2 l^2}{16EI_z}$$

$$= \left[\frac{2\times10^3\times100\times400}{3\times210\times10^3\times1.88\times10^6} - \frac{1\times10^3\times400^2}{16\times210\times10^3\times1.88\times10^6}\right]\text{rad}$$

$$= 4.23\times10^{-5}\,\text{rad}$$

（3）校核主轴的刚度。

主轴的许用挠度为

$$[y_C] = 0.0001l = 10^{-4}\times400\text{mm} = 40\times10^{-2}\,\text{mm} = 0.04\text{mm}$$

主轴的许用转角为

$$[\theta_B] = 0.001\text{rad} = 1.0\times10^{-3}\,\text{rad}$$

因此，有

$$y_C < [y_C]$$

$$\theta_B < [\theta_B]$$

即主轴的刚度满足要求。

【例 2-6-5】 如图 2-6-6 所示由 32a 号工字钢制成的悬臂梁，长 l=3.5m，荷载 F=12kN，已知材料的许用应力$[\sigma]$=170MPa，弹性模量 E=210MPa，梁的许用挠跨比$\left[\frac{y}{l}\right]=\frac{1}{400}$。试校核梁的强度和刚度。

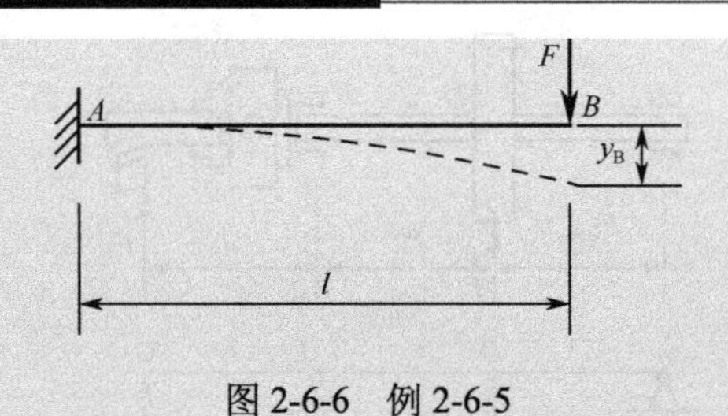

图 2-6-6　例 2-6-5

解：

（1）求梁的最大弯矩和最大挠度。最大弯矩发生在固定端截面 A 上，其值为

$$M_{max}=M_A=Fl=42\text{kN}\cdot\text{m}$$

查表 2-6-1，该梁最大挠度发生在自由端截面 B 处，其值为

$$y_{max}=y_B=\frac{Fl^3}{3EI}(\downarrow)$$

（2）校核梁的强度。查型钢规格表，32a 号工字钢的 W_z=692.2cm^3。梁的最大正应力为

$$\sigma_{max}=\frac{M_{max}}{W_z}=\frac{42\times10^3\text{N}\cdot\text{m}}{692.2\times10^{-6}\text{m}^3}=60.68\times10^6\text{Pa}$$

$$=60.68\text{MPa}<[\sigma]=170\text{MPa}$$

可见梁满足强度条件。

（3）校核梁的刚度。查型钢规格表，32a 号工字钢的 I_z=11075.5cm^4。梁的最大挠跨比为

$$\frac{y_{max}}{l}=\frac{Fl^2}{3EI}=\frac{12\times10^3\text{N}\times3.5^2\text{m}^2}{3\times210\times10^9\text{Pa}\times11075.5\times10^{-8}\text{m}^4}$$

$$=2.1\times10^{-3}<\frac{1}{400}=2.5\times10^{-3}$$

可见梁也满足刚度条件。

4．提高梁弯曲刚度的措施

从表 2-6-1 可以看出，梁的变形不仅与梁的支承和载荷有关，还与梁的材料、截面形状和跨长有关。以上诸因素可以概括为

变形∝载荷×（跨长）^{n}/抗弯刚度

因此，要提高梁的弯曲刚度可以从以下几个方面考虑。

（1）增大梁的抗弯刚度 EI

包含两个措施：增大材料的弹性模量和增大截面的惯性矩。工程中常采用工字钢等型钢、组合截面及空心截面等。

（2）减小梁的跨度

梁的变形与其跨度的 n 次幂成正比。因此减小梁的跨度，能显著地增加梁的刚度。

减小梁的跨度有两个办法：一种方法是采用两端外伸的结构形式，如图 2-6-7（a）所示；另一种方法是增加支座数目，如图 2-6-7（b）所示。显然，增加支座的梁变成了超静定梁，有关超静定梁的问题将在后面章节专题讨论。

（3）改善荷载的作用方式

在结构允许的条件下，合理地调整荷载的作用方式，可以降低弯矩，从而减小梁的变形。如图 2-6-8 所示，将集中力 $\boldsymbol{P}$ 分散作用在全梁上，最大弯矩 M_{max} 就由 $Pl/4$ 降低为 $Pl/8$，最大

挠度 f 就由 $Pl^3/48EI$ 减小为 $5Pl^3/384EI$。

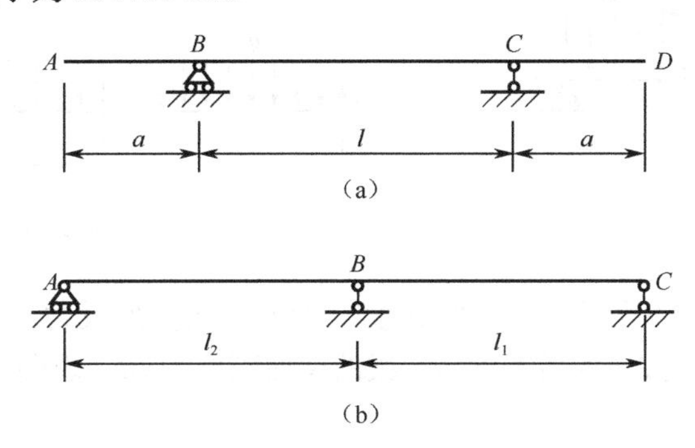

图 2-6-7　减小梁的跨度

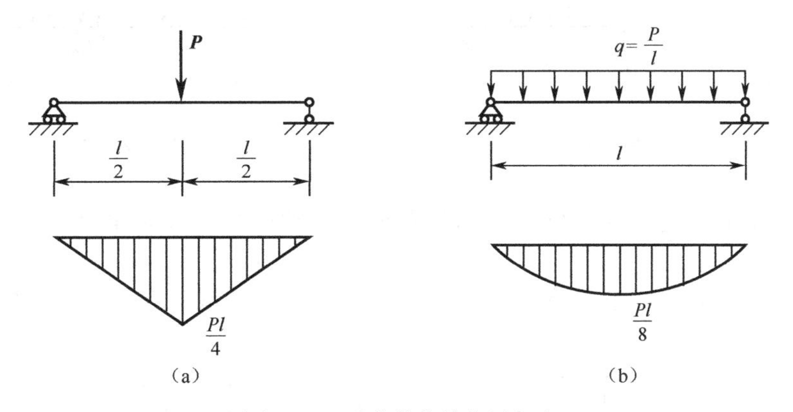

图 2-6-8　改善荷载的作用方式

习　　题

2-6-1　求图习题 2-6-1 所示梁 B 处的挠度。

2-6-2　如图习题 2-6-2 所示，钢筋横截面积为 A，密度为 ρ，放在刚性平面上，一端加力 $\boldsymbol{F}$，提起钢筋离开地面长度 $l/3$。求 $\boldsymbol{F}$ 的大小。

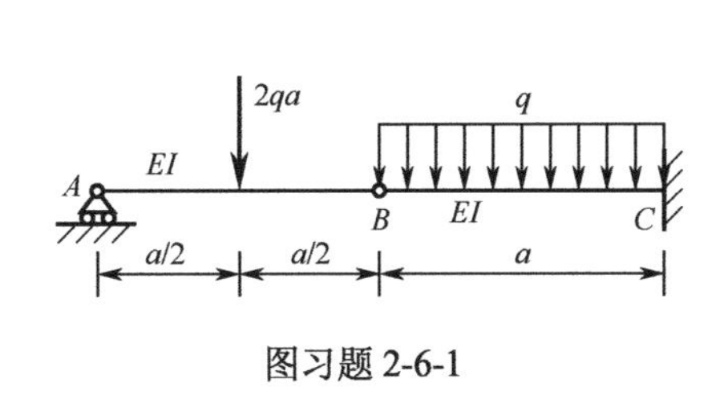

图习题 2-6-1

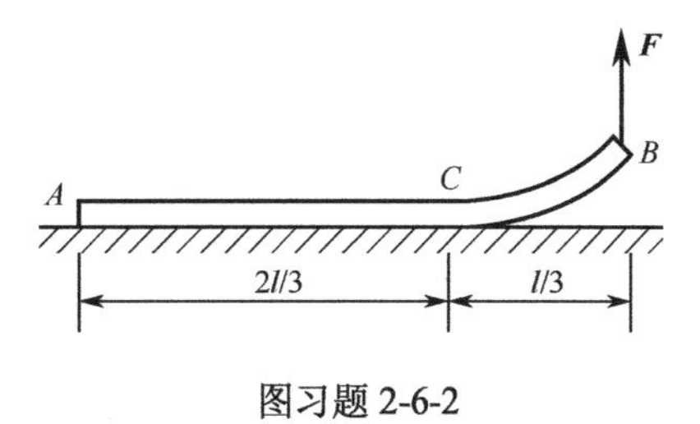

图习题 2-6-2

2-6-3　如图习题 2-6-3 所示，已知承受均布载荷 q 的简支梁中点挠度为 $y=\dfrac{5ql^4}{384EI}$，求图示受三角形分布载荷作用梁中点 C 的挠度 y_{C}。

2-6-4　一超静定梁受载荷如图习题 2-6-4 所示，如梁长 l 增加一倍，其余不变，求跨中最大挠度是原来的几倍？

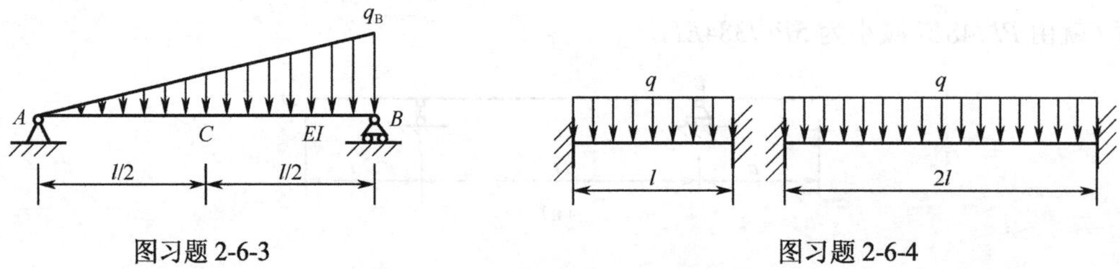

图习题 2-6-3

图习题 2-6-4

2-6-5　如图习题 2-6-5 所示，求双跨连续梁 *ABC* 上的支座反力。梁的抗弯刚度均为 *EI*。

2-6-6　已知如图习题 2-6-6 所示 *q*、*l*，梁的弯曲刚度为 *EI*，求图示超静定梁端点 *C* 处的铅垂位移 y_C。

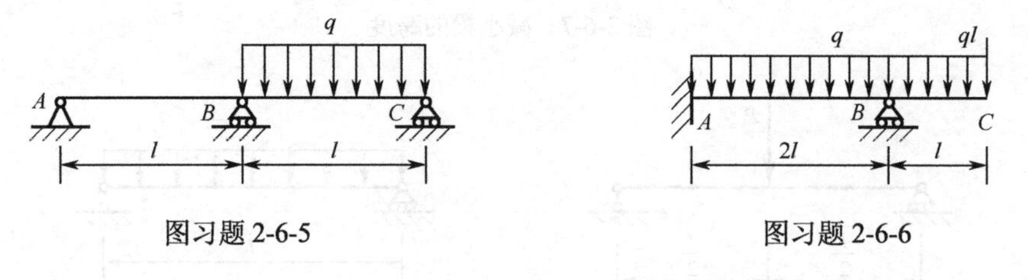

图习题 2-6-5

图习题 2-6-6

2-6-7　已知图习题 2-6-7（a）所示悬臂梁自由端的挠度和转角分别为 $y_B = -\dfrac{ql^4}{8EI}$，$\theta_B = -\dfrac{ql^3}{6EI}$。试用叠加法求图习题 2-6-7（b）所示悬臂梁自由端的挠度 y_B 和转角 θ_B。

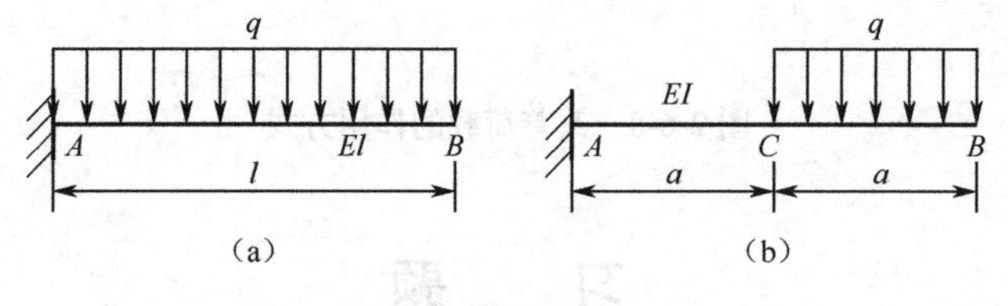

（a）

（b）

图习题 2-6-7

拓展知识 7　斜弯曲变形

当外力作用平面与形心主惯性平面成一个角度，且外力作用线通过形心并垂直于梁轴线时，如当其横截面采用槽形、Z 形、矩形时的桁条（见图 2-7-1），在外力作用下变形后梁的挠曲线不在外力作用平面内，这种弯曲称为斜弯曲。

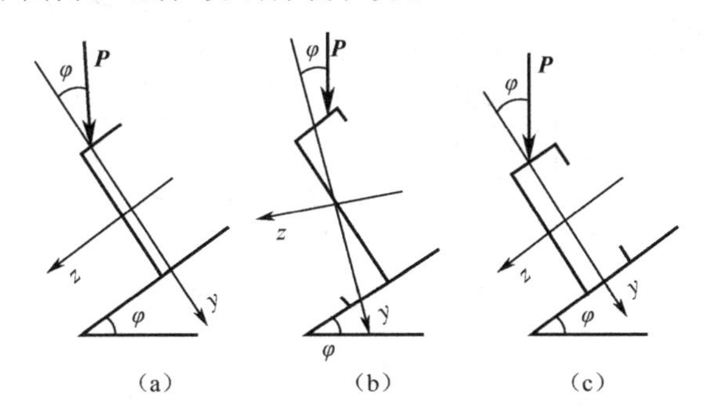

图 2-7-1　槽形、Z 形、矩形横截面图

斜弯曲变形是组合变形的一种基本变形，对组合变形的计算方法：一般先将外力分解成基本变形，再计算基本变形的应力，后应用叠加原理叠加得组合变形的应力。

下面以矩形截面悬臂梁，自由端作用集中力为例（见图 2-7-2），说明斜弯曲时的正应力计算。梁自由端截面内作用的集中力 **P** 通过形心，但与 y 轴成一夹角 φ。建立坐标系，并将集中力 **P** 分解到 z 轴和 y 轴上，得：

$$P_z=P\sin\varphi，P_y=P\cos\varphi$$

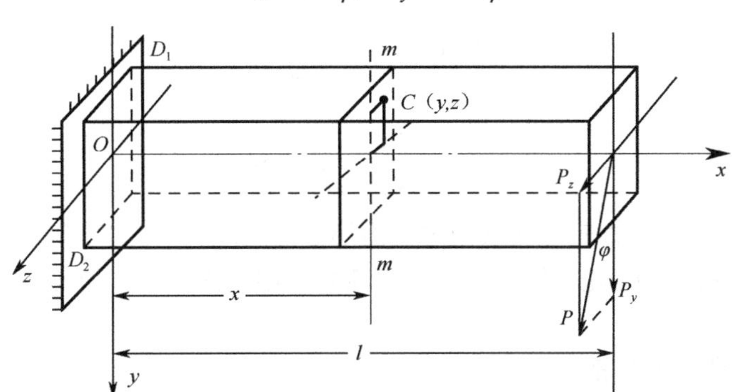

图 2-7-2　矩形截面悬臂梁

P_z 与 P_y 将分别使梁在垂直平面和水平平面内发生平面弯曲，在梁任意横截面 ***m-m*** 上引起的弯矩分别为

$$M_z=P_y(L-x)=P\cos\varphi(L-x)=M\cos\varphi$$

$$M_y=P_z(L-x)=P\sin\varphi(L-x)=M\sin\varphi$$

式中，M 是力 **P** 对 *m-m* 截面的弯矩，即 $M=P(L-x)$。求 ***m-m*** 截面上 C 点的正应力，可分

别计算 M_z 和 M_y 所引起的 C 点的应力，然后代数相加。

由 M_z 引起的正应力用 σ_{Cz} 表示：$\sigma_{Cz}=\dfrac{M_z}{I_z}y=\dfrac{M}{I_z}y\cos\varphi$ 。

由 M_y 引起的正应力用 σ_{Cy} 表示：$\sigma_{Cy}=\dfrac{M_y}{I_y}z=\dfrac{M}{I_y}z\sin\varphi$ 。

式中，σ_{Cz}、σ_{Cy} 的正负由弯矩的正负号确定，I_z 和 I_y 分别是横截面对 z 轴和 y 轴的惯性矩。根据叠加原理可知 C 点的正应力（见图 2-7-3）为

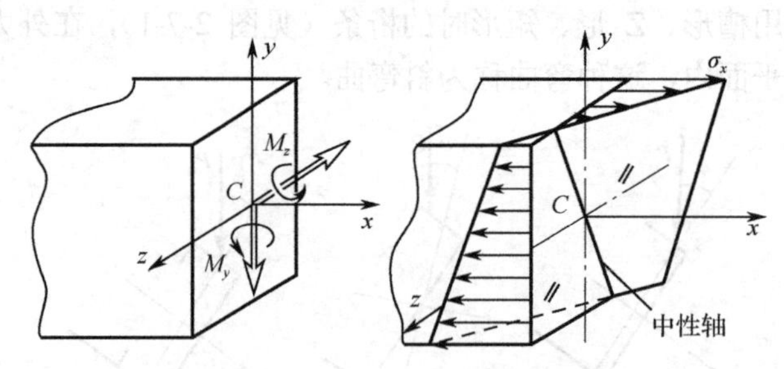

图 2-7-3　斜弯曲的正应力分布

$$\sigma_C=\sigma_{Cz}+\sigma_{Ey}=\frac{M}{I_z}y\cos\varphi+\frac{M}{I_y}z\sin\varphi \quad (2\text{-}7\text{-}1)$$

斜弯曲时横截面上的最大正应力为

$$\sigma_{max}=M\left(\frac{\cos\varphi}{I_z}y_{max}+\frac{\sin\varphi}{I_y}z_{max}\right) \quad (2\text{-}7\text{-}2)$$

现确定斜弯曲时梁截面上的中性轴位置。设中性轴上各点的坐标为 y_0 和 z_0，根据中性轴的定义知 $\sigma=0$，则有

$$\sigma=\frac{M}{I_z}y_0\cos\varphi+\frac{M}{I_y}z_0\sin\varphi=0$$

$$\frac{\cos\varphi}{I_z}y_0+\frac{\sin\varphi}{I_y}z_0=0$$

$$\tan\alpha=\frac{y_0}{z_0}=-\frac{I_z}{I_y}\tan\varphi \quad (2\text{-}7\text{-}3)$$

由式（2-7-3）可知，中性轴是一条通过截面形心的斜直线，它与 z 轴成 α 角（见图 2-7-4），因 I_z 和 I_y 一般不相等，故 $\alpha\neq\varphi$。即中性轴不与荷载作用平面垂直，而倾斜了一个角度，故称斜弯曲。

梁不产生斜弯曲情况包括：

（1）$I_z=I_y$。

（2）$\varphi=0°$ 或 $\varphi=90°$（即荷载作用在形心主轴所在的平面内）。

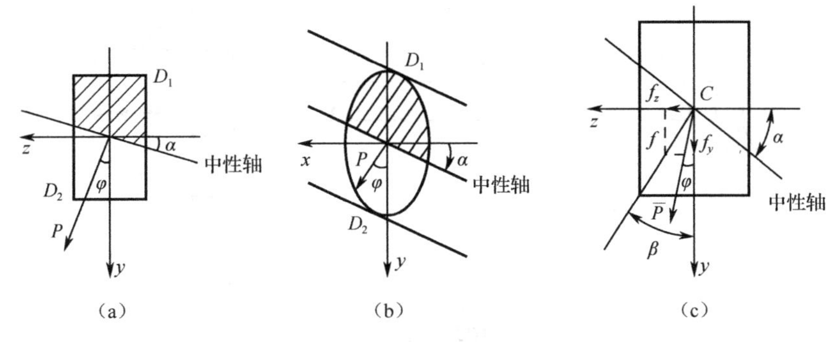

图 2-7-4　中性轴的位置图

【例 2-7-1】 如图 2-7-5 所示，屋架上的木檩条采用 100mm×140mm 的矩形截面，跨度 l=4m，简支在屋架上，承受屋面荷载 q=lkN/m（包括檩条自重）。试计算檩条的最大应力。

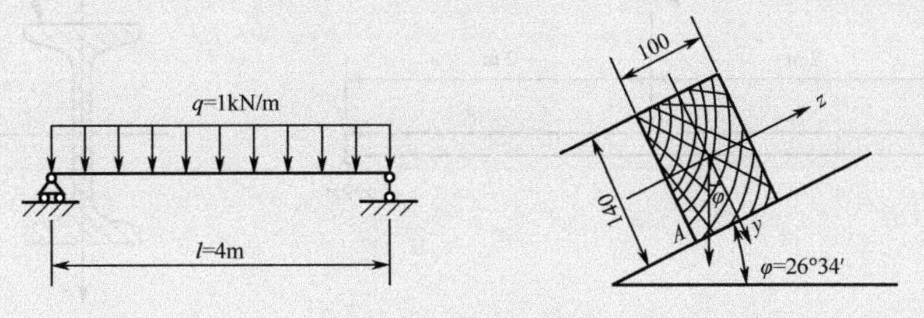

图 2-7-5　例 2-7-1 图

解： 根据题意，将檩条简化为一简支梁，最大弯矩发生在跨中点截面上。

$$M_{\max}=\frac{1}{8}ql^2=\frac{1}{8}\times1\times4^2=2\text{kN}\cdot\text{m}$$

由截面尺寸计算得惯性矩：

$$I_z=\frac{bh^3}{12}=\frac{100\times140^3}{12}=2.287\times10^7\text{mm}^4$$

$$I_y=\frac{hb^3}{12}=\frac{140\times100^3}{12}=1.167\times10^7\text{mm}^4$$

由 $M_{\max}$ 的方向判断，截面下边缘的 A 点处拉应力最大。

$$\sigma_{\max}=M\left(\frac{\cos\varphi}{I_z}y_{\max}+\frac{\sin\varphi}{I_y}z_{\max}\right)=2\times10^6\left(\frac{\cos26°34'}{2.287\times10^7}70+\frac{\sin26°34'}{1.167\times10^7}50\right)$$
$$=5.48+3.83=9.31\text{MPa}$$

习　　题

2-7-1　受均布载荷 q 作用的矩形截面简支梁，其载荷作用面与梁的纵向对称面间的夹角为 30°，如图习题 2-7-1 所示。已知载荷集度 q=2kN/m；材料的许用应力[σ]=12MPa；梁的跨度 l=4m，截面尺寸 h=160mm、b=120mm。试校核梁的强度。

2-7-2　工字钢简支梁受力如图习题 2-7-2 所示，已知 F=7kN，[σ]=160MPa，试选择工字钢的型号（提示：首先假定 W_z/W_y 的比值进行试选，然后再校核）。

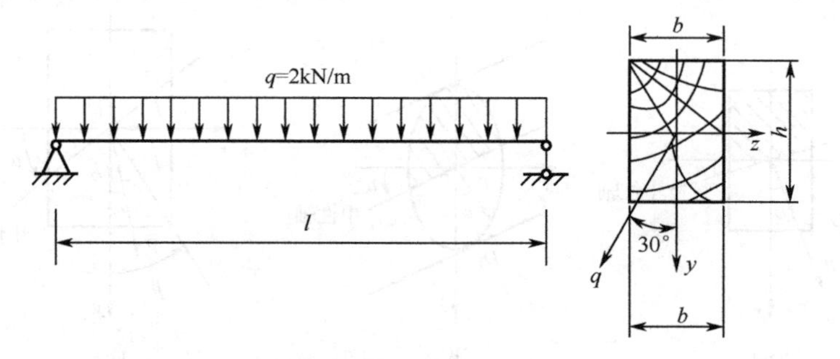

图习题 2-7-1

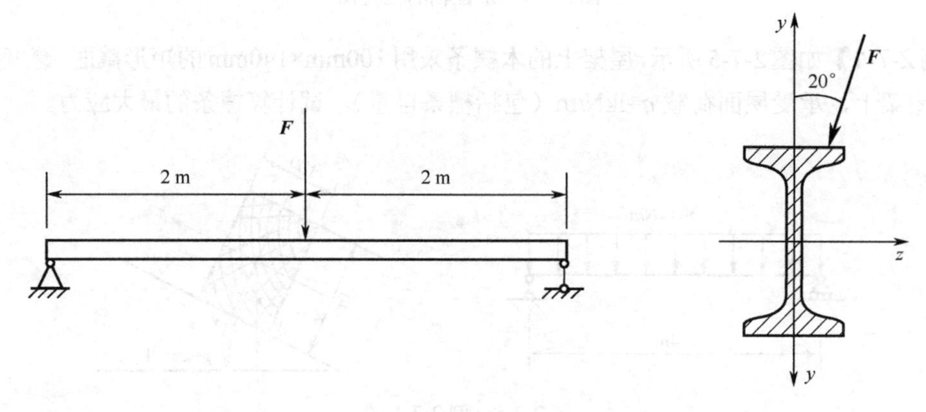

图习题 2-7-2

2-7-3　矩形截面的简支梁受力如图习题 2-7-3 所示，已知作用在梁中点的载荷 ***P*** 与 z 轴夹角成 30°，梁的许用应力$[\sigma]$=12MPa，试确定梁的许用载荷$[P]$。

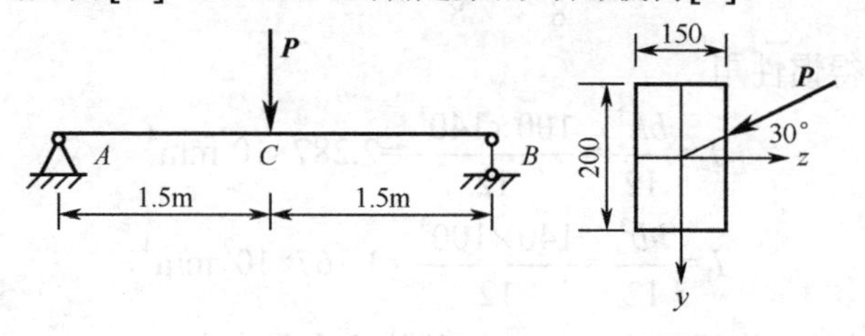

图习题 2-7-3

2-7-4　槽形截面悬臂梁受力如图习题 2-7-4 所示，已知 F=3kN，h=20cm，b=7.3cm，z_0=2.01cm，I_z=1780cm^4，I_y=128cm^4，$[\sigma]$=160MPa。指出危险点的位置并校核梁的强度（A 点为弯曲中心，C 为形心）。

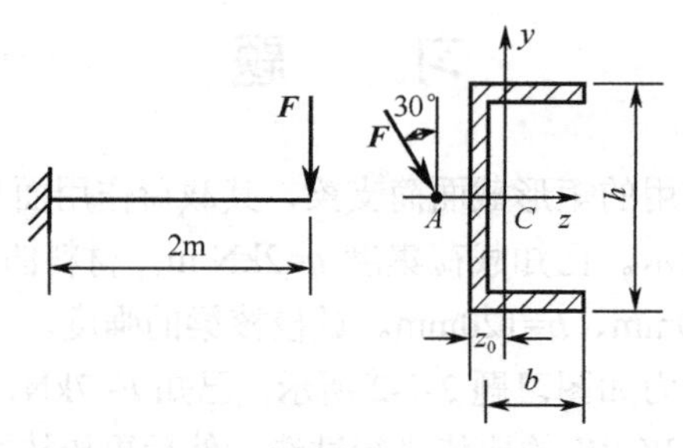

图习题 2-7-4

拓展知识8　拉伸（压缩）超静定问题

对图 2-8-1 所示两杆桁架结构，两杆的轴力可以由静力平衡方程确定，这类问题称为静定问题。

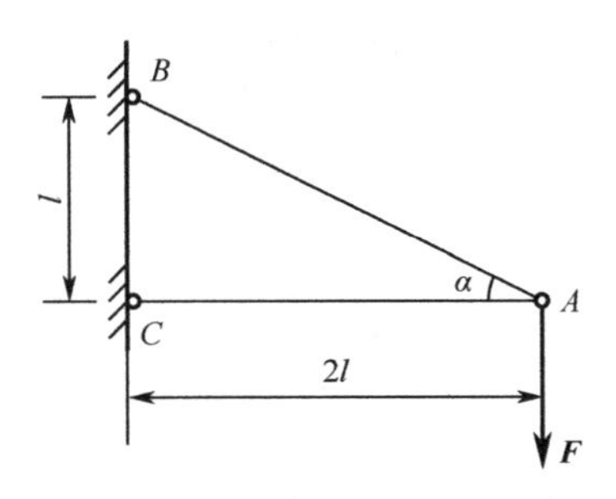

图 2-8-1　静定桁架

对图 2-8-2 所示的三杆桁架结构，当求各杆的轴力时，有三个未知力，而平面汇交力系的有效静力平衡方程只有两个，仅由静力平衡方程不能确定全部未知力，这类问题称为超静定问题。未知力数超过有效平衡方程数的数目，称为超静定次数。图 2-8-2（a）为一次超静定桁架。

1. 超静定问题的一般解法

【例 2-8-1】 以图 2-8-2（a）为例，说明超静定杆系的解法。

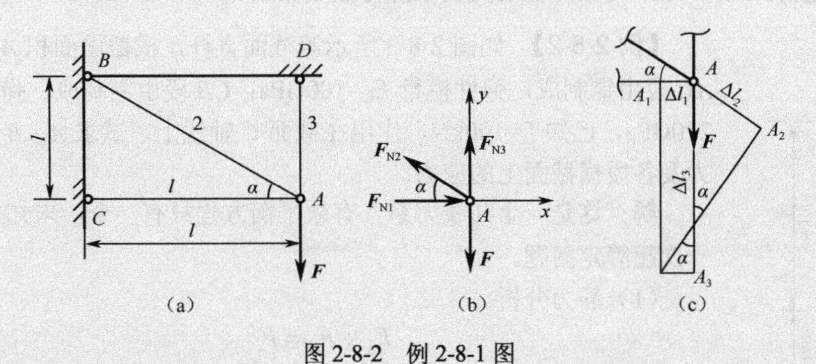

图 2-8-2　例 2-8-1 图

解： 设杆 1、2、3 的拉压刚度分别为 E_1A_1、E_2A_2、E_3A_3，$\alpha=30°$ ，在力 $\boldsymbol{F}$ 作用下，预先假设杆 2、3 伸长，杆 1 缩短，根据变形确定杆 2、3 的轴力为拉力，杆 1 的轴力为压力。这是一个平面汇交力系，有效静力方程两个，未知力三个，是一次超静定问题。

（1）静力分析。

节点 A 的受力情况如图 2-8-2（b）所示，其平衡方程为

$$\sum F_x = 0 \qquad F_{N1} = F_{N2}\cos 30° \tag{a}$$

$$\sum F_y = 0 \qquad F_{N2}\sin 30° + F_{N3} = F \tag{b}$$

（2）几何分析。

由于三杆均产生变形，节点 A 向左下方位移，故桁架的变形如图 2-8-2（c）所示。为保证三杆变形后仍交于一点，杆 1、2、3 的变形Δl_1、Δl_2、Δl_3之间应满足如下关系：

$$\Delta l_1 \tan 60° + \frac{\Delta l_2}{\sin 30°} = \Delta l_3 \tag{c}$$

以上保证结构连续性所应满足的变形几何关系，称为变形协调条件或变形协调方程。

（3）物理关系。

设三杆处于线弹性范围，则由胡克定律可知，各杆的变形与轴力间的关系分别为

$$\Delta l_1 = \frac{F_{N1} l}{E_1 A_1} \tag{d}$$

$$\Delta l_2 = \frac{2F_{N2} l}{\sqrt{3} E_2 A_2} \tag{e}$$

$$\Delta l_3 = \frac{F_{N3} l}{\sqrt{3} E_3 A_3} \tag{f}$$

（4）补充方程。

将式（d）、式（e）、式（f）代入式（c），得：

$$\sqrt{3}\frac{F_{N1}}{E_1 A_1} + \frac{4F_{N2}}{\sqrt{3} E_2 A_2} = \frac{2F_{N3}}{\sqrt{3} E_3 A_3}$$

化简后得：

$$\frac{3F_{N1}}{E_1 A_1} + \frac{4F_{N2}}{E_2 A_2} = \frac{2F_{N3}}{E_3 A_3} \tag{g}$$

（5）联立式（a）、（b）、（g）。

若 F 和 E_1A_1、E_2A_2、E_3A_3 均为已知数值，联立可以求解 F_{N1}、F_{N2}、F_{N3}，所得结果为正，说明轴力的假设正确；结果为负，说明真实轴力与假设相反。

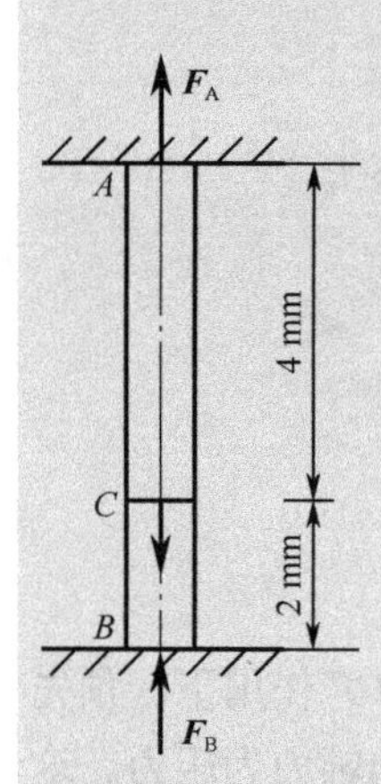

图 2-8-3　例 2-8-2

【例 2-8-2】 如图 2-8-3 所示等截面直杆，横截面面积 A=2000mm^2，AC 段由铜制成，弹性模量 E_C=100GPa；CB 段由钢制成，弹性模量 E_S=210GPa，已知 F=100kN，作用在截面 C 轴线上，试求 A、B 处的约束反力及各段横截面上的应力。

解： 这是一个共线力系，有效平衡方程只有一个，未知力两个，是一次超静定问题。

（1）静力分析。

$$F_A + F_B = F \tag{a}$$

（2）几何分析。

$$\Delta l_{AC} = \Delta l_{CB} \tag{b}$$

（3）物理关系。

$$\Delta l_{AC} = \frac{F_A \times 400 \times 10^{-3}\,\mathrm{m}}{E_C A} \tag{c}$$

$$\Delta l_{CB} = \frac{F_B \times 200 \times 10^{-3}\,\mathrm{m}}{E_S A} \tag{d}$$

（4）补充方程。

$$\frac{F_A \times 400\times10^{-3}\text{m}}{100\times10^9\text{Pa}\times2000\times10^{-6}\text{m}^2}=\frac{F_B\times200\times10^{-3}\text{m}}{210\times10^9\text{Pa}\times2000\times10^{-6}\text{m}^2}$$

$$F_A=\frac{F_B}{4.2} \tag{e}$$

（5）求 F_A 和 F_B。

将式（d）代入式（a），得 F_B=80.8kN（压），F_A=19.2kN（拉）。

（6）求各段应力。

BC 段：$\sigma_{BC}=\dfrac{80.8\times10^3\text{N}}{2000\times10^{-6}\text{m}^2}=40.4\times10^6\text{Pa}=40.4\text{MPa}$

AC 段：$\sigma_{AC}=\dfrac{19.2\times10^3\text{N}}{2000\times10^{-6}\text{m}^2}=9.6\times10^6\text{Pa}=9.6\text{MPa}$

【例 2-8-3】 如图 2-8-4 所示结构，AB 为刚性梁，杆 1、2 的横截面面积和弹性模量间的关系分别为 $A_2=10A_1$，$E_2=E_1/2$，试求各杆的轴力和端点 B 的铅垂位移。

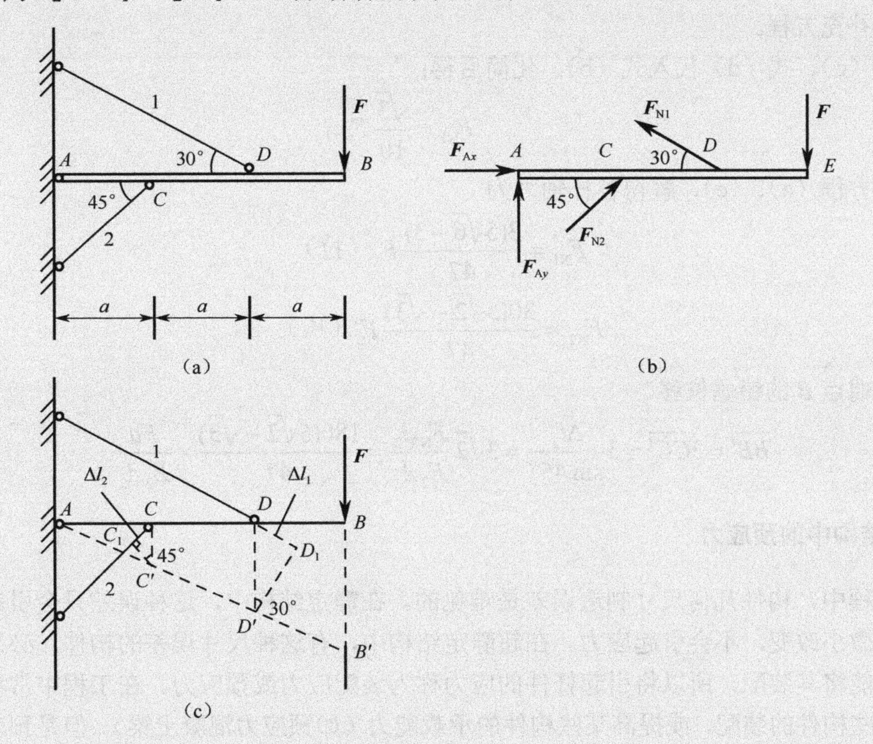

图 2-8-4　例 2-8-3 图

解：（1）静力分析。

梁 AB 受力图为平面任意力系，其有效静力平衡方程三个，未知力四个，是一次超静定问题。

由图 2-8-4（b），利用静力平衡方程得：

$$\sum M_A=0 \qquad F_{N1}\sin30°(2a)+F_{N2}\sin45°(a)=F(3a)$$

$$F_{N1}+\frac{\sqrt{2}}{2}F_{N2}=3F \tag{a}$$

（2）几何分析。

由图 2-8-4（c）得：

$$\overline{DD'} = 2\overline{CC'} \text{ 即 } \frac{\Delta l_1}{\sin 30°} = \frac{\Delta l_2}{\sin 45°}$$

$$\Delta l_1 = \sqrt{2}\Delta l_2 \tag{b}$$

（3）物理关系。

由胡克定律，得：

$$\Delta l_1 = \frac{F_{N1} l_1}{E_1 A_1} = \frac{F_{N1}\left(\dfrac{2a}{\cos 30°}\right)}{E_1 A_1} = \frac{4F_{N1} a}{\sqrt{3} E_1 A_1} \tag{c}$$

$$\Delta l_2 = \frac{F_{N2} l_2}{E_2 A_2} = \frac{F_{N2}\left(\dfrac{a}{\cos 45°}\right)}{\left(\dfrac{E_1}{2}\right)(10A_1)} = \frac{\sqrt{2} F_{N2} a}{5E_1 A_1} \tag{d}$$

（4）补充方程。

将式（c）、式（d）代入式（b），化简后得：

$$F_{N1} = \frac{\sqrt{3}}{10} F_{N2} \tag{e}$$

联立方程（a）、（e），解得各杆轴力为

$$F_{N1} = \frac{3(5\sqrt{6}-3)}{47} F \text{（拉）}$$

$$F_{N2} = \frac{30(5\sqrt{2}-\sqrt{3})}{47} F \text{（压）}$$

（5）端点 B 的铅垂位移。

$$\overline{BB'} = 3\overline{CC'} = 3\frac{\Delta l_2}{\sin 45°} = 3\sqrt{2}\frac{F_{N2} l_2}{E_2 A_2} = \frac{180(5\sqrt{2}-\sqrt{3})}{47} \times \frac{Fa}{E_2 A_2}$$

2. 结构中的预应力

在工程中，构件几何尺寸制造误差是难免的。在静定结构中，这种误差只会引起结构几何形状的微小改变，不会引起应力。在超静定结构中，有这种尺寸误差的构件，必须采取强制方法才能将其装配，所以将引起杆件的应力称为装配应力或预应力。在工程中常利用预应力进行某些构件的装配，或提高某些构件的承载能力（如预应力混凝土梁）。但是预应力处理不当也会给工程造成重大危害。

【例 2-8-4】 如图 2-8-5 所示结构，横梁 AC 可看做刚体，它由钢杆 1、2 支撑，杆 1 的长度做短了 $\delta = \dfrac{l}{3} \times 10^{-3}$，两杆的横截面面积 A=2mm^2，弹性模量 E=200GPa，试求强制装配后各杆横截面上的应力。

解：

（1）静力分析（图 2-8-5（b））。

$$\sum M_A = 0 \quad F_{N1} \times 2l \sin\theta = F_{N2} l \sin\alpha$$

以梁 AC 为研究对象，有四个未知力，三个有效平衡方程，是一次超静定问题。

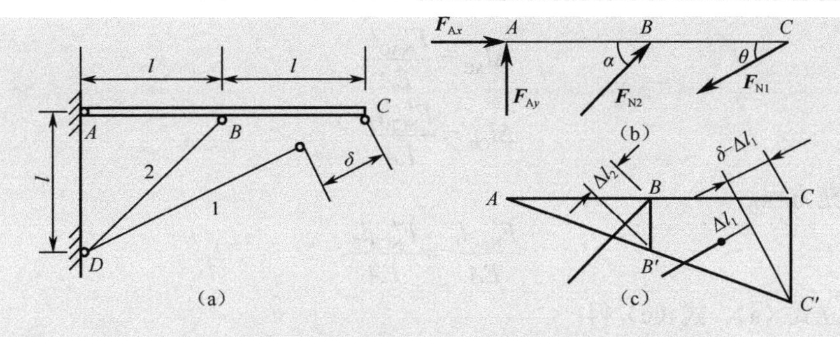

图 2-8-5　例 2-8-4 图

（2）几何分析（图 2-8-5（c））。

$$2\overline{BB'}=\overline{CC'} \tag{a}$$

$$2\frac{\Delta l_2}{\sin\alpha}=\frac{\delta-\Delta l_1}{\sin\theta} \tag{b}$$

（3）物理关系。

$$\Delta l_2=\frac{F_{N2}l_2}{EA} \tag{c}$$

$$\Delta l_1=\frac{F_{N2}l_2}{EA} \tag{d}$$

（4）补充方程。

$$2\frac{\dfrac{F_{N2}l_2}{EA}}{\sin\alpha}=\frac{\delta-\dfrac{F_{N1}l_1}{EA}}{\sin\theta} \tag{e}$$

（5）式（a）、式（e）联立求解。

$$F_{N1}=2.96\text{kN}，F_{N2}=-3.76\text{kN}$$

（6）求各杆的应力。

$$\sigma_{DC}=\frac{F_{N1}}{A}=\frac{2.96\times10^3\,\text{N}}{2\times10^{-4}\,\text{m}^2}=14.8\times10^6\,\text{Pa}=14.8\text{MPa}$$

$$\sigma_{BD}=\frac{F_{N2}}{A}=\frac{-3.76\times10^3\,\text{N}}{2\times10^{-4}\,\text{m}^2}=-18.8\times10^6\,\text{Pa}=-18.8\text{MPa}$$

【例 2-8-5】 如图 2-8-6 所示钢丝绳沿铅垂方向绷紧在 A、B 两点间。绳长 l=1m，横截面面积 A=100mm^2，预应力σ_0=100MPa，在 l_1=0.4m 处加一个向下的荷载 $\boldsymbol{F}$，绳的许用应力[σ]=160MPa，弹性模量 E=200GPa。工作时，不允许钢丝绳承受压力，试求荷载 $\boldsymbol{F}$ 的许用值及 C 点的位移Δc。

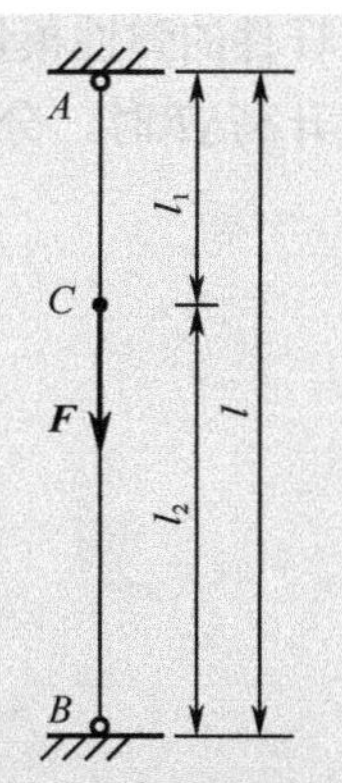

图 2-8-6　例 2-8-5 图

解：

（1）静力分析。

由于力 $\boldsymbol{F}$ 作用，引起钢丝绳 AC 段、CB 段的轴力，其关系如下：

$$F'_{NAC}+F'_{NCB}=F \tag{a}$$

（2）几何分析。

$$\Delta l_{AC}=\Delta l_{BC} \tag{b}$$

（3）物理关系。

$$\Delta l_{AC}=\frac{F'_{NAC}l_1}{EA} \tag{c}$$

$$\Delta l_{CB}=\frac{F'_{NCB}l_2}{EA} \tag{d}$$

（4）补充方程。

$$\frac{F'_{NAC}l_1}{EA}=\frac{F'_{NCB}l_2}{EA} \tag{e}$$

（5）联立式（a）、式（e）得：

$$F'_{NAC}=\frac{l_2}{l}F，\ F'_{NCB}=\frac{l_1}{l}F$$

（6）求许用荷载 **F**（和预应力叠加）。

$$\sigma=\sigma_0+\frac{F'_{NAC}}{A}=\sigma_0+\frac{l_2F}{lA}\leqslant[\sigma]$$

$$100\times10^6\,\text{Pa}+\frac{0.6\text{m}}{1\text{m}\times1\times10^{-4}\text{m}}F\leqslant160\times10^6\,\text{Pa}$$

$$F\leqslant10\times10^3\,\text{N}=10\text{kN}$$

当 F=10kN 时，BC 段的轴力为

$$F_{NCB}=\sigma_0A+F'_{NCB}=100\times10^6\,\text{Pa}\times1\times10^{-4}\,\text{m}^2-0.4\times10\times10^3\,\text{N}=6\times10^3\,\text{N}=6\text{kN}$$

BC 段仍受拉力，符合钢丝绳不能承受压力的题意，荷载 **F** 的许用值取 10kN。

（7）求 C 点的位移Δc。

$$\Delta c=\frac{F'_{NAC}l_1}{EA}=\frac{0.6\times10\times10^3\,\text{N}\times0.4\text{m}}{200\times10^9\,\text{Pa}\times1\times10^{-4}\,\text{m}^2}=0.12\times10^{-3}\,\text{m}=0.12\text{mm}$$

3. 温度应力

温度变化会引起构件伸长或缩短变形，在静定结构中，这种变形不会产生内力和应力。但是在超静定结构中，由于约束对构件温度变形的限制，相应地在构件内产生了内力和应力。这种因温度变化而产生的应力称为温度应力。在工程设计中，必须考虑到温度应力对结构的影响。建筑工程常用选材和留有伸缩缝等方法解决温度应力问题。

温度应力的计算和解一般超静定问题的方法相同。如图 2-8-7 所示两端固定的等直杆，若杆件的弹性模量 E 和横截面面积 A、杆件的线膨胀系数α均已知，杆件安装时无应力，当温度升高ΔT时，分析杆件的温度应力。

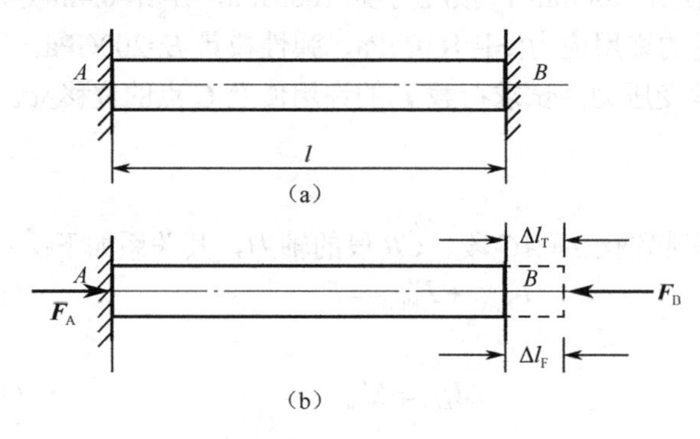

图 2-8-7　温度应力

由于等直杆 AB 两端固定，当温度升高时，限制其变形而产生了约束力。若解除 B 端约束，在温度升高 ΔT 时，杆 AB 可自由膨胀 Δl_T。实际上 B 端不允许其膨胀，设想 B 端产生了一个压力，使其产生压缩变形。

静力分析：$$F_A = F_B = F_N \quad \text{(a)}$$

几何分析：$$\Delta l_F = \Delta l_T \quad \text{(b)}$$

物理关系：$$\Delta l_F = \frac{F_N l}{EA} \quad \text{(c)}$$

补充方程：$$\Delta l_T = \alpha \cdot \Delta T \cdot l \quad \text{(d)}$$

轴力压力：$$\frac{F_N l}{EA} = \alpha \cdot \Delta T \cdot l \quad \text{(e)}$$

$$F_N = \alpha \cdot \Delta T \cdot EA$$

温度应力：$$\sigma = \frac{F_N}{A} = \alpha \cdot \Delta T \cdot E$$

当温度降低时，杆中温度应力为拉应力。

习　　题

2-8-1　已知直杆拉压刚度为 EA，约束和受力如图习题 2-8-1 所示。在力 $\boldsymbol{F}$ 作用下，截面 C 的位移为（　　）。

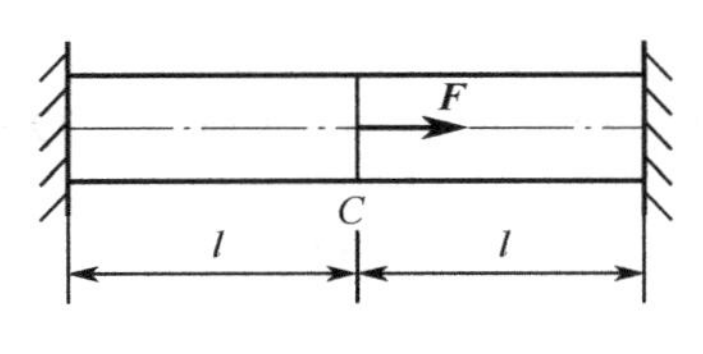

图习题 2-8-1

（A）$\dfrac{Fl}{EA}$　　（B）$\dfrac{Fl}{2EA}$　　（C）$\dfrac{2Fl}{EA}$　　（D）0

2-8-2　图习题 2-8-2 所示结构中，杆 AB 为刚性杆，设 l_1 和 l_2 分别表示杆 1、2 的长度，Δl_1 和 Δl_2 分别表示它们的伸长，则当求解斜杆的内力时，相应的变形协调条件为（　　）。

（A）$2l_1\Delta l_1 = l_2\Delta l_2$　　（B）$l_1\Delta l_1 = 2l_2\Delta l_2$

（C）$\Delta l_1 \sin\alpha_2 = 2\Delta l_2 \sin\alpha_1$　　（D）$\Delta l_1 \cos\alpha_2 = 2\Delta l_2 \cos\alpha_1$

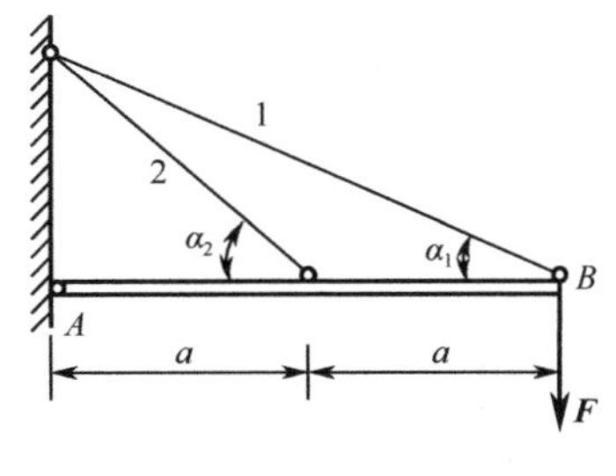

图习题 2-8-2

2-8-3　图习题 2-8-3 所示杆件两端被固定，在 C 处沿杆轴线作用载荷 $\boldsymbol{F}$，已知杆横截面面积为 A，材料的许用拉应力为 $[\sigma_t]$，许用压应力为 $[\sigma_c]$，且 $[\sigma_c]=3[\sigma_t]$。问 x 为何值时，F 的许用值最大，其最大值为多少？

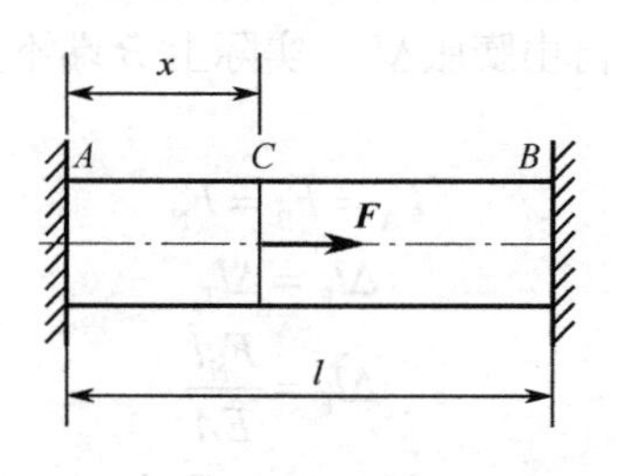

图习题 2-8-3

2-8-4　如图习题 2-8-4 所示，两根材料不同但截面尺寸与长度都相同的杆件，两端固结于刚性平板上，两杆之间无相互作用。已知两种材料的弹性模量分别为 E_1 和 E_2，且 $E_1>E_2$，杆的宽度均为 b。若使两杆都为均匀拉伸，试确定拉力 $\boldsymbol{F}$ 的偏心距 e。

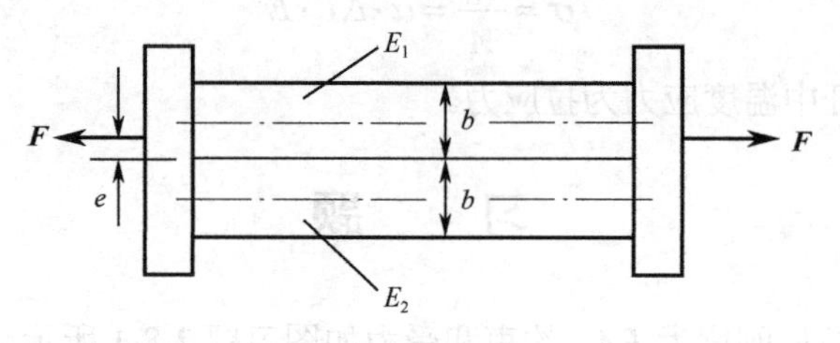

图习题 2-8-4

2-8-5　超静定杆受力如图习题 2-8-5 所示，横截面面积为 A，设 $a<b$。材料为理想弹塑性，屈服应力为 σ_s，求杆初始屈服时的载荷及杆完全屈服时的载荷。

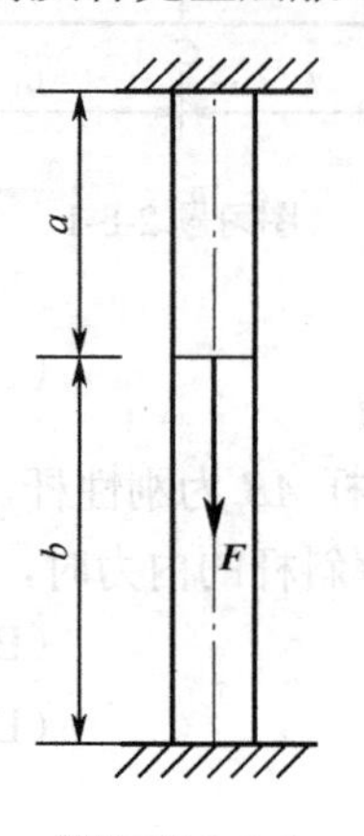

图习题 2-8-5

三 应 用 篇

第七届江苏省大学生力学竞赛（专科组）试卷

一、填空题（每题 4 分，共 40 分）

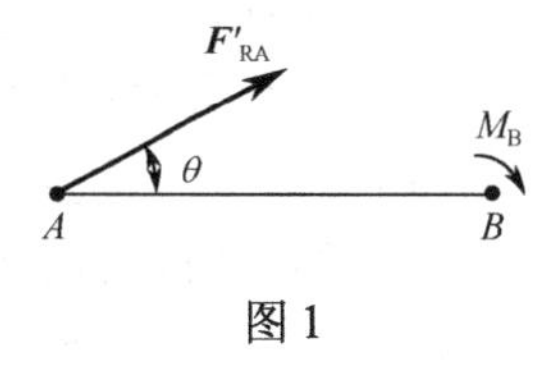

图 1

1．一平面力系向作用面内点 A 简化的主矢、主矩分别为 $\boldsymbol{F}'_{RA}$、M_A；向点 B 简化的主矢、主矩分别为 $\boldsymbol{F}'_{RB}$、M_B。已知 F'_{RA} =100kN，M_B=35kN·m，θ = 30°，AB = 2m，如图 1 所示，则主矢 $\boldsymbol{F}'_{RB}$ 的大小为________，主矩 M_A 的大小为________。

2．图 2 所示各结构中的构件均为刚性的，且不计各构件自重，则当力 $\boldsymbol{F}$ 沿其作用线移到点 D 时，使 B 处受力发生改变的情况是________（请填入编号）。

3．平面桁架受力和尺寸如图 3 所示，已知 $\boldsymbol{F}$、a，则杆 1 的内力 F_{N1} =________，杆 2 的内力 F_{N2} =________。

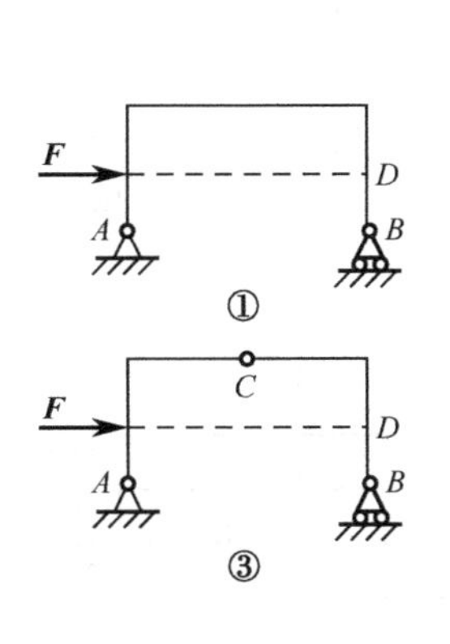

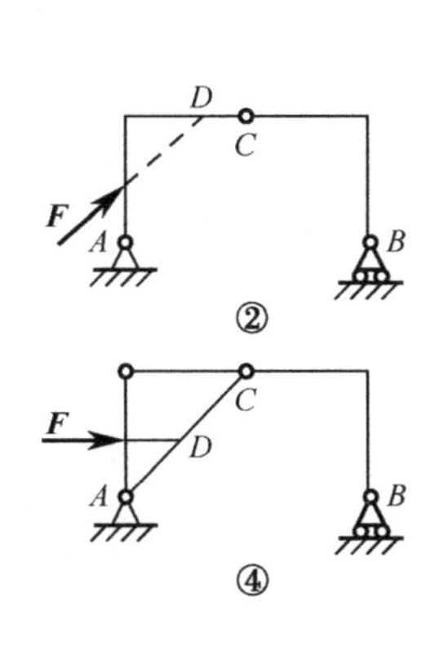

图 2

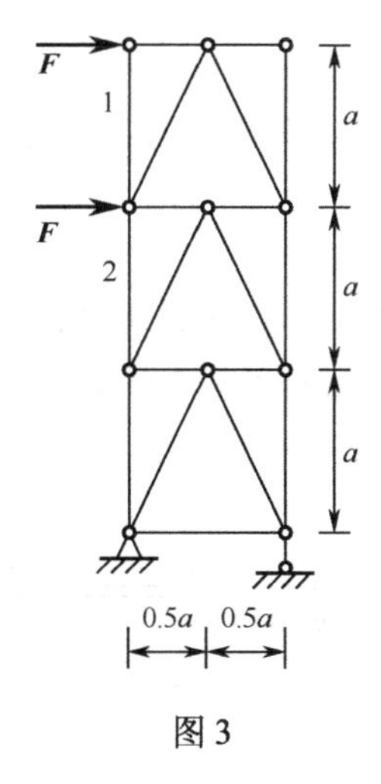

图 3

4．图 4 所示平面结构由刚性杆 AG、BE、CD 和 EG 铰接而成，A、B 处为固定铰支座。在杆 AG 上作用一力偶（$\boldsymbol{F}$，$\boldsymbol{F}'$），若不计各杆自重，则支座 A 处约束力的作用线平行于点________和点________的连线。

5．如图 5 所示，对某金属材料进行拉伸试验时，测得其弹性模量 E=200GPa，若超过屈服极限后继续加载，当试件横截面上的正应力为 σ =300MPa（该应力小于该材料的强度极限 σ_b）时，测得其轴向线应变 ε=4.50×10^{-2}，然后完全卸载。则该试件的轴向塑性线应变 ε_p =________。

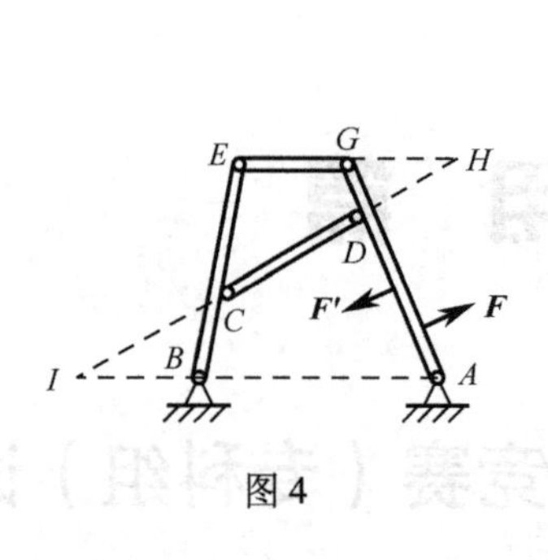

图 4

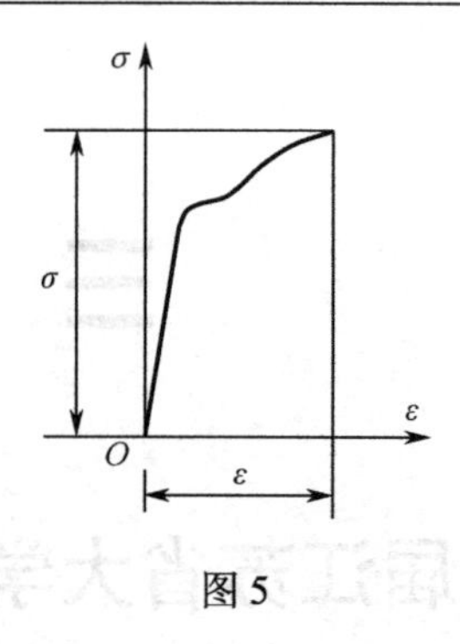

图 5

6．在铸铁的压缩破坏试验中，试样断口的形态为________。在铸铁的扭转破坏试验中，试样断口的形态为________。

7．图 6 所示外伸梁受均布荷载 q 作用，其剪力的最大值$|F_S|_{max}$=________，弯矩的最大值$|M|_{max}$=________。

8．图 7 所示简支梁的长度 l 和抗弯刚度 EI 已知，如在梁的中点 C 作用一集中力 $\boldsymbol{F}$，则中性层在 C 处的曲率半径ρ=________。

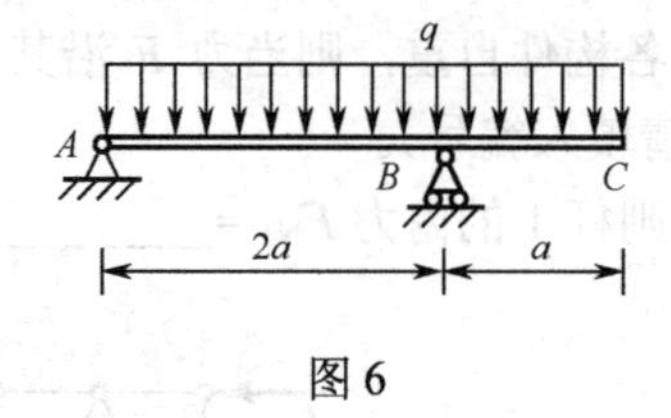

图 6

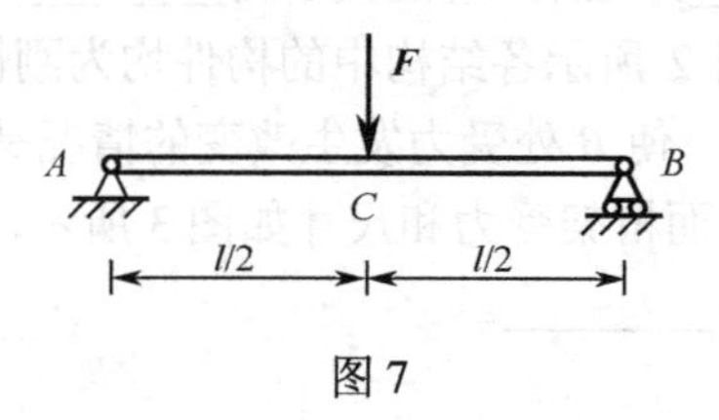

图 7

9．图 8 所示组合梁，载荷集度 q、长度 l 和抗弯刚度 EI 均为已知，$F=2ql$，则 B 处挠度的大小为________。

10．图 9 所示悬臂梁由两根完全相同的矩形截面木梁自由叠合而成，在自由端受集中载荷 $\boldsymbol{F}$ 作用。已知 F=2kN，h=200mm，l=3m，许用应力[σ]=10MPa。若不计梁间摩擦，则梁横截面的宽度 b 至少为________。

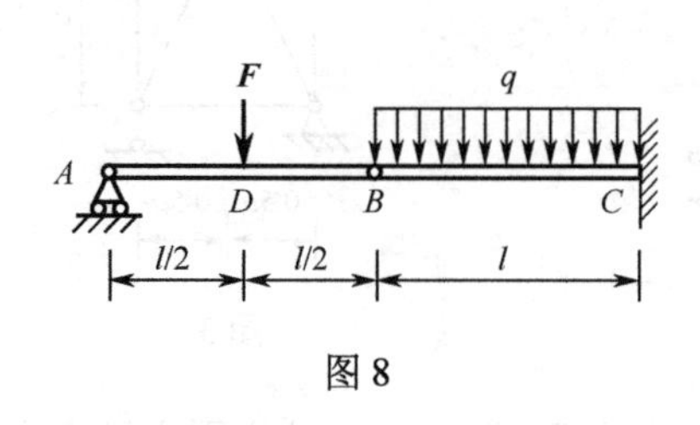

图 8

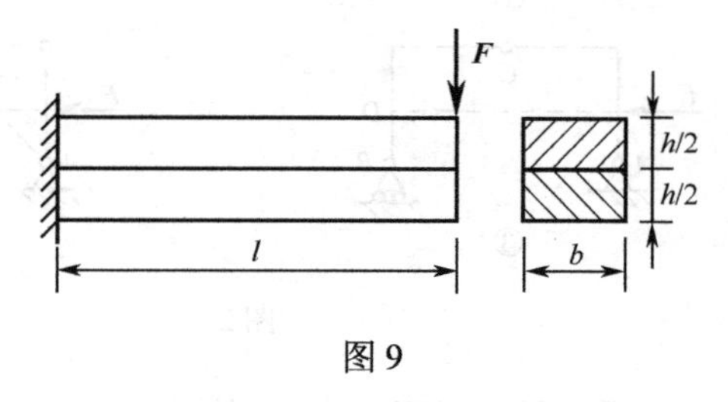

图 9

二、计算题（共 40 分）

11．平面结构如图 10 所示，已知均布荷载的集度 q、力偶矩 M 以及尺寸 a，试求固定端 A 处的约束力。（6 分）

12．如图 11 所示，两根材料不同但截面尺寸与长度都相同的杆件，两端固结于刚性平板上，两杆之间无相互作用。已知两种材料的弹性模量分别为 E_1 和 E_2 ，且 $E_1>E_2$，杆的宽度均为 b。若使两杆都为均匀拉伸，试确定拉力 $\boldsymbol{F}$ 的偏心距 e。（6 分）

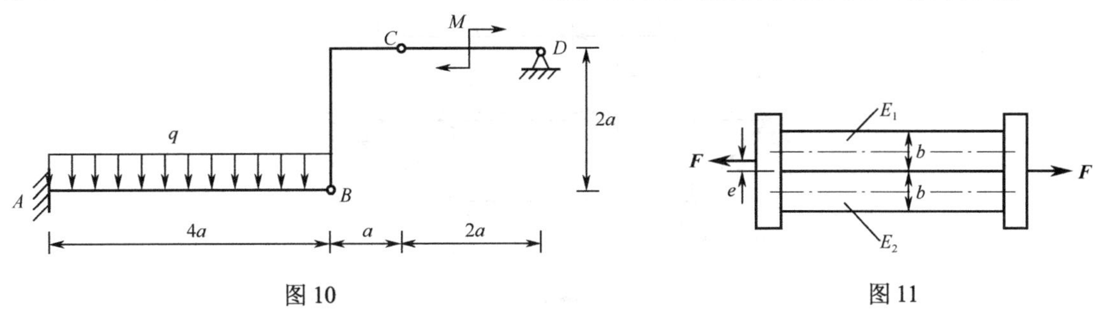

图 10　　　　图 11

13. 如图 12 所示，受均布载荷作用的水平梁 AC 为 14 号工字钢，其抗弯截面系数 $W_z=102\times10^3\text{mm}^3$，铅垂杆 BD 为圆截面钢杆，其直径 d=25mm，梁和杆的材料相同，许用应力为$[\sigma]$=160MPa。试求许用载荷集度$[q]$。（6 分）

14. 已知图 13 所示超静定梁在 C 处受集中力 $\boldsymbol{F}$ 作用，梁的抗弯刚度 EI 为常量，长度为 $3l$。试求截面 C 的挠度。（6 分）

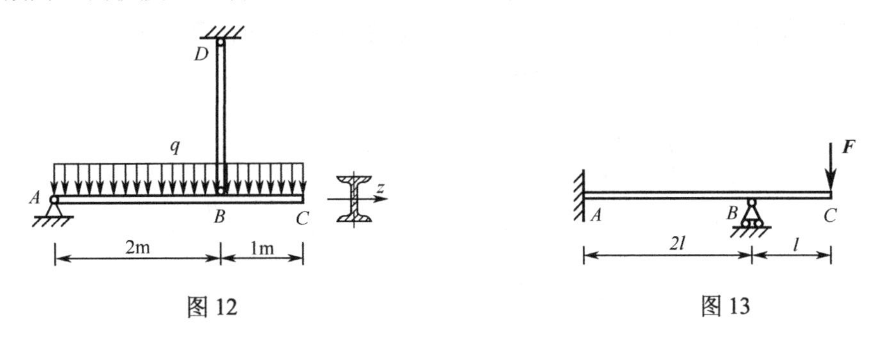

图 12　　　　图 13

15. 左右完全相同的牙嵌离合器如图 14 所示，左右两个部分各有六个齿，相互啮合时，两部分的齿之间无间隙。已知牙嵌离合器的外径 D=200mm，齿的厚度 b=20mm，齿的高度 h=10mm，传动轴的直径 d=100mm，传动轴的许用切应力$[\tau_t]$=100MPa，齿的许用切应力$[\tau_s]$=80MPa，许用挤压应力$[\sigma_{bs}]$=200MPa。若其传递的转矩 $M_e=16\text{kN}\cdot\text{m}$，试校核传动轴和牙嵌离合器的强度。（8 分）

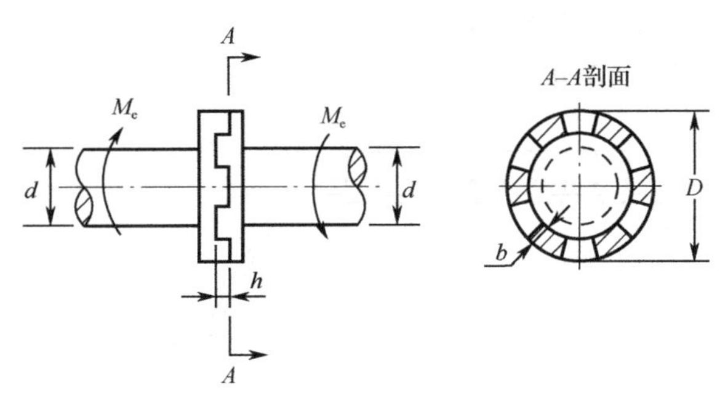

图 14

16. 组合结构如图 15 所示，竖向活载 $\boldsymbol{F}$ 可沿水平横梁 AC 和 BC 移动。已知 a=0.8m，l=2m，拉杆 1、3、5 均为直径 d=32mm 的圆杆，其许用应力$[\sigma]$=160MPa。若横梁 AC、BC 与压杆 2、4 足够坚固，试根据拉杆 1、3、5 的强度确定许用载荷$[F]$。（8 分）

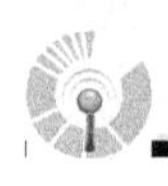

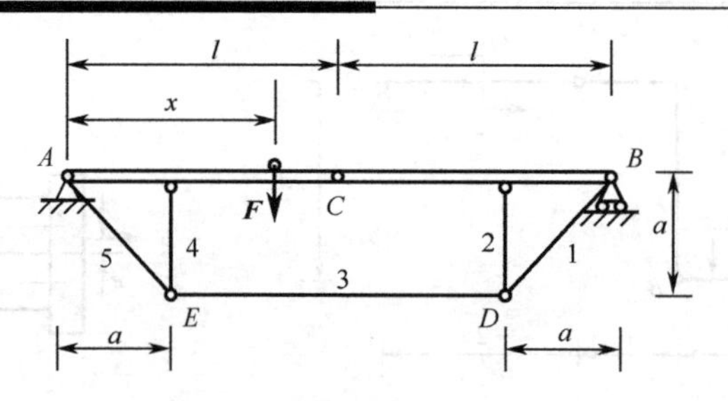

图 15

三、综合题（共 20 分）

17．假设汽车左右对称，可将其简化为图 16 所示的平面问题来研究。若已知汽车前后轮的轴距为 l，前后轮的半径均为 R，今有一磅秤（量程足够），秤面可与地面同高或升至距地面 H 的高度（见图 16）。要求不借助于其他测量工具，测定汽车的重心位置 x_C 和 z_C。

（1）请说明测量方案、步骤和所测量的参数；

（2）根据已知条件和所测参数推导汽车重心位置 x_C 和 z_C 的计算公式。（10 分）

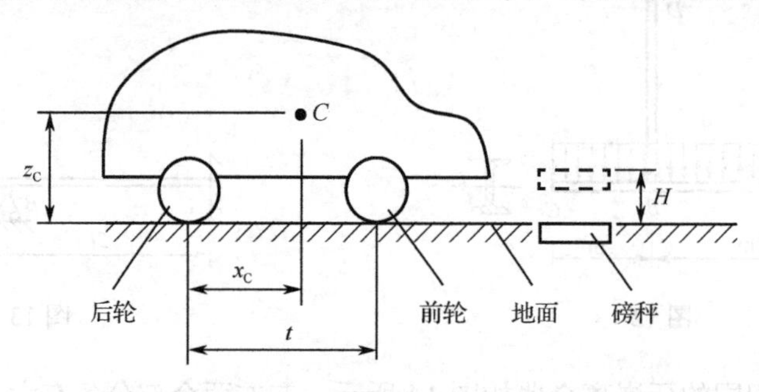

图 16

18．平面机构在图 17 所示位置平衡，此时杆 AB 水平，θ=60°。圆杆 AB 和 BC 的材料相同、自重不计，长度均为 l=2m，直径均为 d=80mm，许用应力均为[σ]=120MPa，又知 BD=DC=1m，q=10kN/m，M=4kN·m，杆 BC 与地面间的静摩擦因数 f_s=0.4。

（1）试求杆 BC 与地面间的摩擦力；

（2）校核两杆的强度。（10 分）

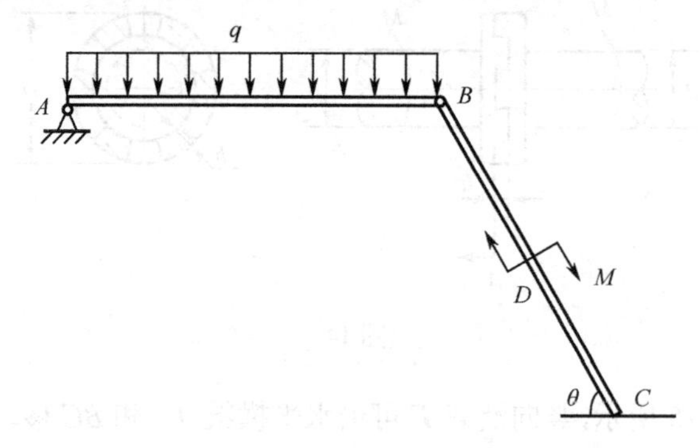

图 17

第八届江苏省大学生力学竞赛（专科组）试卷

一、填空题（每题 4 分，共 40 分）

1．如图 1 所示，x 轴与 y 轴的夹角为 60°，力 $\boldsymbol{F}$ 与 x 轴的夹角为 30°，大小为 F=1000N。则力 $\boldsymbol{F}$ 在 x 轴上的投影为________；若将力 $\boldsymbol{F}$ 分解为沿 x 方向和 y 方向的分力，则其沿 y 方向的分力大小为________。

2．如图 2 所示，点 A、B、C、D 为边长为 1m 的正方形的角点，已知一作用在该平面内的平面任意力系向 A、B、C 三点简化时的主矩分别为 $M_A=0$，$M_B=M_C=50\text{N·m}$，M_B 和 M_C 的转向均为逆时针。则该力系合力的大小为________，并在图中画出合力作用线的位置和合力的方向。

图 1　　　　图 2

3．重为 F_P 的均质圆柱静止地放在粗糙水平面上，在图 3 所示载荷作用下，圆柱在点 A 受到的摩擦力的方向为图（a）中________；图（b）中________；图（c）中________。（选填：水平向右；水平向左）

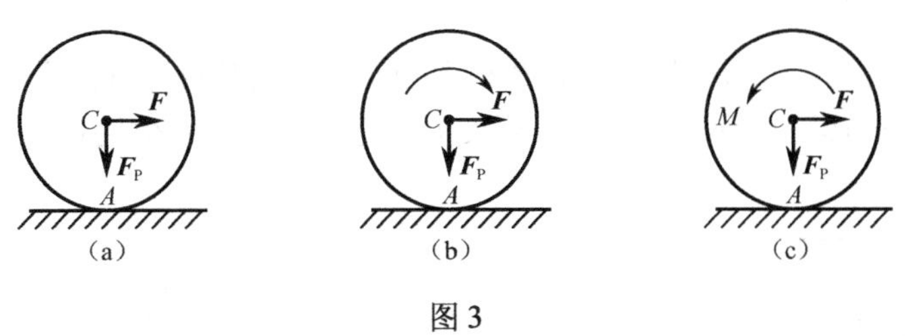

图 3

4．图 4 所示平面桁架受到外载荷 $\boldsymbol{F}_1$，$\boldsymbol{F}_2$ 和 $\boldsymbol{F}_3$ 的作用，已知 $\boldsymbol{F}_1=\boldsymbol{F}_2=\boldsymbol{F}_3=\boldsymbol{F}$，则杆 AB 的内力大小为________，杆 AC 的内力大小为________。

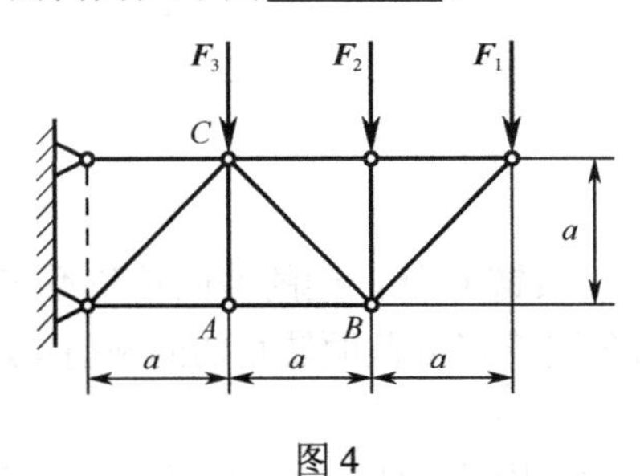

图 4

5．图 5 所示结构中，杆件 1 的右端放置在构件 2 上，构件 2 嵌入在杆件 3 中。在图示载荷作用下，杆件 1 发生弯曲变形，构件 2 发生________变形，杆件 3 的下段发生________变形。

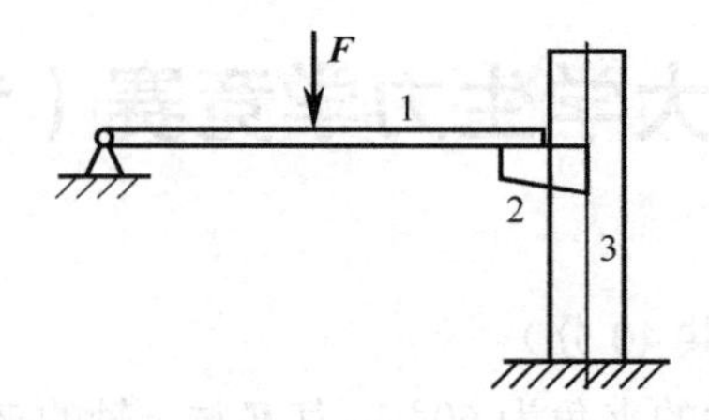

图 5

6．一阶梯状杆受力如图 6 所示，已知在 B 处，沿杆轴线作用的载荷 F_1=60kN，在自由端 C 沿轴线作用的载荷 F_2=20kN，AB 段横截面面积 A_1=200mm^2，长 l_1=1m，BC 段横截面面积 A_2=100mm^2，长 l_2=3m，杆的弹性模量 E = 200GPa。则：

（1）截面 B 的轴向位移为 δ_B=________；

（2）轴向位移为零的横截面到 A 端的距离 x =________。

7．矩形截面销钉与圆截面杆的连接如图 7 所示，已知圆截面杆直径 d，矩形截面销钉长度 $2d$，宽度 b 和高度 h。在力 $\boldsymbol{F}$ 作用时，销钉的剪切切应力为________，挤压应力为________。

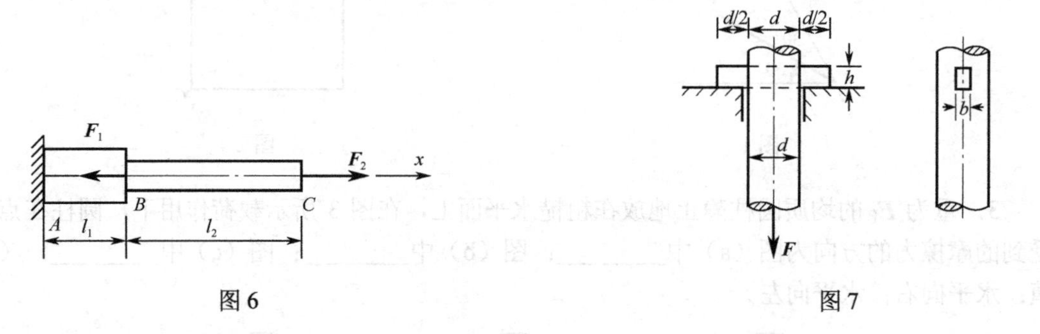

图 6　　　　图 7

8．图 8 所示对称截面，尺寸 H，h，B 和 b 为已知，则其抗弯截面系数 W_z =________。

9．图 9 所示外伸梁，已知 F，l，a。要使梁中弯矩的最大数值为最小，则梁端重物的重量应为 P =________。

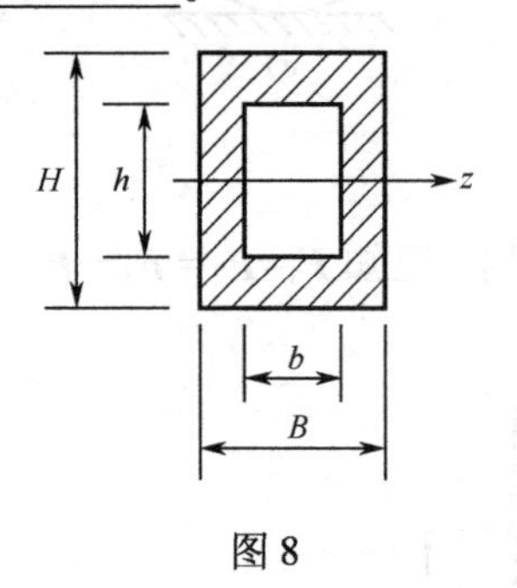

图 8

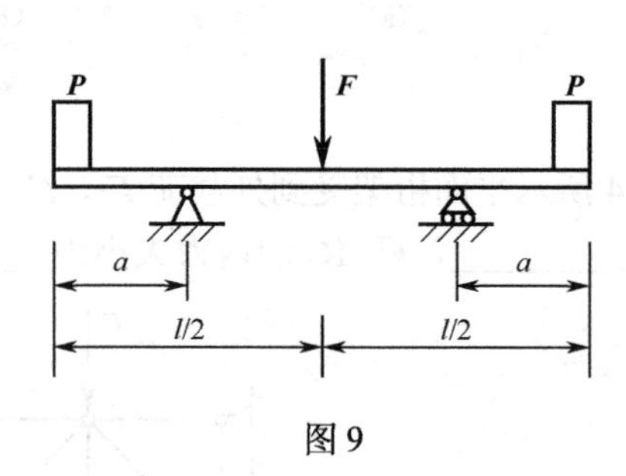

图 9

10．组合梁如图 10 所示，在铰链 C 处，梁的截面转角不连续。若梁的弯曲刚度 EI 为常量，力 $\boldsymbol{F}$ 和长度 a 为已知，则在铰链 C 处截面转角的间断值 $\Delta\theta$=________。

二、计算题（共 40 分）

11．（8 分）图 11 所示大力钳由构件 AC，AB，BD 和 CDE 通过铰链连接而成，尺寸如图，

单位为 mm，各构件自重和各处摩擦不计。若要在 E 处产生 1500N 的力，则施加的力 $\boldsymbol{F}$ 应为多大？

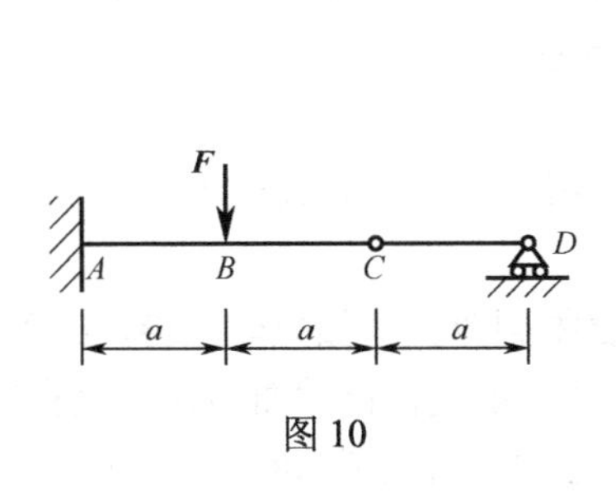

图 10

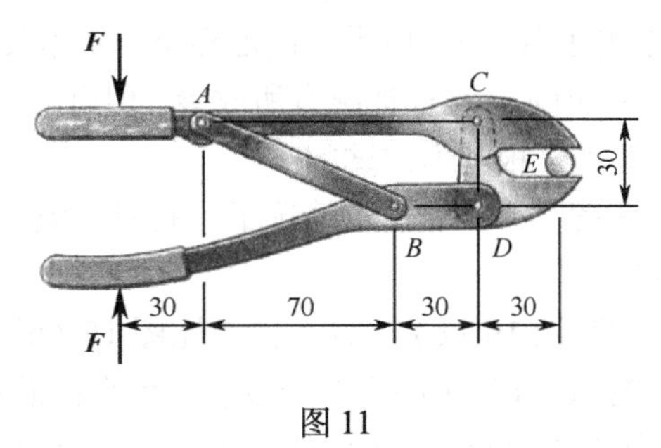

图 11

12.（6 分）在图 12 所示结构中，钢索 BC 由若干根直径为 d=2mm 的钢丝组成。若钢丝的许用应力[σ]=160MPa，梁 AC 自重 P=3kN，小车重 F=10kN，且小车可以在梁上自由移动（小车尺寸忽略不计）。试求钢索 BC 至少需几根钢丝组成才能保证安全？

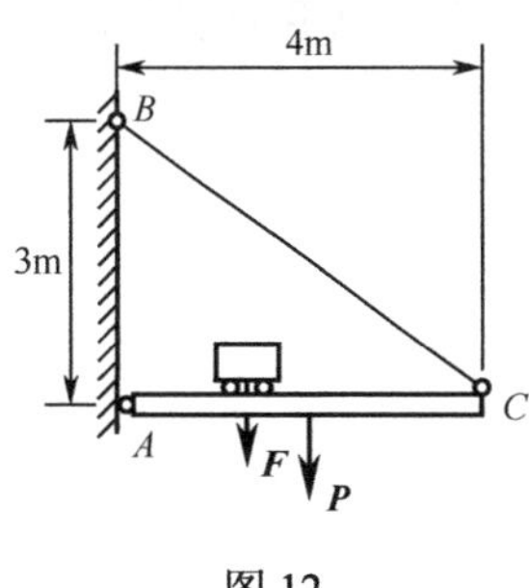

图 12

13.（6 分）现有两根受扭矩作用的轴，一根为钢制实心圆轴，其直径为 D_1；另一根为铝制空心圆轴，其外径为 D_2，内径为 d_2，内外径之比 $\alpha = d_2 / D_2 = 0.6$。两轴的横截面积及长度均相等，钢材的许用扭转切应力[τ_1]=80MPa，铝材的许用扭转切应力[τ_2]=50MPa。若仅考虑强度条件，试问哪一根轴能承受较大的扭矩？

14.（6 分）图 13 所示 T 形截面梁，所受载荷如图。已知 F_1=2kN，F_2=5.5kN，q=0.5kN/m，截面的形心主惯性矩 I_z=884cm^4，材料的许用拉应力为[σ_t]=35MPa，许用压应力为[σ_c]=80MPa，截面图中的尺寸单位为 mm。试校核梁的弯曲正应力强度。

15.（6 分）如图 14 所示平面结构，AB 为矩形截面等直梁，C，D，E 各点均为铰接，在 E 处受水平力 $\boldsymbol{F}$ 作用，F=10kN，截面图中的尺寸单位为 mm。试求梁 AB 中的最大拉应力。

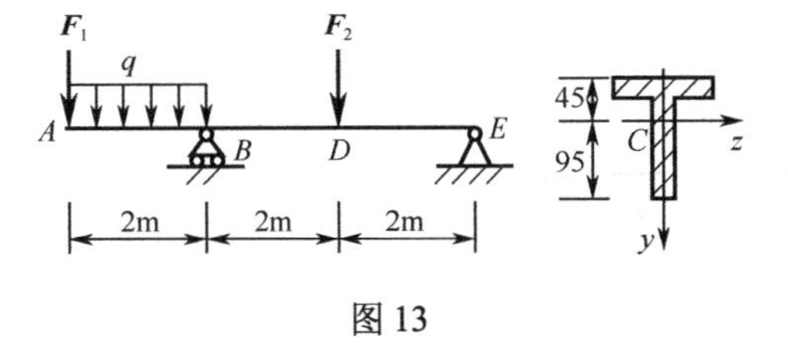

图 13

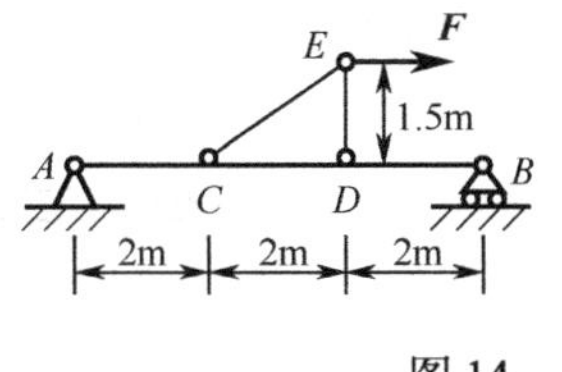

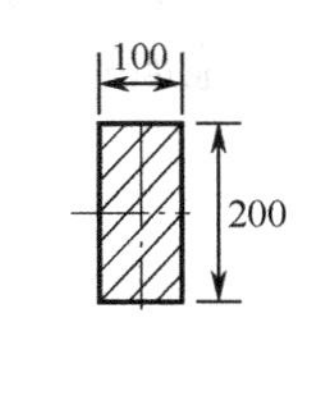

图 14

16.（8 分）如图 15 所示，受均布载荷 q 作用的水平钢梁 AB，左端固定，右端与铅垂钢拉杆 BC 铰接。已知钢梁的跨度为 l，抗弯刚度为 EI；钢拉杆的长度为 h，抗拉刚度为 EA。试求点 B 的挠度。

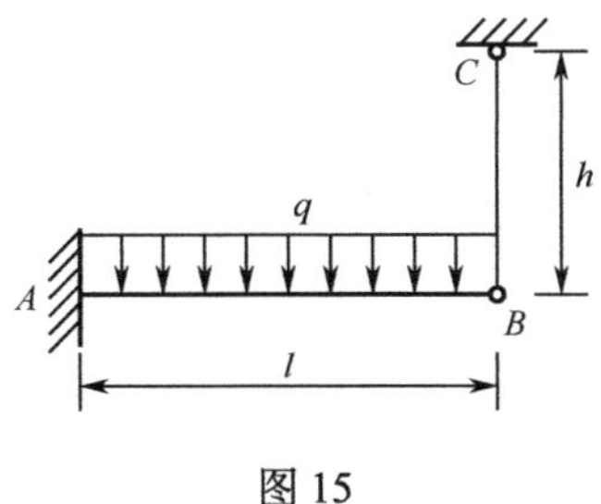

图 15

三、综合题（共 20 分）

17. （10 分）人们在放置长块石料时，需要在石料下方垫上圆木。最初使用两根圆木，垫的方式如图 16（a）所示，但这样垫圆木常使石料断裂。后来，人们将垫圆木的方式改为如图 16（b）所示，这样情况有所改善，但有时石料依然断裂。于是又有人建议，如图 16（c）所示那样垫上三根圆木。试问：

（1）在图 16（b）所示情况下，石料一般会在什么截面断裂？裂纹最先在该截面的什么位置出现？

（2）按照图 16（c）方法，能否比图 16（b）情况更得到改善？如果能改善，改善的程度有多大？图 16（c）中的石料一般会在什么截面断裂？裂纹最先在该截面的什么位置出现？

（3）你能否设计一种更佳的方案，只垫两根圆木，通过调整所垫圆木的位置，能比图 16（c）所示情况更加安全？

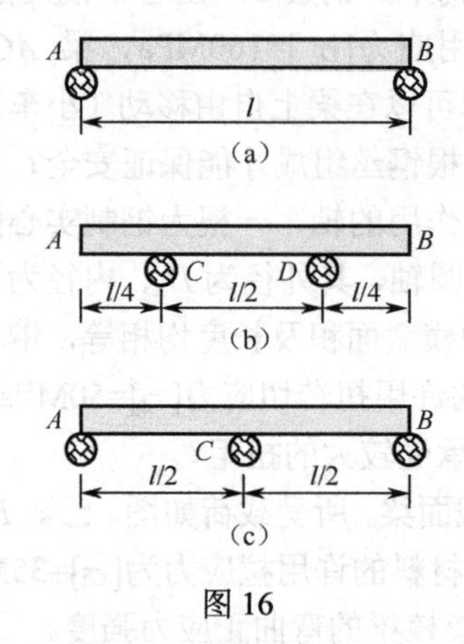

图 16

18.（10 分）如图 17 所示，横截面面积为 A，单位长度重量为 q 的无限长弹性杆，自由放在摩擦因数为 f 的粗糙表面上，杆的弹性模量为 E。试求：欲使该杆在端点产生轴向位移 δ，所需施加的轴向力 $\boldsymbol{F}$ 的大小。

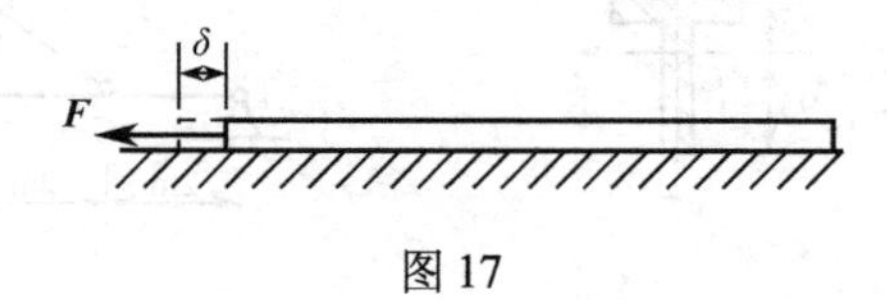

图 17

第九届江苏省大学生力学竞赛（专科组）试卷

一、填空题（每题 4 分，共 40 分）

1．悬臂刚架如图 1 所示，已知力 P=12kN，F=6kN，则 $\boldsymbol{P}$ 与 $\boldsymbol{F}$ 的合力 $\boldsymbol{F}_R$ 对点 A 的矩 $M_A(\boldsymbol{F}_R)$=________。

2．正方形 $ABCD$ 的边长为 1m，某平面任意力系向点 A 简化的结果如图 2 所示。若将该力系向点 C 简化，则其主矢大小为________，主矩大小为________。

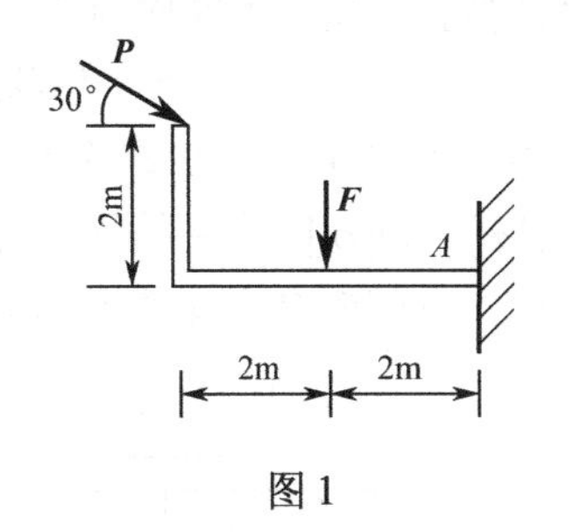

图 1

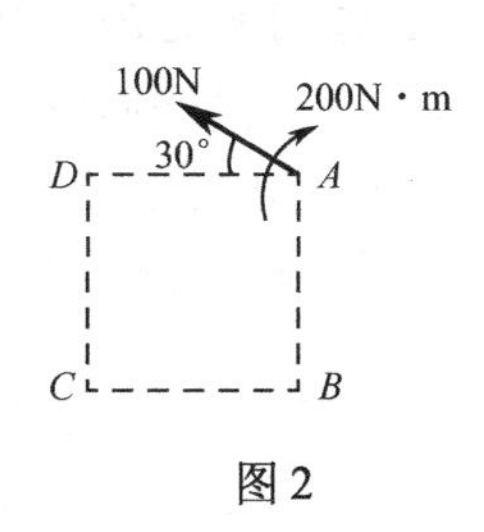

图 2

3．长为 $2l$、重为 $\boldsymbol{P}$ 的三块相同的匀质板，叠放如图 3 所示。在板 1 的右端挂一重为 $2\boldsymbol{P}$ 的重物，欲使各板都平衡，则板 1 允许伸出的最大长度为________，板 2 允许伸出的最大长度为________。

4．如图 4 所示，匀质杆 AB 重为 $\boldsymbol{P}$、长为 $2l$，两端置于相互垂直的光滑斜面上，已知一斜面与水平面成 α 角，则平衡时杆 AB 与水平线所成的角度 θ=________。

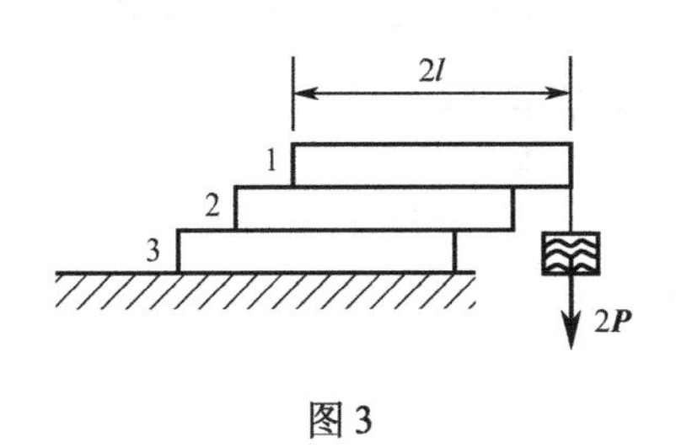

图 3

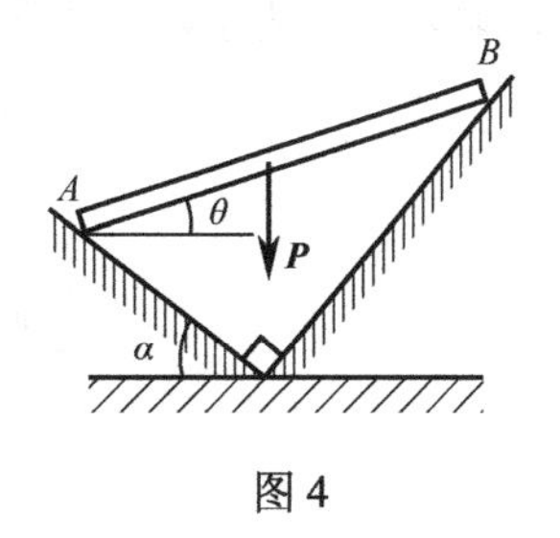

图 4

5．如图 5 所示，两重量均为 $\boldsymbol{P}$ 的小立方块 A、B 用一不计重量的细杆连接，放置在水平桌面上。已知一水平力 $\boldsymbol{F}$ 作用于球 A 上，球与桌面间的静摩擦因数为 f_s。则使系统保持平衡的力 $\boldsymbol{F}$ 的最大值为________。

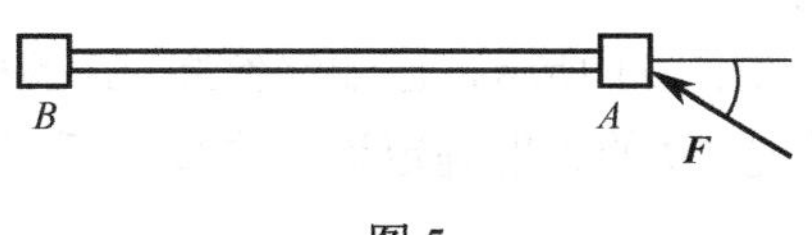

图 5

6．K 式桁架如图 6 所示，杆 1 的内力 F_{N1}=________。

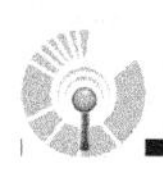

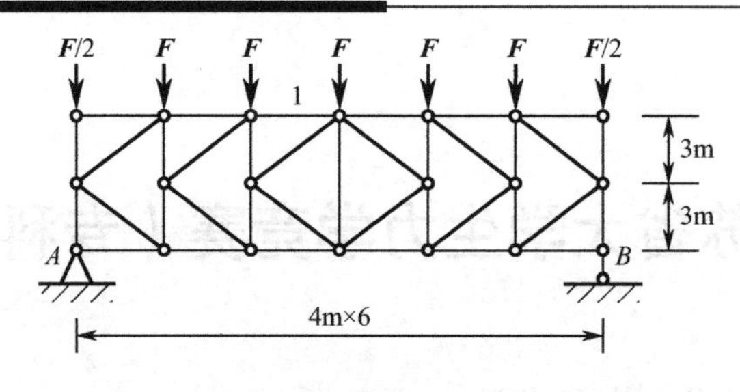

图 6

7．做低碳钢拉伸试验，当试样横截面上应力达到 320MPa 时，开始卸载，卸载后测得试样残留的轴向线应变为 2.0×10^{-3}。若该钢材的弹性模量 E=200GPa，屈服极限 σ_s=240MPa，则开始卸载前试样的轴向线应变为________。

8．在图 7 所示结构中，已知 AB、BO、DO 三杆的抗拉（压）刚度均为 EA，水平梁 BD 是刚性的，则在载荷 $\boldsymbol{F}$ 作用下梁 BD 的中点 C 的竖直位移 Δ_{cv}=________、水平位移 Δ_{cH}=________。

9．如图 8 所示，一螺栓刚好穿过圆孔，搁置在刚性平台上。已知螺栓承受轴向拉力 $\boldsymbol{F}$，材料的许用切应力[τ]和许用拉应力[σ]之间的关系为[τ]=0.6[σ]，许用挤压应力[σ_{bs}]和许用拉应力[σ]之间的关系为[σ_{bs}]=2[σ]。则螺栓尺寸 h、d、D 三者间的合理比值 $h:d:D$=________。

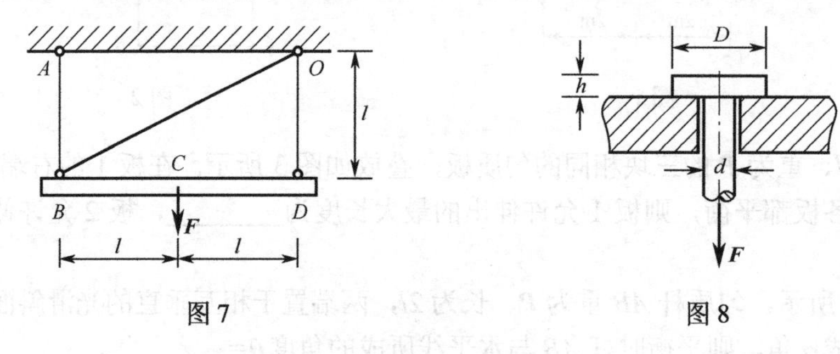

图 7　　　　　　　　　　图 8

10．组合梁如图 9 所示，其横截面上的最大剪力 $|F_s|_{max}$=_______，最大弯矩 $|M|_{max}$=_______。

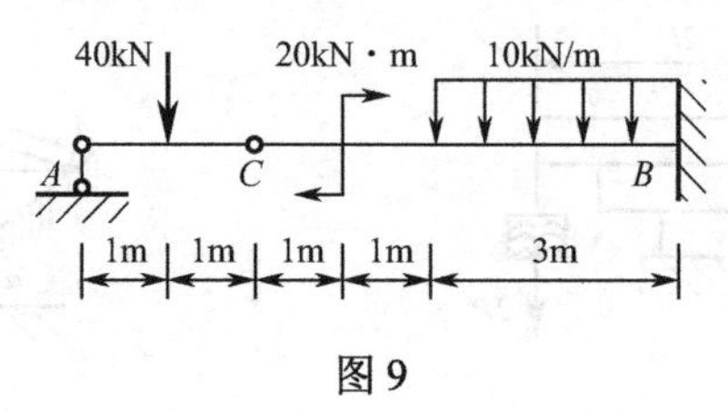

图 9

二、计算题（共 40 分）

11．（8 分）在图 10 所示平面结构中，$\boldsymbol{F}_1$、$\boldsymbol{F}_2$、M、a 为已知，且 $M=F_1a$，$\boldsymbol{F}_2$ 作用于销钉 B 上。若不计构件自重，试求（1）销钉 B 对 T 形杆 BCE 的约束力；（2）销钉 B 对杆 AB 的约束力；（3）固定端 A 处的约束力。

12．（6 分）简易起重装置如图 11 所示，已知钢丝绳 AB 的横截面面积 A=500mm^2，许用应力[σ]=80MPa。试根据钢丝绳 AB 的强度确定该起重装置所能吊起的最大重量 $\boldsymbol{P}$。

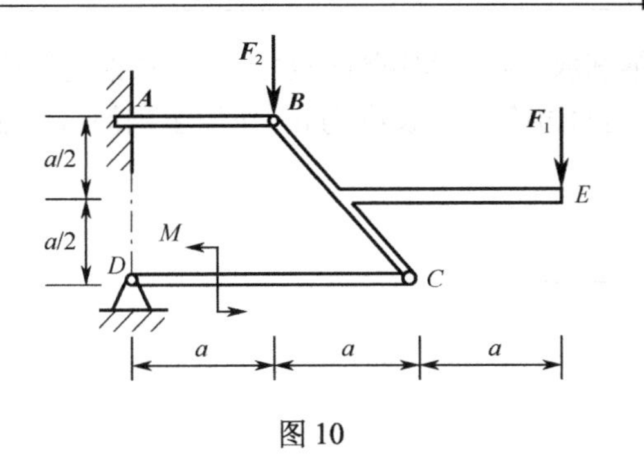

图 10

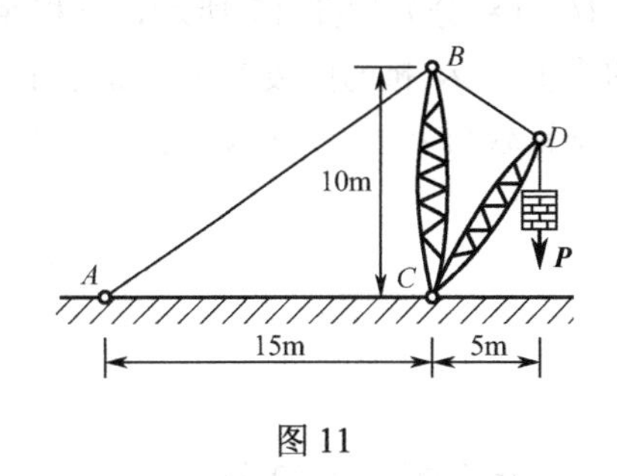

图 11

13．（6 分）正方形截面的混凝土立柱如图 12 所示，已知立柱横截面边长 b=200mm，立柱的基底为边长 a =1m 的正方形混凝土板，立柱承受的轴向压力 F=100kN，混凝土的许用切应力[τ]=1.5MPa。假设地基对混凝土板基底的支反力均匀分布，试求为使混凝土板基底不被剪断其厚度 t 的最小值。

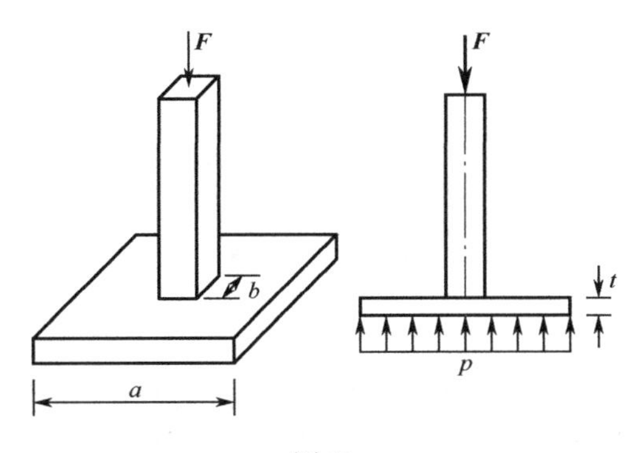

图 12

14．（6 分）槽形截面铸铁外伸梁承受图 13 所示载荷，已知截面的形心主惯性矩 $I_z=4\times10^7\text{mm}^4$，形心位置尺寸 y_1=60mm、y_2=140mm，材料的许用拉应力[σ_t]=35MPa、许用压应力[σ_c]=140MPa。试根据弯曲正应力强度确定载荷 $\boldsymbol{F}$ 的最大值。

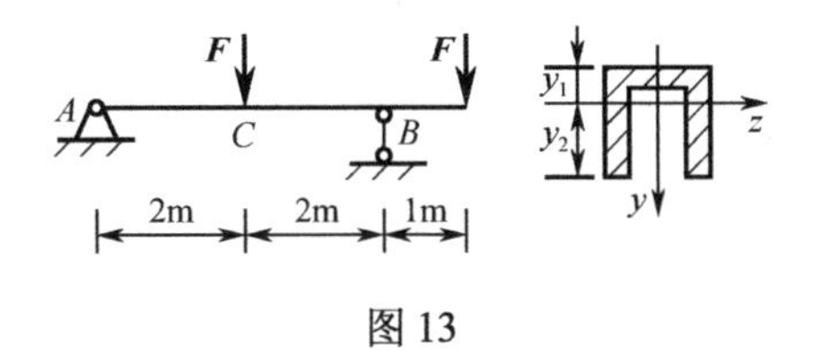

图 13

15．（6 分）如图 14 所示，一缺口平板受拉力 F=80kN 的作用。已知截面尺寸 h=80mm、a=b=10mm，材料的许用应力[σ]=140MPa。试校核该缺口平板的强度。如果强度不够，应如何补救（要求补救措施尽可能简便、经济）？

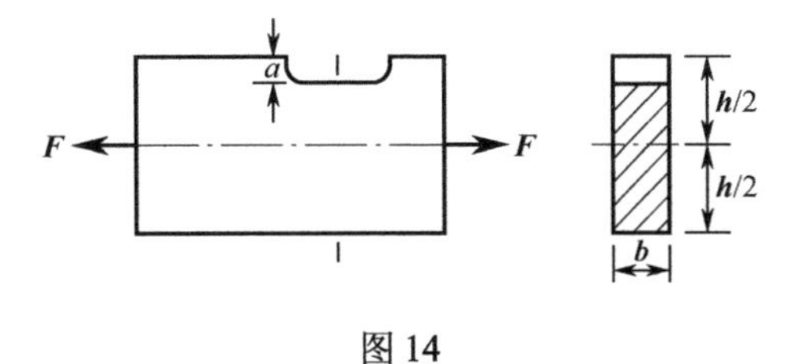

图 14

16.（8 分）如图 15 所示，一根足够长的钢筋放置在水平刚性平台上。已知钢筋单位长度的重量为 q，抗弯刚度为 EI，钢筋的一端伸出桌面边缘 B 的长度为 a，作用于钢筋自由端 A 处的垂直载荷 $F=qa$。试求钢筋 A 端的挠度。

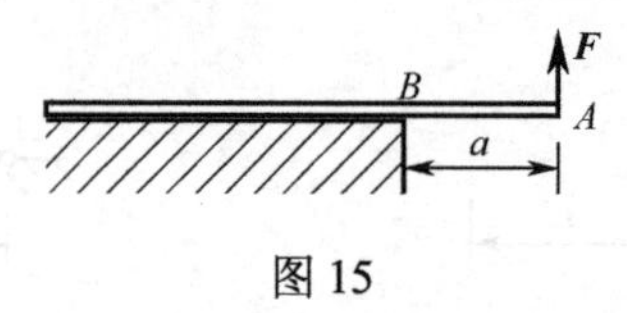

图 15

三、综合题（共 20 分）

17.（10 分）图 16 所示杆系结构，已知垂直载荷 $F=10\text{kN}$，水平杆 BC 的长度 $l=2\text{m}$，斜杆 AB 的倾角≤30°，杆 AB 与杆 BC 材料相同，抗拉（压）刚度 $EA=210\text{kN}$。

（1）试求 B 点的垂直位移；（2）试问能否用在 B 点加一个水平力的方法，使该点的水平位移为零？如果可以，请确定该水平力的大小和指向。

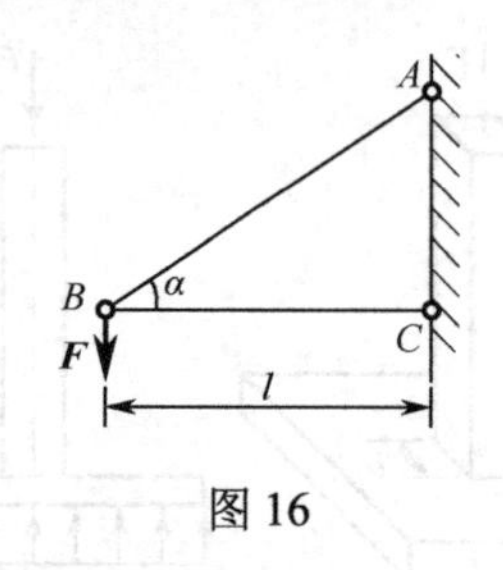

图 16

18.（10 分）如图 17 所示，具有中间铰的矩形截面梁上有一活动载荷 $\boldsymbol{F}$ 可沿全梁 l 移动。试问如何布置中间铰 C 和活动铰支座 B，才能充分利用材料的强度？

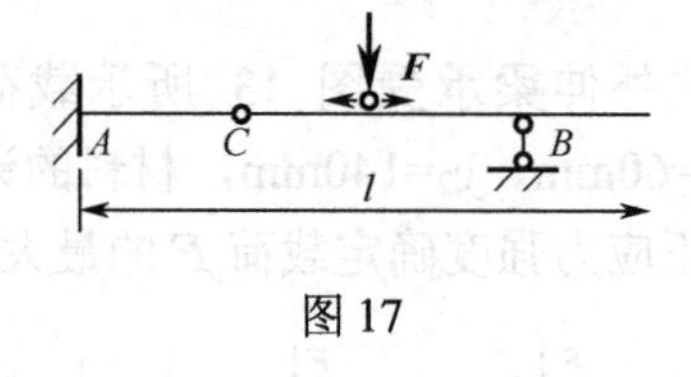

图 17

参考答案及评分标准

第七届江苏省大学生力学竞赛（专科组）

一、填空题（每题4分，共40分）

1．答案：$F'_{RB}=100\text{kN}$（2分）；M_A=65kN·m（2分）。

2．答案：③（4分）

3．答案：F_{N1}=0（2分）；F_{N2}=F（2分）。

4．答案：B、H（或H、B）（4分）

5．答案：弹性线应变$\varepsilon_e=\dfrac{\sigma}{E}=\dfrac{300\times10^6}{200\times10^9}=1.5\times10^{-3}$

塑性线应变$\varepsilon_p=\varepsilon-\varepsilon_e=4.50\times10^{-2}-0.15\times10^{-2}=4.35\times10^{-2}$（4分）

6．答案：接近45°的斜截面（45°～55°斜截面）（2分）；

45°螺旋面（2分）。

7．答案：$\dfrac{5}{4}qa$（2分）；$\dfrac{1}{2}qa^2$（2分）。

8．答案：$\rho=\dfrac{4EI}{Fl}$（4分）

9．答案：$\dfrac{11}{24}\dfrac{ql^4}{EI}$（↓）（4分）

10．答案：$b_{\min}=180\text{mm}$（4分）

二、计算题（共40分）

11．答案：

CD：受力如图，$\sum M=0$，$F_D=\sqrt{5}M/4a$（2分）；

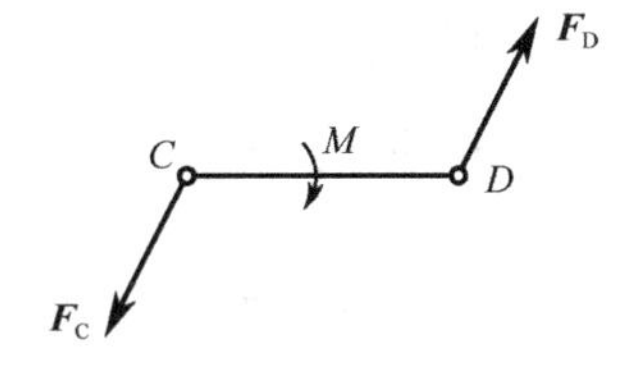

整体：受力如图，$\sum F_x=0\quad F_{Ax}=-M/4a$；

$\sum F_y=0\quad F_{Ay}=4qa-M/2a$；

$\sum M_A=0\quad M_A=8qa^2-2M$。（4分）

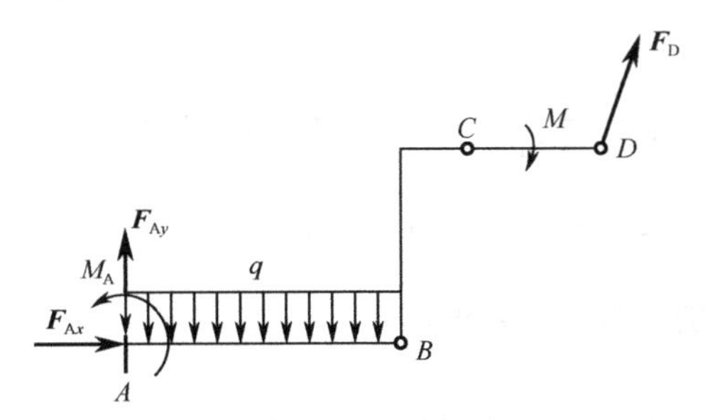

12．答案：

由变形协调方程$\Delta l_1=\Delta l_2$，得$F_{N1}=\dfrac{E_1}{E_2}F_{N2}$。（2分）

平衡方程：$F_{N1}+F_{N2}=F$

$$-F_{N1}\left(\frac{b}{2}-e\right)+F_{N2}\left(\frac{b}{2}+e\right)=0$$ （2 分）

解得：$e=\dfrac{E_1-E_2}{2(E_1+E_2)}b$ （2 分）

13．答案：

（1）由梁的弯曲强度确定$[q]$。

梁 AC 的危险截面在 B 处，$M_{max}=0.5q$。

由$\sigma_{max}=\dfrac{M_{max}}{W_z}\leqslant[\sigma]$得$[q]\leqslant 32.64\text{kN/m}$。

（2）由杆 BD 的拉伸强度确定$[q]$。

杆 BD 的轴力$F_N=\dfrac{9}{4}q$。

由$\sigma=\dfrac{F_N}{A}\leqslant[\sigma]$得$[q]\leqslant 34.91\text{kN/m}$。

结论：$[q]=32.64\text{kN/m}$。

评分：梁的弯曲强度计算，3 分；杆的拉伸强度计算，2 分；结论，1 分。

14．答案：

（1）解超静定梁。

取悬臂梁为基本静定系统，$w_B=0$

$$\frac{F(2l)^3}{3EI}+\frac{Fl(2l)^2}{2EI}=\frac{F_B(2l)^3}{3EI},\quad F_B=\frac{7F}{4}\ (\uparrow)$$

（2）求挠度。

$$w_C=\frac{(7F/4)(2l)^3}{3EI}+\frac{(7F/4)(2l)^2}{2EI}l-\frac{F(3l)^3}{3EI}=-\frac{5Fl^3}{6EI}\ (\downarrow)$$

评分：解超静定梁，正确求出 F_B，3 分；正确求出 w_C，3 分。

15．答案：

传动轴：$\tau_{max}=\dfrac{16M_e}{\pi d^3}=81.5\text{MPa}<[\tau]$ （2 分）

齿受力：$F_S=F_{bs}=\dfrac{M_e}{6\left(\dfrac{D}{2}-\dfrac{b}{2}\right)}=29630\text{N}$ （2 分）

齿的剪切：$\tau=\dfrac{4\times12\times F_S}{\pi[D^2-(D-2b)^2]}=31.4\text{MPa}<[\tau_s]$ （2 分）

齿的挤压：$\sigma_{bs}=\dfrac{F_{bs}}{bh}=148.2\text{MPa}<[\sigma_{bs}]$ （2 分）

结论：该牙嵌离合器的强度符合要求。

16．答案：

由于结构的对称性，考虑活载 $\boldsymbol{F}$ 在横梁 AC 上移动。

分别截取不受 $\boldsymbol{F}$ 作用的右半部分（见图（a））以及节点 D（见图（b））为研究对象，不难判断，支座反力 $\boldsymbol{F}_B$ 越大，拉杆 1、3 的轴力就越大。故知，当竖向载荷 $\boldsymbol{F}$ 作用于中间铰链

C 上时，拉杆 1、3、5 最危险。（3 分）

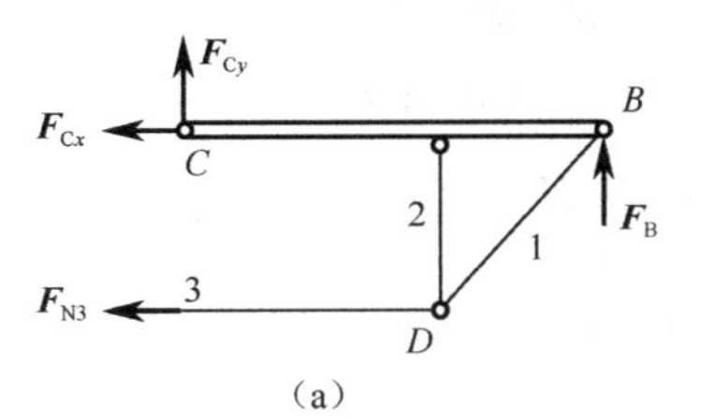

(a)

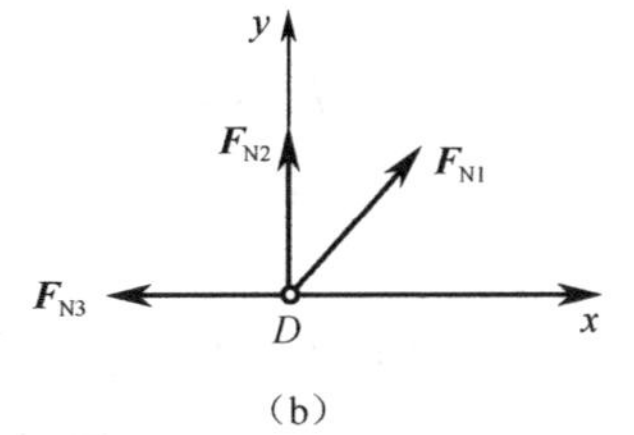

(b)

当 $\boldsymbol{F}$ 作用于中间铰链 C 上时，支座反力：$F_B = \dfrac{F}{2}$。

拉杆轴力：$F_{N3} = 1.25F$ 、$F_{N1} = F_{N5} = 1.25\sqrt{2}F = 1.768F$。（3 分）

应根据拉杆 1（5）的强度确定许用载荷。

强度条件：$\sigma_1 = \dfrac{F_{N1}}{\dfrac{\pi d^2}{4}} = \dfrac{4 \times 1.768F}{\pi \times 32^2 \times 10^{-6}\,\text{m}^2} \leqslant 160 \times 10^6\,\text{Pa}$

许用载荷：$[F] = 72.8\,\text{kN}$（2 分）

三、综合题（共 20 分）

17. 答案：

（1）测量方案、步骤和所测量的参数如下：

① 将汽车前轮置于磅秤上，后轮置于地面上，读取磅秤读数 F_1，如图（a）所示；

② 将汽车后轮置于磅秤上，前轮置于地面上，读取磅秤读数 F_2，如图（b）所示；

③ 将汽车后轮置于磅秤上，前轮置于地面上，然后将磅秤升至距地面 H 的高度，读取磅秤读数 F_3，如图（c）所示。

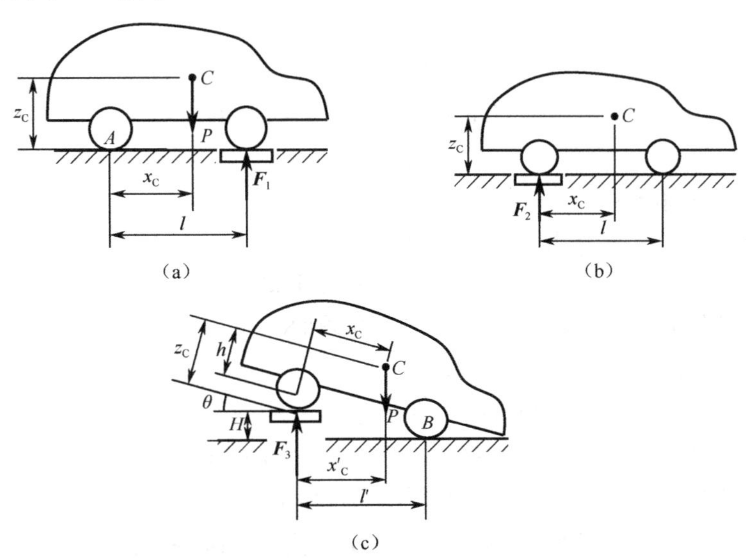

(a) (b) (c)

（2）推导汽车重心位置 x_C 和 z_C 的计算公式：

汽车总重量 $P = F_1 + F_2$

由图（a）得：$\sum M_A = 0$ $\quad F_1 l - P x_C = 0$

$$x_C = \frac{F_1 l}{P} = \frac{F_1 l}{F_1 + F_2} \qquad (*)$$

由图（c）得：$\sum M_B = 0$ $\quad P(l' - x'_C) - F_3 l' = 0$

$$x_C' = l' - \frac{F_3 l'}{P} = \frac{F_1 + F_2 - F_3}{F_1 + F_2} l' \qquad (**)$$

由图中几何关系知：$l' = l\cos\theta \qquad x_C' = x_C\cos\theta + h\sin\theta$

$$\sin\theta = \frac{H}{l} \qquad \cos\theta = \frac{\sqrt{l^2 - H^2}}{l} \qquad h = z_C - R$$

将以上各式和（*）式代入（**）式，经整理后得：

$$z_C = R + \frac{F_2 - F_3}{F_1 + F_2} \cdot \frac{l\sqrt{l^2 - H^2}}{H}$$

评分：测量方案、步骤和所测量的参数（4 分）；推导汽车重心位置 x_C 和 z_C 的计算公式（6 分）。

18．答案：

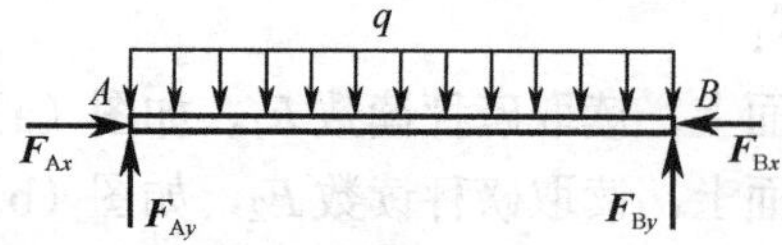

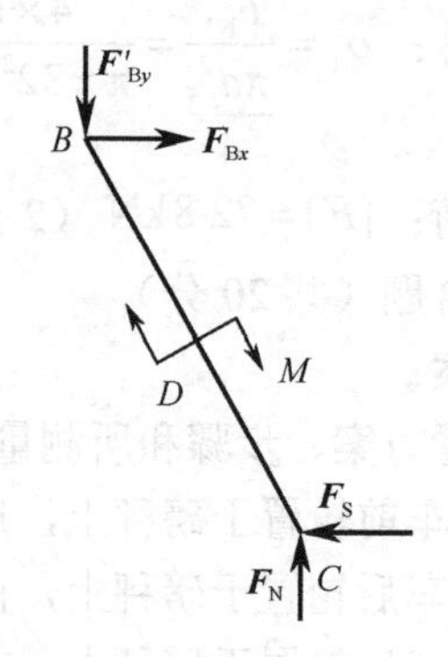

（1）假设摩擦力为静摩擦力。

AB：对称性 $F_{Ay} = F_{By} = 10\text{kN}$

BC：$\sum F_y = 0$，$F_N = 10\text{kN}$

$$\sum M_B = 0$$

$$F_N \cdot l\cos\theta - F_S \cdot l\sin\theta - M = 0$$

$$F_s = 3.46\text{kN}$$

而 $F_{max} = f_s \cdot F_N = 4\text{kN} > F_S$

静摩擦力假设成立，摩擦力为 $F_S = 3.46\text{kN}$。

$$\sum F_x = 0, \ F_{Bx} = 3.46\text{kN}$$

（2）杆 BC 的轴向力：$F_S\cos\theta + F_N\sin\theta = 10.39\text{kN}$。

横向力：$-F_S\sin\theta + F_N\cos\theta = 2.00\text{kN}$

杆 AB、BC 均发生轴向压缩与弯曲的组合变形。

杆 AB 的危险截面在跨中：$F_N = 3.46\text{kN}$，$M_{max} = ql^2/8 = 5\text{kN}\cdot\text{m}$

杆 BC 的危险截面在跨中：$F_N = 10.39\text{kN}$，$M_{max} = 2\text{kN}\cdot\text{m}$

$$A = \frac{\pi d^2}{4} = 50.27\,\text{cm}^2, \ W_z = \frac{\pi d^3}{32} = 50.27\,\text{cm}^3$$

杆 AB：$\sigma'_{cmax} = \frac{F_N}{A} + \frac{M_{max}}{W_z} = \frac{3.46\times10^3}{50.27\times10^{-4}} + \frac{5\times10^3}{50.27\times10^{-6}} = 100.15\,\text{MPa}$

杆 BC：$\sigma''_{cmax} = \frac{F_N}{A} + \frac{M_{max}}{W_z} = \frac{10.39\times10^3}{50.27\times10^{-4}} + \frac{2\times10^3}{50.27\times10^{-6}} = 41.85\,\text{MPa}$

$\sigma'_{cmax} < [\sigma]$，$\sigma''_{cmax} < [\sigma]$，两杆强度条件满足。

评分：摩擦力 4 分；强度校核 6 分。

第八届江苏省大学生力学竞赛（专科组）

一、填空题（每题 4 分，共 40 分）

1. 866N（2 分）；577N（2 分）。
2. 50N（2 分），作用线沿 AD，方向由 A 指向 D（2 分）。
3. 水平向左（1 分）；水平向右（1 分）；水平向左（2 分）。
4. $-3F$（2 分）；0（2 分）。
5. 剪切与挤压（2 分）；弯曲与轴向压缩组合（2 分）。
6. -1×10^{-3}m（2 分）；2m（2 分）。
7. 剪切应力为 $F/2bh$（2 分）；挤压应力为 F/bd（2 分）。
8. $\dfrac{BH^2}{6}\left(1-\dfrac{bh^3}{BH^3}\right)$（4 分）
9. $\dfrac{F}{4a}\left(\dfrac{l}{2}-a\right)$（4 分）
10. $\Delta\theta=\dfrac{4Fa^2}{3EI}$（4 分）

二、计算题（共 40 分）

11. （8 分）

解：（1）取 BD，受力如图。

$$\sum M_D(\boldsymbol{F})=0 \qquad -F\times130+F_{AB}\sin\theta\times30=0$$

得 $F_{AB}\sin\theta=13F/3$（4 分）

（2）取 ACE，受力如图。

$$\sum M_C(\boldsymbol{F})=0 \qquad -F\times130+F_E\times30-F_{AB}\sin\theta\times100=0$$

得 $F=148.3$N（4 分）

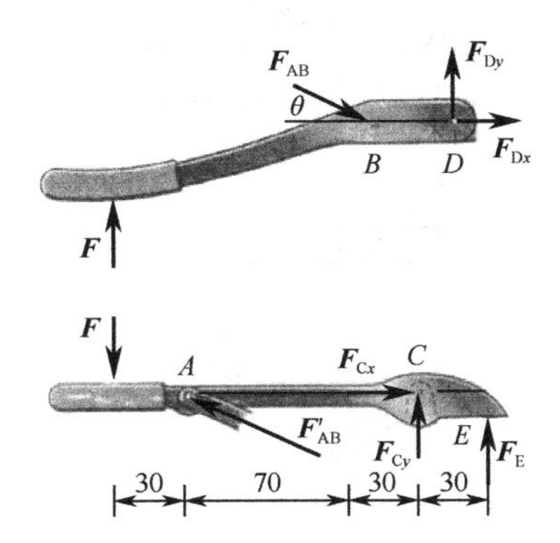

12.（6 分）

解：小车移至点 C 时钢索受到拉力最大，受力如图。（2 分）

$$\sum M_A(\boldsymbol{F})=0 \qquad 2P+4F-4F_N\sin\alpha=0 \qquad \sin\alpha=3/5$$

$$F_N=19.17\text{kN}（2 分）$$

钢索所需根数 $n \geqslant \dfrac{4F_N}{\pi d^2[\sigma]} \approx 38.14$，应取 39 根。（2 分）

13．（6 分）

解：由 $A_1=A_2$，故

$$D_1 = D_2\sqrt{1-\alpha^2} = 0.8D_2 \quad （1 分）$$

钢轴的许可扭矩： $T_1 = \dfrac{\pi}{16}D_1^3[\tau_1] = 8.04\times10^6 D_2^3$ （2 分）

铝轴的许可扭矩： $T_1 = \dfrac{\pi}{16}D_2^3(1-\alpha^4)[\tau_2] = 8.55\times10^6 D_2^3$ （2 分）

结论：铝轴承受的扭矩较大。（1 分）

14．（6 分）

解：梁的弯矩图如图所示。（3 分）

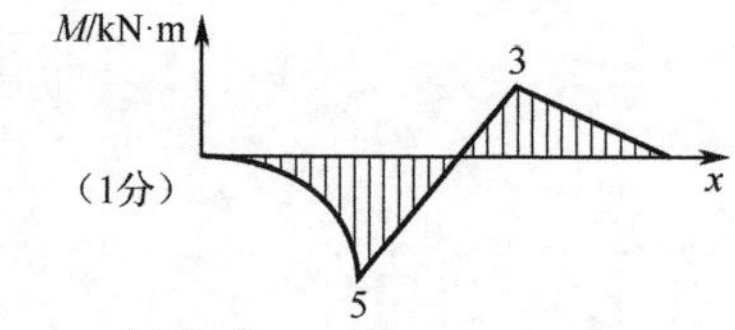

$$\sigma_{tmax}^{B} = \frac{|M_B|}{I_z}\times0.045 = 25.5\text{MPa} < [\sigma_t] \quad （1 分）$$

$$\sigma_{cmax}^{B} = \frac{|M_B|}{I_z}\times0.095 = 53.7\text{MPa} < [\sigma_c] \quad （1 分）$$

$$\sigma_{tmax}^{D} = \frac{M_D}{I_z}\times0.095 = 32.2\text{MPa} < [\sigma_t] \quad （1 分）$$

结论：梁的强度满足要求。

15．（6 分）

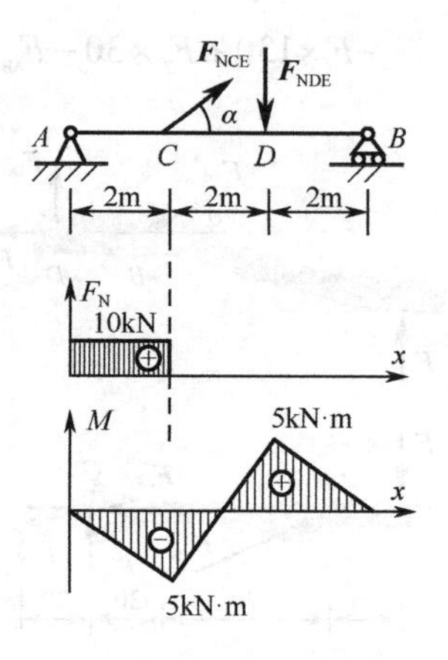

解：

$$F_{NCE}=12.5\text{kN}，F_{NDE}=7.5\text{kN}$$

$$F_{NCEx}=F=10\text{kN}$$

$$F_{NDEy}=F_{NDE}=7.5\text{kN}$$

最大拉应力发生在截面 C 左邻的上缘。（4 分）

$$\sigma_{max} = \frac{F_{NCEx}}{A} + \frac{M_C}{W} = \frac{10\times10^3}{0.1\times0.2} + \frac{5\times10^3}{\frac{1}{6}\times0.1\times0.2^2}$$

$$=0.5\times10^6\,\text{Pa}+7.5\times10^6\,\text{Pa}=8\text{MPa}$$ （2分）

16．（8分）

$$\omega_B=\frac{ql^4}{8EI}-\frac{F_N h}{3EI}=\frac{F_N h}{EA}$$ （4分）

$$F_N=\frac{3Aql^4}{8(Al^3+3hI)}$$ （2分）

$$\omega_B=\frac{F_N h}{EA}=\frac{3qhl^4}{8E(Al^3+3hI)}$$ （2分）

三、综合题（共20分）

17．（10分）

解：（1）（2分）

图（b）的计算简图：外伸梁。

图（b）的弯矩图如下图所示。

结论：石料会在圆木支撑截面断裂（弯矩最大），裂纹最先在该截面的上边缘出现（拉应力最大）。

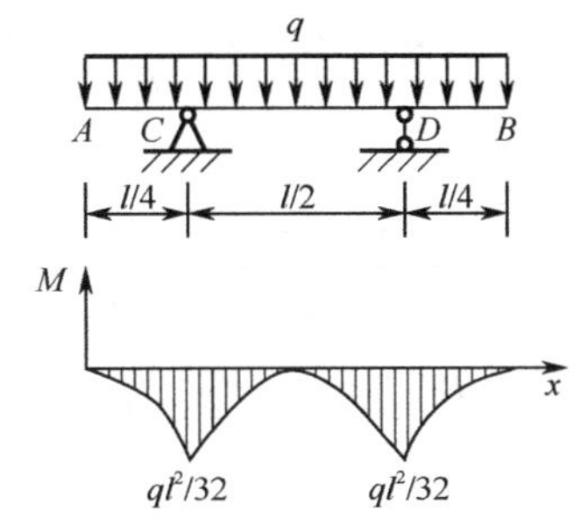

（2）（4分）

图（c）的计算简图：超静定梁。

求解超静定梁：

$$\omega_C=\frac{5ql^4}{384EI}+\frac{Fcl^3}{48EI}=0$$

$$F_C=\frac{5}{8}ql$$

$$F_A=F_B=\frac{3}{16}ql$$

图（c）的弯矩图如下图所示。

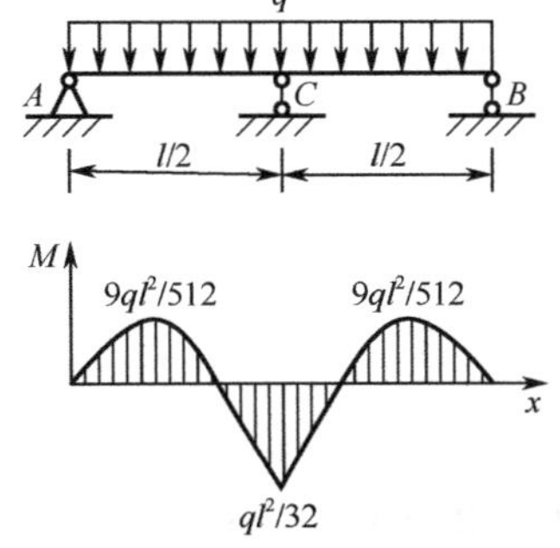

结论：按照图（c）方法，不能使图（b）情况再得到改善（最大弯矩不变）。石料会在跨

中截面断裂（弯矩最大）；裂纹最先在该截面的上边缘出现（拉应力最大）。

（3）（4分）

更佳的方案如下图所示。其中，$a=\dfrac{\sqrt{2}-1}{2}l=0.207l$，梁的最大弯矩取得极小值：$M'_{\max}=0.02145ql^2$。此时较图（c）所示情况节省圆木且更加安全。最大弯矩降低比例：$\dfrac{M_{\max}-M'_{\max}}{M_{\max}}=31.36\%$。

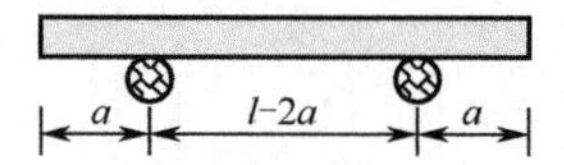

18.（10分）

解：设杆在轴向力 $\boldsymbol{F}$ 作用下，长度为 l 的一段产生了伸长为 δ 的轴向位移，该段杆与支承面间有相对运动，其分布摩擦力集度为 fq，该段内任意横截面 x 面上的轴力为

$$F_{\mathrm{N}}(x)=F-fqx \text{（4分）}$$

设在 $x=l$ 处，轴力为零，则

$$F_{\mathrm{N}}(l)=F-fql=0,\quad l=\frac{F}{fq} \text{（3分）}$$

杆在该段的伸长量为

$$\delta=\int_0^l\frac{F_{\mathrm{N}}(x)\mathrm{d}x}{EA}=\frac{1}{EA}\left(Fl-\frac{1}{2}fql^2\right)$$
$$=\frac{1}{EA}\left(\frac{F^2}{fq}-\frac{1}{2}fq\frac{F^2}{f^2q^2}\right)=\frac{F^2}{2EAfq}$$

因此

$$F=\sqrt{2qfEA\delta} \text{（3分）}$$

第九届江苏省大学生力学竞赛（专科组）

一、填空题（每题4分，共40分）

1．$(36-12\sqrt{3})$kN·m=15.2kN·m（4分）

2．100N（2分）、$50(3-\sqrt{3})$N·m(63.4N·m)（2分）

3．$l/3$（2分）；$l/4$（2分）

4．$90^\circ-2\alpha$（4分）

5．$\sqrt{3}f_sP$（4分）

6．$F_1=-\dfrac{8}{3}F$（4分）

7．3.6×10^{-3}（4分）

8．$\dfrac{Fl}{2EA}(\downarrow)$（2分）、$\dfrac{Fl}{4EA}(\rightarrow)$（2分）

9．1∶2.41∶2.95（4 分）

10．50kN（2 分）；125kN·m（2 分）

二、计算题（共 40 分）

11．（8 分）

销钉 *B* 对 T 形杆 *BCE* 约束力 $F_{BCx}=\frac{3}{2}F_1\ (\leftarrow)$，$F_{BCy}=-\frac{1}{2}F_1\ (\uparrow)$

销钉 *B* 对 T 形杆 *AB* 约束力 $F_{BAx}=\frac{3}{2}F_1\ (\rightarrow)$，$F_{BAy}=F_2+\frac{1}{2}F_1\ (\uparrow)$

固定端 *A* 处的约束力 $F_{Ax}=\frac{3}{2}F_1(\leftarrow)$，$F_{Ay}=F_2+\frac{1}{2}F_1(\uparrow)$，$M_A=\left(F_2+\frac{1}{2}F_1\right)a$

12．（6 分）$P_{max}=66.7\text{kN}$

13．（6 分）$t_{min}=80\text{mm}$

14．（6 分）$F_{max}=20\text{kN}$

15．（6 分）强度不够。补救措施：在平板的另一侧切除同样的缺口，如图中的虚线所示。此时，缺口处平板受轴向拉伸，强度符合要求。

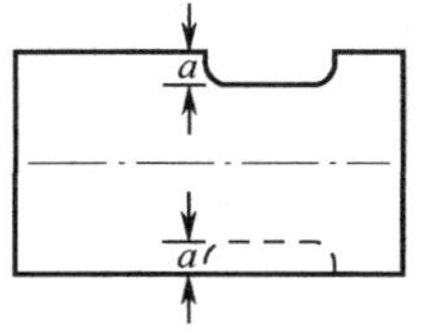

说明：若采取其他补救措施，合理且较为简便和经济，最多可得 2 分。

16．（8 分）$w_A=\frac{qal^3}{3EI}-\frac{ql^4}{8EI}=\frac{2qa^4}{3EI}(\uparrow)$

三、综合题（共 20 分）

17．（10 分）（1）$\Delta l_{BA}=0.23\text{mm}$，$\Delta l_{BC}=-0.17\text{mm}$，$\Delta l_{BV}=0.76\text{mm}$

（2）*B* 点的水平位移就是杆 *BC* 的轴向变形。如杆 *BC* 轴力为零，则 *B* 点将没有水平位移。在 *B* 点加一水平力 $\boldsymbol{F}_H$ 如下图所示，指向左，使其与垂直力 $\boldsymbol{F}$ 的合力 $\boldsymbol{F}_R$ 沿 *AB* 方向。水平力 $\boldsymbol{F}_H$ 的大小：$F_H=\frac{F}{\tan\alpha}=10\sqrt{3}\text{kN}$。

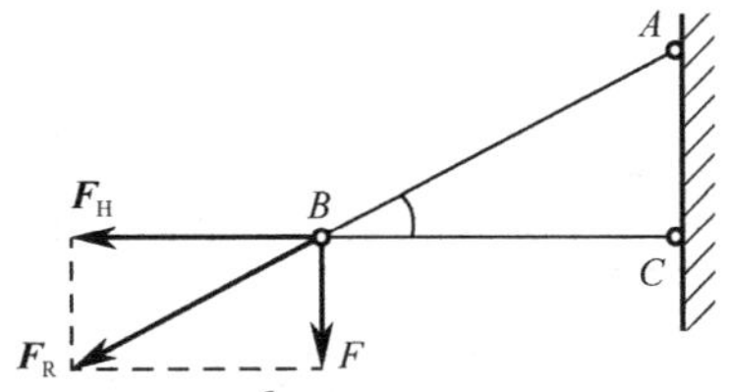

18．（10 分）当布置中间铰 *C* 距 *A* 端 $\frac{l}{6}$，活动铰支座 *B* 距 *D* 端 $\frac{l}{6}$ 时，能够充分利用材料的强度。

附录A　常用型钢规格表

普通工字钢

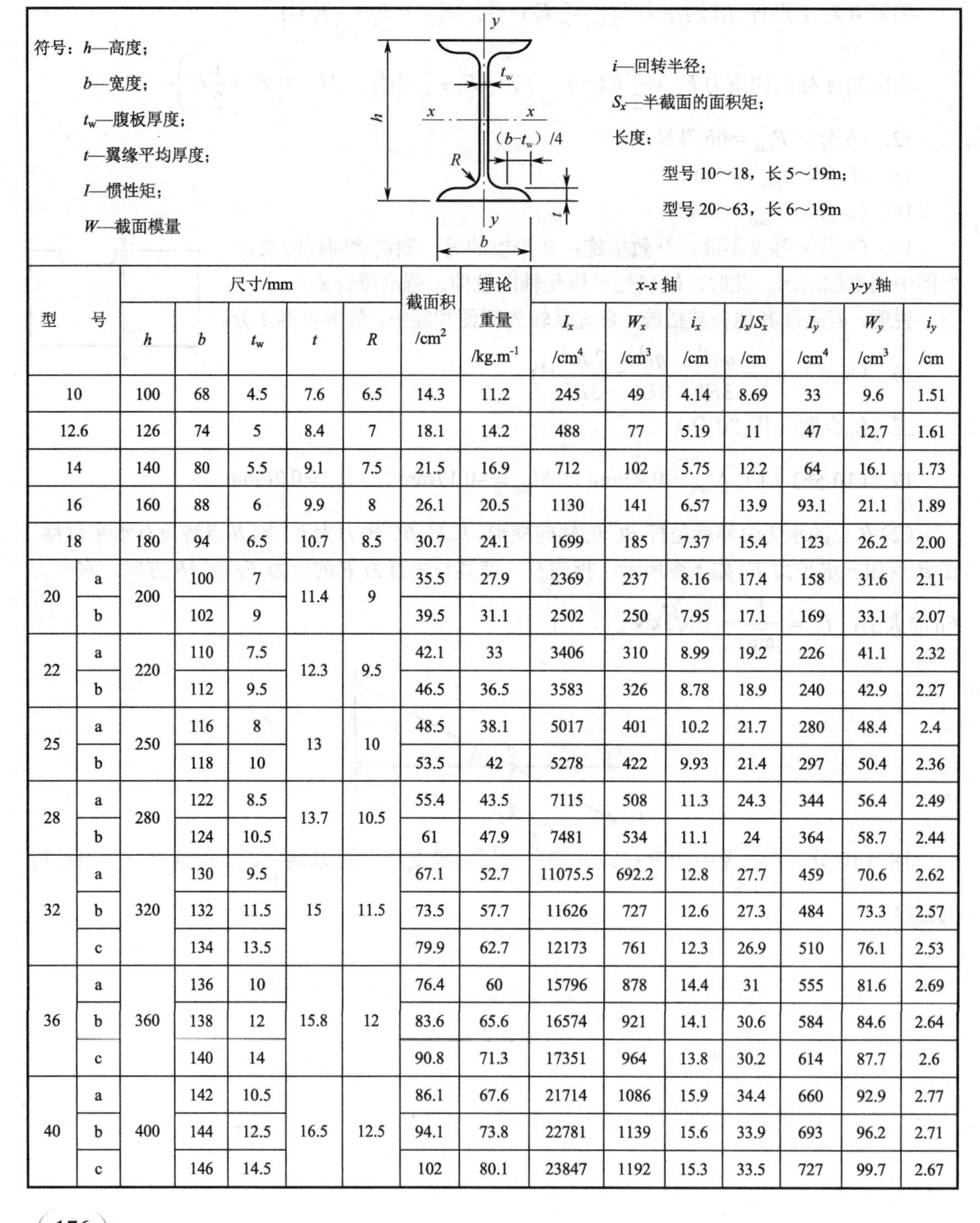

符号：h—高度；

b—宽度；

t_w—腹板厚度；

t—翼缘平均厚度；

I—惯性矩；

W—截面模量

i—回转半径；

S_x—半截面的面积矩；

长度：

型号 10～18，长 5～19m；

型号 20～63，长 6～19m

型号		尺寸/mm					截面积 /cm²	理论重量 /kg.m⁻¹	x-x 轴				y-y 轴		
		h	b	t_w	t	R			I_x /cm⁴	W_x /cm³	i_x /cm	I_x/S_x /cm	I_y /cm⁴	W_y /cm³	i_y /cm
10		100	68	4.5	7.6	6.5	14.3	11.2	245	49	4.14	8.69	33	9.6	1.51
12.6		126	74	5	8.4	7	18.1	14.2	488	77	5.19	11	47	12.7	1.61
14		140	80	5.5	9.1	7.5	21.5	16.9	712	102	5.75	12.2	64	16.1	1.73
16		160	88	6	9.9	8	26.1	20.5	1130	141	6.57	13.9	93.1	21.1	1.89
18		180	94	6.5	10.7	8.5	30.7	24.1	1699	185	7.37	15.4	123	26.2	2.00
20	a	200	100	7	11.4	9	35.5	27.9	2369	237	8.16	17.4	158	31.6	2.11
	b		102	9			39.5	31.1	2502	250	7.95	17.1	169	33.1	2.07
22	a	220	110	7.5	12.3	9.5	42.1	33	3406	310	8.99	19.2	226	41.1	2.32
	b		112	9.5			46.5	36.5	3583	326	8.78	18.9	240	42.9	2.27
25	a	250	116	8	13	10	48.5	38.1	5017	401	10.2	21.7	280	48.4	2.4
	b		118	10			53.5	42	5278	422	9.93	21.4	297	50.4	2.36
28	a	280	122	8.5	13.7	10.5	55.4	43.5	7115	508	11.3	24.3	344	56.4	2.49
	b		124	10.5			61	47.9	7481	534	11.1	24	364	58.7	2.44
32	a	320	130	9.5	15	11.5	67.1	52.7	11075.5	692.2	12.8	27.7	459	70.6	2.62
	b		132	11.5			73.5	57.7	11626	727	12.6	27.3	484	73.3	2.57
	c		134	13.5			79.9	62.7	12173	761	12.3	26.9	510	76.1	2.53
36	a	360	136	10	15.8	12	76.4	60	15796	878	14.4	31	555	81.6	2.69
	b		138	12			83.6	65.6	16574	921	14.1	30.6	584	84.6	2.64
	c		140	14			90.8	71.3	17351	964	13.8	30.2	614	87.7	2.6
40	a	400	142	10.5	16.5	12.5	86.1	67.6	21714	1086	15.9	34.4	660	92.9	2.77
	b		144	12.5			94.1	73.8	22781	1139	15.6	33.9	693	96.2	2.71
	c		146	14.5			102	80.1	23847	1192	15.3	33.5	727	99.7	2.67

续表

型号		尺寸/mm					截面积/cm²	理论重量/kg.m⁻¹	x-x 轴				y-y 轴		
		h	b	t_w	t	R			I_x /cm⁴	W_x /cm³	i_x /cm	I_x/S_x /cm	I_y /cm⁴	W_y /cm³	i_y /cm
45	a	450	150	11.5	18	13.5	102	80.4	32241	1433	17.7	38.5	855	114	2.89
	b		152	13.5			111	87.4	33759	1500	17.4	38.1	895	118	2.84
	c		154	15.5			120	94.5	35278	1568	17.1	37.6	938	122	2.79
50	a	500	158	12	20	14	119	93.6	46472	1859	19.7	42.9	1122	142	3.07
	b		160	14			129	101	48556	1942	19.4	42.3	1171	146	3.01
	c		162	16			139	109	50639	2026	19.1	41.9	1224	151	2.96
56	a	560	166	12.5	21	14.5	135	106	65576	2342	22	47.9	1366	165	3.18
	b		168	14.5			147	115	68503	2447	21.6	47.3	1424	170	3.12
	c		170	16.5			158	124	71430	2551	21.3	46.8	1485	175	3.07
63	a	630	176	13	22	15	155	122	94004	2984	24.7	53.8	1702	194	3.32
	b		178	15			167	131	98171	3117	24.2	53.2	1771	199	3.25
	c		780	17			180	141	102339	3249	23.9	52.6	1842	205	3.2

H 型钢

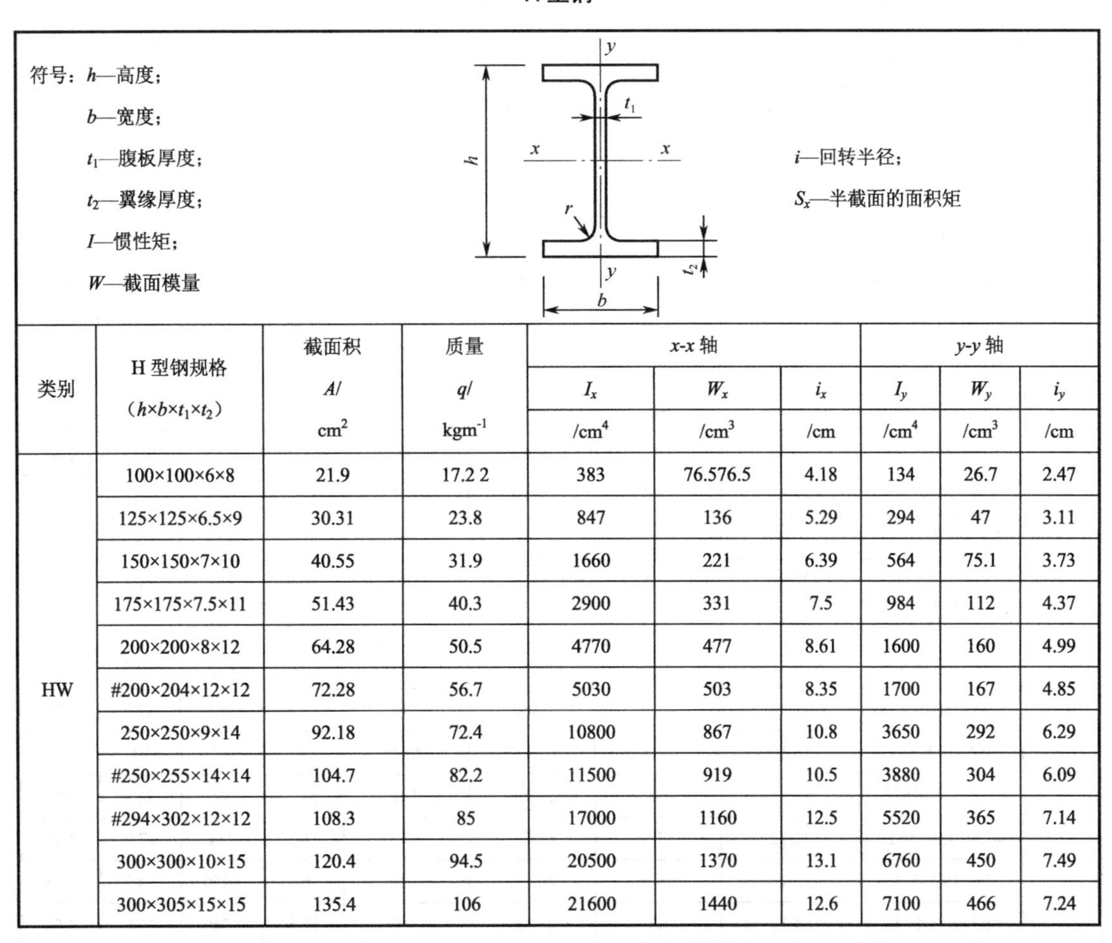

符号：h—高度；

b—宽度；

t_1—腹板厚度；

t_2—翼缘厚度；

I—惯性矩；

W—截面模量

i—回转半径；

S_x—半截面的面积矩

类别	H 型钢规格 ($h×b×t_1×t_2$)	截面积 A/cm²	质量 q/kgm⁻¹	x-x 轴			y-y 轴		
				I_x /cm⁴	W_x /cm³	i_x /cm	I_y /cm⁴	W_y /cm³	i_y /cm
HW	100×100×6×8	21.9	17.2 2	383	76.576.5	4.18	134	26.7	2.47
	125×125×6.5×9	30.31	23.8	847	136	5.29	294	47	3.11
	150×150×7×10	40.55	31.9	1660	221	6.39	564	75.1	3.73
	175×175×7.5×11	51.43	40.3	2900	331	7.5	984	112	4.37
	200×200×8×12	64.28	50.5	4770	477	8.61	1600	160	4.99
	#200×204×12×12	72.28	56.7	5030	503	8.35	1700	167	4.85
	250×250×9×14	92.18	72.4	10800	867	10.8	3650	292	6.29
	#250×255×14×14	104.7	82.2	11500	919	10.5	3880	304	6.09
	#294×302×12×12	108.3	85	17000	1160	12.5	5520	365	7.14
	300×300×10×15	120.4	94.5	20500	1370	13.1	6760	450	7.49
	300×305×15×15	135.4	106	21600	1440	12.6	7100	466	7.24

续表

类别	H 型钢规格 ($h \times b \times t_1 \times t_2$)	截面积 A/ cm^2	质量 q/ kgm^{-1}	x-x 轴 I_x /cm^4	x-x 轴 W_x /cm^3	x-x 轴 i_x /cm	y-y 轴 I_y /cm^4	y-y 轴 W_y /cm^3	y-y 轴 i_y /cm
HW	#344×348×10×16	146	115	33300	1940	15.1	11200	646	8.78
	350×350×12×19	173.9	137	40300	2300	15.2	13600	776	8.84
	#388×402×15×15	179.2	141	49200	2540	16.6	16300	809	9.52
	#394×398×11×18	187.6	147	56400	2860	17.3	18900	951	10
	400×400×13×21	219.5	172	66900	3340	17.5	22400	1120	10.1
	#400×408×21×21	251.5	197	71100	3560	16.8	23800	1170	9.73
	#414×405×18×28	296.2	233	93000	4490	17.7	31000	1530	10.2
	#428×407×20×35	361.4	284	119000	5580	18.2	39400	1930	10.4
HM	148×100×6×9	27.25	21.4	1040	140	6.17	151	30.2	2.35
	194×150×6×9	39.76	31.2	2740	283	8.3	508	67.7	3.57
	244×175×7×11	56.24	44.1	6120	502	10.4	985	113	4.18
	294×200×8×12	73.03	57.3	11400	779	12.5	1600	160	4.69
	340×250×9×14	101.5	79.7	21700	1280	14.6	3650	292	6
	390×300×10×16	136.7	107	38900	2000	16.9	7210	481	7.26
	440×300×11×18	157.4	124	56100	2550	18.9	8110	541	7.18
	482×300×11×15	146.4	115	60800	2520	20.4	6770	451	6.8
	488×300×11×18	164.4	129	71400	2930	20.8	8120	541	7.03
	582×300×12×17	174.5	137	103000	3530	24.3	7670	511	6.63
	588×300×12×20	192.5	151	118000	4020	24.8	9020	601	6.85
	#594×302×14×23	222.4	175	137000	4620	24.9	10600	701	6.9
HN	100×50×5×7	12.16	9.54	192	38.5	3.98	14.9	5.96	1.11
	125×60×6×8	17.01	13.3	417	66.8	4.95	29.3	9.75	1.31
	150×75×5×7	18.16	14.3	679	90.6	6.12	49.6	13.2	1.65
	175×90×5×8	23.21	18.2	1220	140	7.26	97.6	21.7	2.05
	198×99×4.5×7	23.59	18.5	1610	163	8.27	114	23	2.2
	200×100×5.5×8	27.57	21.7	1880	188	8.25	134	26.8	2.21
	248×124×5×8	32.89	25.8	3560	287	10.4	255	41.1	2.78
	250×125×6×9	37.87	29.7	4080	326	10.4	294	47	2.79
	298×149×5.5×8	41.55	32.6	6460	433	12.4	443	59.4	3.26
	300×150×6.5×9	47.53	37.3	7350	490	12.4	508	67.7	3.27
	346×174×6×9	53.19	41.8	11200	649	14.5	792	91	3.86
	350×175×7×11	63.66	50	13700	782	14.7	985	113	3.93
	#400×150×8×13	71.12	55.8	18800	942	16.3	734	97.9	3.21
	396×199×7×11	72.16	56.7	20000	1010	16.7	1450	145	4.48
	400×200×8×13	84.12	66	23700	1190	16.8	1740	174	4.54

续表

类别	H 型钢规格 ($h \times b \times t_1 \times t_2$)	截面积 A/ cm^2	质量 q/ kgm^{-1}	x-x 轴			y-y 轴		
				I_x /cm^4	W_x /cm^3	i_x /cm	I_y /cm^4	W_y /cm^3	i_y /cm
HN	#450×150×9×14	83.41	65.5	27100	1200	18	793	106	3.08
	446×199×8×12	84.95	66.7	29000	1300	18.5	1580	159	4.31
	450×200×9×14	97.41	76.5	33700	1500	18.6	1870	187	4.38
	#500×150×10×16	98.23	77.1	38500	1540	19.8	907	121	3.04
	496×199×9×14	101.3	79.5	41900	1690	20.3	1840	185	4.27
	500×200×10×16	114.2	89.6	47800	1910	20.5	2140	214	4.33
	#506×201×11×19	131.3	103	56500	2230	20.8	2580	257	4.43
	596×199×10×15	121.2	95.1	69300	2330	23.9	1980	199	4.04
	600×200×11×17	135.2	106	78200	2610	24.1	2280	228	4.11
	#606×201×12×20	153.3	120	91000	3000	24.4	2720	271	4.21
	#692×300×13×20	211.5	166	172000	4980	28.6	9020	602	6.53
	700×300×13×24	235.5	185	201000	5760	29.3	10800	722	6.78

注：“#”表示的规格为非常用规格。

普通槽钢

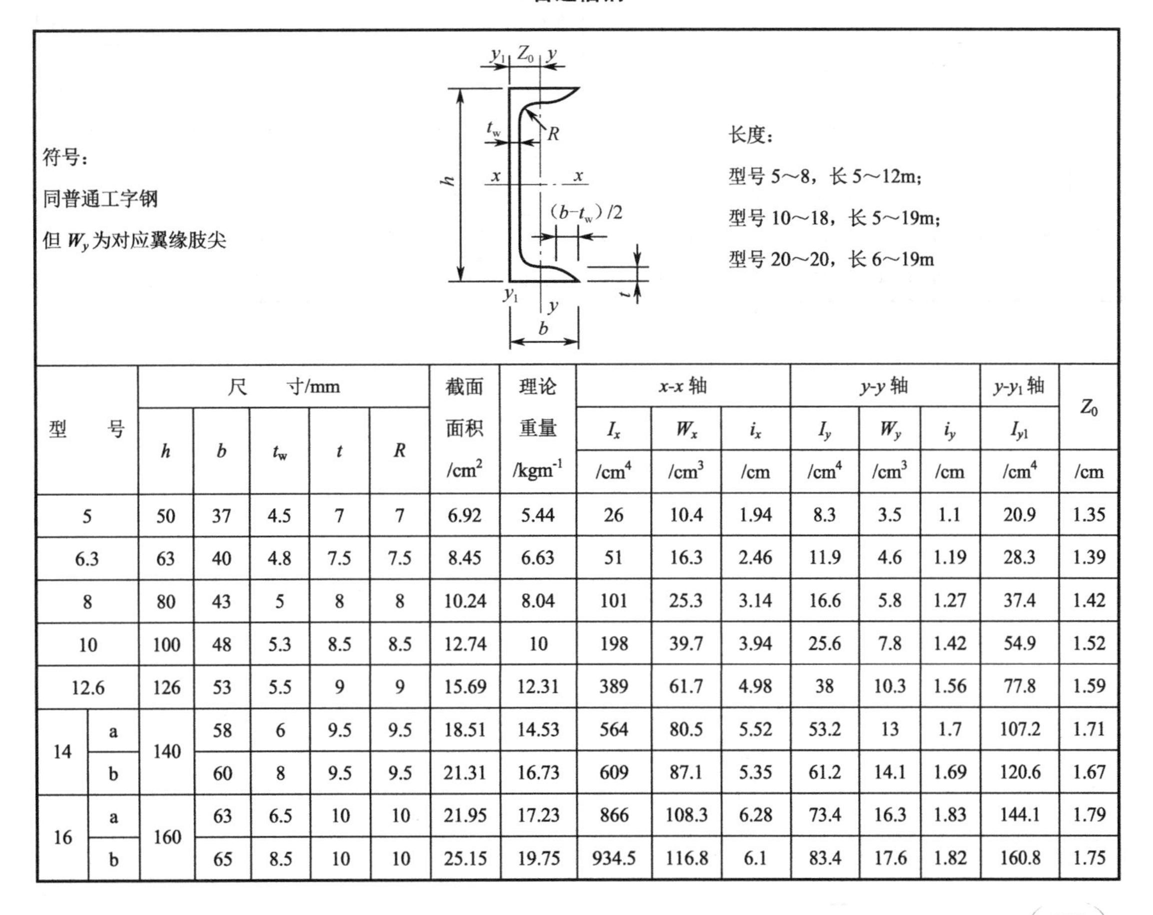

符号：

同普通工字钢

但 W_y 为对应翼缘肢尖

长度：

型号 5～8，长 5～12m；

型号 10～18，长 5～19m；

型号 20～20，长 6～19m

型号		尺寸/mm					截面面积 /cm^2	理论重量 /kgm^{-1}	x-x 轴			y-y 轴			y-y_1 轴	Z_0 /cm
		h	b	t_w	t	R			I_x /cm^4	W_x /cm^3	i_x /cm	I_y /cm^4	W_y /cm^3	i_y /cm	I_{y1} /cm^4	
5		50	37	4.5	7	7	6.92	5.44	26	10.4	1.94	8.3	3.5	1.1	20.9	1.35
6.3		63	40	4.8	7.5	7.5	8.45	6.63	51	16.3	2.46	11.9	4.6	1.19	28.3	1.39
8		80	43	5	8	8	10.24	8.04	101	25.3	3.14	16.6	5.8	1.27	37.4	1.42
10		100	48	5.3	8.5	8.5	12.74	10	198	39.7	3.94	25.6	7.8	1.42	54.9	1.52
12.6		126	53	5.5	9	9	15.69	12.31	389	61.7	4.98	38	10.3	1.56	77.8	1.59
14	a	140	58	6	9.5	9.5	18.51	14.53	564	80.5	5.52	53.2	13	1.7	107.2	1.71
	b		60	8	9.5	9.5	21.31	16.73	609	87.1	5.35	61.2	14.1	1.69	120.6	1.67
16	a	160	63	6.5	10	10	21.95	17.23	866	108.3	6.28	73.4	16.3	1.83	144.1	1.79
	b		65	8.5	10	10	25.15	19.75	934.5	116.8	6.1	83.4	17.6	1.82	160.8	1.75

续表

型号		尺寸/mm					截面面积	理论重量	x-x 轴			y-y 轴			y-y_1 轴	Z_0
		h	b	t_w	t	R	/cm^2	/kgm^{-1}	I_x /cm^4	W_x /cm^3	i_x /cm	I_y /cm^4	W_y /cm^3	i_y /cm	I_{y1} /cm^4	/cm
18	a	180	68	7	10.5	10.5	25.69	20.17	1273	141.4	7.04	98.6	20	1.96	189.7	1.88
	b		70	9	10.5	10.5	29.29	22.99	1370	152.2	6.84	111	21.5	1.95	210.1	1.84
20	a	200	73	7	11	11	28.83	22.63	1780	178	7.86	128	24.2	2.11	244	2.01
	b		75	9	11	11	32.83	25.77	1914	191.4	7.64	143.6	25.9	2.09	268.4	1.95
22	a	220	77	7	11.5	11.5	31.84	24.99	2394	217.6	8.67	157.8	28.2	2.23	298.2	2.1
	b		79	9	11.5	11.5	36.24	28.45	2571	233.8	8.42	176.5	30.1	2.21	326.3	2.03
25	a	250	78	7	12	12	34.91	27.4	3359	268.7	9.81	175.9	30.7	2.24	324.8	2.07
	b		80	9	12	12	39.91	31.33	3619	289.6	9.52	196.4	32.7	2.22	355.1	1.99
	c		82	11	12	12	44.91	35.25	3880	310.4	9.3	215.9	34.6	2.19	388.6	1.96
28	a	280	82	7.5	12.5	12.5	40.02	31.42	4753	339.5	10.9	217.9	35.7	2.33	393.3	2.09
	b		84	9.5	12.5	12.5	45.62	35.81	5118	365.6	10.59	241.5	37.9	2.3	428.5	2.02
	c		86	11.5	12.5	12.5	51.22	40.21	5484	391.7	10.35	264.1	40	2.27	467.3	1.99
32	a	320	88	8	14	14	48.5	38.07	7511	469.4	12.44	304.7	46.4	2.51	547.5	2.24
	b		90	10	14	14	54.9	43.1	8057	503.5	12.11	335.6	49.1	2.47	592.9	2.16
	c		92	12	14	14	61.3	48.12	8603	537.7	11.85	365	51.6	2.44	642.7	2.13
36	a	360	96	9	16	16	60.89	47.8	11874	659.7	13.96	455	63.6	2.73	818.5	2.44
	b		98	11	16	16	68.09	53.45	12652	702.9	13.63	496.7	66.9	2.7	880.5	2.37
	c		100	13	16	16	75.29	59.1	13429	746.1	13.36	536.6	70	2.67	948	2.34
40	a	400	100	10.5	18	18	75.04	58.91	17578	878.9	15.3	592	78.8	2.81	1057.9	2.49
	b		102	12.5	18	18	83.04	65.19	18644	932.2	14.98	640.6	82.6	2.78	1135.8	2.44
	c		104	14.5	18	18	91.04	71.47	19711	985.6	14.71	687.8	86.2	2.75	1220.3	2.42

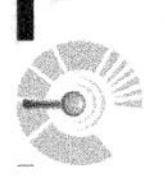

等边角钢

型号		单角钢										双角钢				
		圆角	重心矩	截面积	质量	惯性矩	截面模量		回转半径			i_y，当 a 为下列数值				
		R	Z_0	A	/ kgm[-1]	I_x	$W_{x\max}$	$W_{x\min}$	i_x	i_{x0}	i_{y0}	6mm	8mm	10mm	12mm	14mm
		/mm		/cm²		/cm⁴	/cm³		/cm			/cm				
20×	3	3.5	6	1.13	0.89	0.40	0.66	0.29	0.59	0.75	0.39	1.08	1.17	1.25	1.34	1.43
	4		6.4	1.46	1.15	0.50	0.78	0.36	0.58	0.73	0.38	1.11	1.19	1.28	1.37	1.46
L25×	3	3.5	7.3	1.43	1.12	0.82	1.12	0.46	0.76	0.95	0.49	1.27	1.36	1.44	1.53	1.61
	4		7.6	1.86	1.46	1.03	1.34	0.59	0.74	0.93	0.48	1.30	1.38	1.47	1.55	1.64
L30×	3	4.5	8.5	1.75	1.37	1.46	1.72	0.68	0.91	1.15	0.59	1.47	1.55	1.63	1.71	1.8
	4		8.9	2.28	1.79	1.84	2.08	0.87	0.90	1.13	0.58	1.49	1.57	1.65	1.74	1.82
L36×	3	4.5	10	2.11	1.66	2.58	2.59	0.99	1.11	1.39	0.71	1.70	1.78	1.86	1.94	2.03
	4		10.4	2.76	2.16	3.29	3.18	1.28	1.09	1.38	0.70	1.73	1.8	1.89	1.97	2.05
	5		10.7	2.38	2.65	3.95	3.68	1.56	1.08	1.36	0.70	1.75	1.83	1.91	1.99	2.08
L40×	3	5	10.9	2.36	1.85	3.59	3.28	1.23	1.23	1.55	0.79	1.86	1.94	2.01	2.09	2.18
	4		11.3	3.09	2.42	4.60	4.05	1.60	1.22	1.54	0.79	1.88	1.96	2.04	2.12	2.2
	5		11.7	3.79	2.98	5.53	4.72	1.96	1.21	1.52	0.78	1.90	1.98	2.06	2.14	2.23
L45×	3	5	12.2	2.66	2.09	5.17	4.25	1.58	1.39	1.76	0.90	2.06	2.14	2.21	2.29	2.37
	4		12.6	3.49	2.74	6.65	5.29	2.05	1.38	1.74	0.89	2.08	2.16	2.24	2.32	2.4
	5		13	4.29	3.37	8.04	6.20	2.51	1.37	1.72	0.88	2.10	2.18	2.26	2.34	2.42
	6		13.3	5.08	3.99	9.33	6.99	2.95	1.36	1.71	0.88	2.12	2.2	2.28	2.36	2.44

续表

型号		圆角 R /mm	重心矩 Z_0 /mm	截面积 A /cm^2	质量 /kgm^{-1}	惯性矩 I_x /cm^4	截面模量 W_{xmax} /cm^3	截面模量 W_{xmin} /cm^3	回转半径 i_x /cm	回转半径 i_{x0} /cm	回转半径 i_{y0} /cm	i_y，当 a 为下列数值 6mm /cm	8mm	10mm	12mm	14mm
		单角钢										双角钢				
L50×	3	5.5	13.4	2.97	2.33	7.18	5.36	1.96	1.55	1.96	1.00	2.26	2.33	2.41	2.48	2.56
	4		13.8	3.90	3.06	9.26	6.70	2.56	1.54	1.94	0.99	2.28	2.36	2.43	2.51	2.59
	5		14.2	4.80	3.77	11.21	7.90	3.13	1.53	1.92	0.98	2.30	2.38	2.45	2.53	2.61
	6		14.6	5.69	4.46	13.05	8.95	3.68	1.51	1.91	0.98	2.32	2.4	2.48	2.56	2.64
L56×	3	6	14.8	3.34	2.62	10.19	6.86	2.48	1.75	2.2	1.13	2.50	2.57	2.64	2.72	2.8
	4		15.3	4.39	3.45	13.18	8.63	3.24	1.73	2.18	1.11	2.52	2.59	2.67	2.74	2.82
	5		15.7	5.42	4.25	16.02	10.22	3.97	1.72	2.17	1.10	2.54	2.61	2.69	2.77	2.85
	8		16.8	8.37	6.57	23.63	14.06	6.03	1.68	2.11	1.09	2.60	2.67	2.75	2.83	2.91
L63×	4	7	17	4.98	3.91	19.03	11.22	4.13	1.96	2.46	1.26	2.79	2.87	2.94	3.02	3.09
	5		17.4	6.14	4.82	23.17	13.33	5.08	1.94	2.45	1.25	2.82	2.89	2.96	3.04	3.12
	6		17.8	7.29	5.72	27.12	15.26	6.00	1.93	2.43	1.24	2.83	2.91	2.98	3.06	3.14
	8		18.5	9.51	7.47	34.45	18.59	7.75	1.90	2.39	1.23	2.87	2.95	3.03	3.1	3.18
	10		19.3	11.66	9.15	41.09	21.34	9.39	1.88	2.36	1.22	2.91	2.99	3.07	3.15	3.23
L70×	4	8	18.6	5.57	4.37	26.39	14.16	5.14	2.18	2.74	1.4	3.07	3.14	3.21	3.29	3.36
	5		19.1	6.88	5.40	32.21	16.89	6.32	2.16	2.73	1.39	3.09	3.16	3.24	3.31	3.39
	6		19.5	8.16	6.41	37.77	19.39	7.48	2.15	2.71	1.38	3.11	3.18	3.26	3.33	3.41
	7		19.9	9.42	7.40	43.09	21.68	8.59	2.14	2.69	1.38	3.13	3.2	3.28	3.36	3.43
	8		20.3	10.67	8.37	48.17	23.79	9.68	2.13	2.68	1.37	3.15	3.22	3.30	3.38	3.46

续表

型号		单角钢										双角钢				
		圆角	重心矩	截面积	质量	惯性矩	截面模量		回转半径			i_y，当 a 为下列数值				
		R	Z_0	A		I_x	W_{xmax}	W_{xmin}	i_x	i_{x0}	i_{y0}	6mm	8mm	10mm	12mm	14mm
		/mm		/cm^2	/ kgm^{-1}	/cm^4	/cm^3		/cm			/cm				
L75×	5	9	20.3	7.41	5.82	39.96	19.73	7.30	2.32	2.92	1.5	3.29	3.36	3.43	3.5	3.58
	6		20.7	8.80	6.91	46.91	22.69	8.63	2.31	2.91	1.49	3.31	3.38	3.45	3.53	3.6
	7		21.1	10.16	7.98	53.57	25.42	9.93	2.30	2.89	1.48	3.33	3.4	3.47	3.55	3.63
	8		21.5	11.50	9.03	59.96	27.93	11.2	2.28	2.87	1.47	3.35	3.42	3.50	3.57	3.65
	10		22.2	14.13	11.09	71.98	32.40	13.64	2.26	2.84	1.46	3.38	3.46	3.54	3.61	3.69
L80×	5	9	21.5	7.91	6.21	48.79	22.70	8.34	2.48	3.13	1.6	3.49	3.56	3.63	3.71	3.78
	6		21.9	9.40	7.38	57.35	26.16	9.87	2.47	3.11	1.59	3.51	3.58	3.65	3.73	3.8
	7		22.3	10.86	8.53	65.58	29.38	11.37	2.46	3.1	1.58	3.53	3.60	3.67	3.75	3.83
	8		22.7	12.30	9.66	73.50	32.36	12.83	2.44	3.08	1.57	3.55	3.62	3.70	3.77	3.85
	10		23.5	15.13	11.87	88.43	37.68	15.64	2.42	3.04	1.56	3.58	3.66	3.74	3.81	3.89

等边角钢

型号		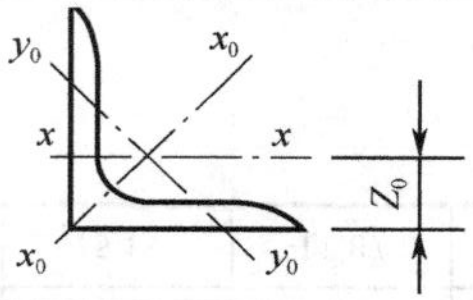							单角钢				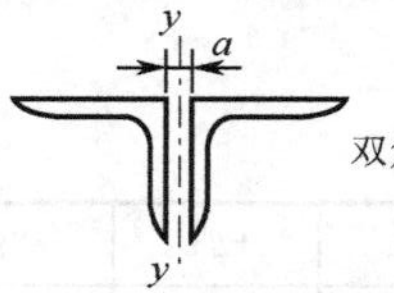 双角钢			
		圆角	重心矩	截面积	质量	惯性矩	截面模量		回转半径			i_y，当 a 为下列数值				
		R	Z_0	A	/ kgm^{-1}	I_x	$W_{x\max}$	$W_{x\min}$	i_x	i_{x0}	i_{y0}	6mm	8mm	10mm	12mm	14mm
		/mm		/cm^2		/cm^4	/cm^3		/cm			/cm				
L90×	6	10	24.4	10.64	8.35	82.77	33.99	12.61	2.79	3.51	1.8	3.91	3.98	4.05	4.12	4.2
	7		24.8	12.3	9.66	94.83	38.28	14.54	2.78	3.5	1.78	3.93	4	4.07	4.14	4.22
	8		25.2	13.94	10.95	106.5	42.3	16.42	2.76	3.48	1.78	3.95	4.02	4.09	4.17	4.24
	10		25.9	17.17	13.48	128.6	49.57	20.07	2.74	3.45	1.76	3.98	4.06	4.13	4.21	4.28
	12		26.7	20.31	15.94	149.2	55.93	23.57	2.71	3.41	1.75	4.02	4.09	4.17	4.25	4.32
L100×	6	12	26.7	11.93	9.37	115	43.04	15.68	3.1	3.91	2	4.3	4.37	4.44	4.51	4.58
	7		27.1	13.8	10.83	131	48.57	18.1	3.09	3.89	1.99	4.32	4.39	4.46	4.53	4.61
	8		27.6	15.64	12.28	148.2	53.78	20.47	3.08	3.88	1.98	4.34	4.41	4.48	4.55	4.63
	10		28.4	19.26	15.12	179.5	63.29	25.06	3.05	3.84	1.96	4.38	4.45	4.52	4.6	4.67
	12		29.1	22.8	17.9	208.9	71.72	29.47	3.03	3.81	1.95	4.41	4.49	4.56	4.64	4.71
	14		29.9	26.26	20.61	236.5	79.19	33.73	3	3.77	1.94	4.45	4.53	4.6	4.68	4.75
	16		30.6	29.63	23.26	262.5	85.81	37.82	2.98	3.74	1.93	4.49	4.56	4.64	4.72	4.8
L110×	7	12	29.6	15.2	11.93	177.2	59.78	22.05	3.41	4.3	2.2	4.72	4.79	4.86	4.94	5.01
	8		30.1	17.24	13.53	199.5	66.36	24.95	3.4	4.28	2.19	4.74	4.81	4.88	4.96	5.03
	10		30.9	21.26	16.69	242.2	78.48	30.6	3.38	4.25	2.17	4.78	4.85	4.92	5	5.07
	12		31.6	25.2	19.78	282.6	89.34	36.05	3.35	4.22	2.15	4.82	4.89	4.96	5.04	5.11
	14		32.4	29.06	22.81	320.7	99.07	41.31	3.32	4.18	2.14	4.85	4.93	5	5.08	5.15

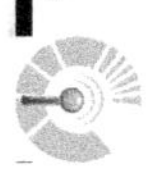

续表

型号		单角钢										双角钢				
		圆角	重心矩	截面积	质量	惯性矩	截面模量		回转半径			i_y，当 a 为下列数值				
		R	Z_0	A		I_x	$W_{x\max}$	$W_{x\min}$	i_x	i_{x0}	i_{y0}	6mm	8mm	10mm	12mm	14mm
		/mm		/cm²	/ kgm⁻¹	/cm⁴	/cm³		/cm			/cm				
L125×	8	14	33.7	19.75	15.5	297	88.2	32.52	3.88	4.88	2.5	5.34	5.41	5.48	5.55	5.62
	10		34.5	24.37	19.13	361.7	104.8	39.97	3.85	4.85	2.48	5.38	5.45	5.52	5.59	5.66
	12		35.3	28.91	22.7	423.2	119.9	47.17	3.83	4.82	2.46	5.41	5.48	5.56	5.63	5.7
	14		36.1	33.37	26.19	481.7	133.6	54.16	3.8	4.78	2.45	5.45	5.52	5.59	5.67	5.74
L140×	10	14	38.2	27.37	21.49	514.7	134.6	50.58	4.34	5.46	2.78	5.98	6.05	6.12	6.2	6.27
	12		39	32.51	25.52	603.7	154.6	59.8	4.31	5.43	2.77	6.02	6.09	6.16	6.23	6.31
	14		39.8	37.57	29.49	688.8	173	68.75	4.28	5.4	2.75	6.06	6.13	6.2	6.27	6.34
	16		40.6	42.54	33.39	770.2	189.9	77.46	4.26	5.36	2.74	6.09	6.16	6.23	6.31	6.38
L160×	10	16	43.1	31.5	24.73	779.5	180.8	66.7	4.97	6.27	3.2	6.78	6.85	6.92	6.99	7.06
	12		43.9	37.44	29.39	916.6	208.6	78.98	4.95	6.24	3.18	6.82	6.89	6.96	7.03	7.1
	14		44.7	43.3	33.99	1048	234.4	90.95	4.92	6.2	3.16	6.86	6.93	7	7.07	7.14
	16		45.5	49.07	38.52	1175	258.3	102.6	4.89	6.17	3.14	6.89	6.96	7.03	7.1	7.18

续表

型号		圆角 R	重心矩 Z_0	截面积 A	质量	惯性矩 I_x	截面模量 W_{xmax}	截面模量 W_{xmin}	回转半径 i_x	回转半径 i_{x0}	回转半径 i_{y0}	i_y，当 a 为下列数值 6mm	8mm	10mm	12mm	14mm
		/mm	/mm	/cm^2	/ kgm^{-1}	/cm^4	/cm^3	/cm^3	/cm	/cm	/cm	/cm	/cm	/cm	/cm	/cm
L180×	12	16	48.9	42.24	33.16	1321	270	100.8	5.59	7.05	3.58	7.63	7.7	7.77	7.84	7.91
	14		49.7	48.9	38.38	1514	304.6	116.3	5.57	7.02	3.57	7.67	7.74	7.81	7.88	7.95
	16		50.5	55.47	43.54	1701	336.9	131.4	5.54	6.98	3.55	7.7	7.77	7.84	7.91	7.98
	18		51.3	61.95	48.63	1881	367.1	146.1	5.51	6.94	3.53	7.73	7.8	7.87	7.95	8.02
L200×	14	18	54.6	54.64	42.89	2104	385.1	144.7	6.2	7.82	3.98	8.47	8.54	8.61	8.67	8.75
	16		55.4	62.01	48.68	2366	427	163.7	6.18	7.79	3.96	8.5	8.57	8.64	8.71	8.78
	18		56.2	69.3	54.4	2621	466.5	182.2	6.15	7.75	3.94	8.53	8.6	8.67	8.75	8.82
	20		56.9	76.5	60.06	2867	503.6	200.4	6.12	7.72	3.93	8.57	8.64	8.71	8.78	8.85
	24		58.4	90.66	71.17	3338	571.5	235.8	6.07	7.64	3.9	8.63	8.71	8.78	8.85	8.92

不等边角钢

角钢型号 $B \times b \times t$		单角钢								双角钢							
		圆角	重心矩		截面积	质量	回转半径			i_y，当 a 为下列数值				i_y，当 a 为下列数值			
		R	Z_x	Z_y	A		i_x	i_y	i_{y0}	6mm	8mm	10mm	12mm	6mm	8mm	10mm	12mm
		/mm			/cm^2	/ kgm^{-1}	/cm			/cm				/cm			
L25×16×	3	3.5	4.2	8.6	1.16	0.91	0.44	0.78	0.34	0.84	0.93	1.02	1.11	1.4	1.48	1.57	1.65
	4		4.6	9.0	1.50	1.18	0.43	0.77	0.34	0.87	0.96	1.05	1.14	1.42	1.51	1.6	1.68
L32×20×	3	3.5	4.9	10.8	1.49	1.17	0.55	1.01	0.43	0.97	1.05	1.14	1.23	1.71	1.79	1.88	1.96
	4		5.3	11.2	1.94	1.52	0.54	1	0.43	0.99	1.08	1.16	1.25	1.74	1.82	1.9	1.99
L40×25×	3	4	5.9	13.2	1.89	1.48	0.7	1.28	0.54	1.13	1.21	1.3	1.38	2.07	2.14	2.23	2.31
	4		6.3	13.7	2.47	1.94	0.69	1.26	0.54	1.16	1.24	1.32	1.41	2.09	2.17	2.25	2.34
L45×28×	3	5	6.4	14.7	2.15	1.69	0.79	1.44	0.61	1.23	1.31	1.39	1.47	2.28	2.36	2.44	2.52
	4		6.8	15.1	2.81	2.2	0.78	1.43	0.6	1.25	1.33	1.41	1.5	2.31	2.39	2.47	2.55
L50×32×	3	5.5	7.3	16	2.43	1.91	0.91	1.6	0.7	1.38	1.45	1.53	1.61	2.49	2.56	2.64	2.72
	4		7.7	16.5	3.18	2.49	0.9	1.59	0.69	1.4	1.47	1.55	1.64	2.51	2.59	2.67	2.75
L56×36×	3	6	8.0	17.8	2.74	2.15	1.03	1.8	0.79	1.51	1.59	1.66	1.74	2.75	2.82	2.9	2.98
	4		8.5	18.2	3.59	2.82	1.02	1.79	0.78	1.53	1.61	1.69	1.77	2.77	2.85	2.93	3.01
	5		8.8	18.7	4.42	3.47	1.01	1.77	0.78	1.56	1.63	1.71	1.79	2.8	2.88	2.96	3.04

续表

角钢型号 $B\times b\times t$		单角钢								双角钢							
		圆角	重心矩		截面积	质量	回转半径			i_y，当 a 为下列数值				i_y，当 a 为下列数值			
		R	Z_x	Z_y	A	/ kgm^{-1}	i_x	i_y	i_{y0}	6mm	8mm	10mm	12mm	6mm	8mm	10mm	12mm
		/mm			/cm^2		/cm			/cm				/cm			
L63×40×	4	7	9.2	20.4	4.06	3.19	1.14	2.02	0.88	1.66	1.74	1.81	1.89	3.09	3.16	3.24	3.32
	5		9.5	20.8	4.99	3.92	1.12	2	0.87	1.68	1.76	1.84	1.92	3.11	3.19	3.27	3.35
	6		9.9	21.2	5.91	4.64	1.11	1.99	0.86	1.71	1.78	1.86	1.94	3.13	3.21	3.29	3.37
	7		10.3	21.6	6.8	5.34	1.1	1.96	0.86	1.73	1.8	1.88	1.97	3.15	3.23	3.3	3.39
L70×45×	4	7.5	10.2	22.3	4.55	3.57	1.29	2.25	0.99	1.84	1.91	1.99	2.07	3.39	3.46	3.54	3.62
	5		10.6	22.8	5.61	4.4	1.28	2.23	0.98	1.86	1.94	2.01	2.09	3.41	3.49	3.57	3.64
	6		11.0	23.2	6.64	5.22	1.26	2.22	0.97	1.88	1.96	2.04	2.11	3.44	3.51	3.59	3.67
	7		11.3	23.6	7.66	6.01	1.25	2.2	0.97	1.9	1.98	2.06	2.14	3.46	3.54	3.61	3.69
L75×50×	5	8	11.7	24.0	6.13	4.81	1.43	2.39	1.09	2.06	2.13	2.2	2.28	3.6	3.68	3.76	3.83
	6		12.1	24.4	7.26	5.7	1.42	2.38	1.08	2.08	2.15	2.23	2.3	3.63	3.7	3.78	3.86
	8		12.9	25.2	9.47	7.43	1.4	2.35	1.07	2.12	2.19	2.27	2.35	3.67	3.75	3.83	3.91
	10		13.6	26.0	11.6	9.1	1.38	2.33	1.06	2.16	2.24	2.31	2.4	3.71	3.79	3.87	3.96

续表

角钢型号 $B\times b\times t$		单角钢								双角钢							
		圆角	重心矩		截面积	质量	回转半径			i_y，当 a 为下列数值				i_y，当 a 为下列数值			
		R	Z_x	Z_y	A		i_x	i_y	i_{y0}	6mm	8mm	10mm	12mm	6mm	8mm	10mm	12mm
		/mm			/cm^2	/ kgm^{-1}	/cm			/cm				/cm			
L80×50×	5	8	11.4	26.0	6.38	5	1.42	2.57	1.1	2.02	2.09	2.17	2.24	3.88	3.95	4.03	4.1
	6		11.8	26.5	7.56	5.93	1.41	2.55	1.09	2.04	2.11	2.19	2.27	3.9	3.98	4.05	4.13
	7		12.1	26.9	8.72	6.85	1.39	2.54	1.08	2.06	2.13	2.21	2.29	3.92	4	4.08	4.16
	8		12.5	27.3	9.87	7.75	1.38	2.52	1.07	2.08	2.15	2.23	2.31	3.94	4.02	4.1	4.18
L90×56×	5	9	12.5	29.1	7.21	5.66	1.59	2.9	1.23	2.22	2.29	2.36	2.44	4.32	4.39	4.47	4.55
	6		12.9	29.5	8.56	6.72	1.58	2.88	1.22	2.24	2.31	2.39	2.46	4.34	4.42	4.5	4.57
	7		13.3	30.0	9.88	7.76	1.57	2.87	1.22	2.26	2.33	2.41	2.49	4.37	4.44	4.52	4.6
	8		13.6	30.4	11.2	8.78	1.56	2.85	1.21	2.28	2.35	2.43	2.51	4.39	4.47	4.54	4.62

不等边角钢

角钢型号 $B\times b\times t$		单角钢								双角钢							
		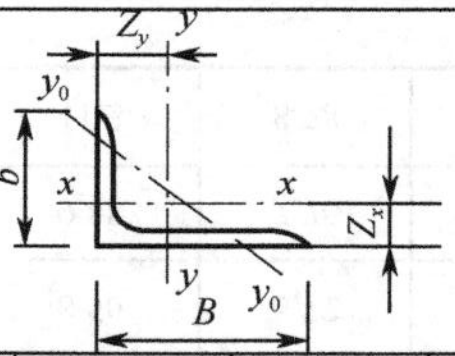 圆角	重心矩		截面积	质量	回转半径			 i_y，当 a 为下列数值				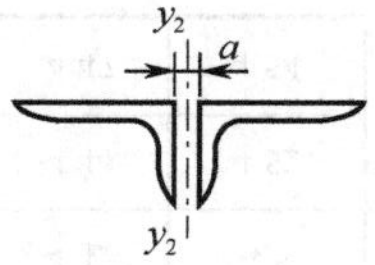 i_y，当 a 为下列数值			
		R	Z_x	Z_y	A	/kgm^{-1}	i_x	i_y	i_{y0}	6mm	8mm	10mm	12mm	6mm	8mm	10mm	12mm
			/mm		/cm^2		/cm			/cm				/cm			
L100×63×	6	10	14.3	32.4	9.62	7.55	1.79	3.21	1.38	2.49	2.56	2.63	2.71	4.77	4.85	4.92	5
	7		14.7	32.8	11.1	8.72	1.78	3.2	1.37	2.51	2.58	2.65	2.73	4.8	4.87	4.95	5.03
	8		15	33.2	12.6	9.88	1.77	3.18	1.37	2.53	2.6	2.67	2.75	4.82	4.9	4.97	5.05
	10		15.8	34	15.5	12.1	1.75	3.15	1.35	2.57	2.64	2.72	2.79	4.86	4.94	5.02	5.1
L100×80×	6	10	19.7	29.5	10.6	8.35	2.4	3.17	1.73	3.31	3.38	3.45	3.52	4.54	4.62	4.69	4.76
	7		20.1	30	12.3	9.66	2.39	3.16	1.71	3.32	3.39	3.47	3.54	4.57	4.64	4.71	4.79
	8		20.5	30.4	13.9	10.9	2.37	3.15	1.71	3.34	3.41	3.49	3.56	4.59	4.66	4.73	4.81
	10		21.3	31.2	17.2	13.5	2.35	3.12	1.69	3.38	3.45	3.53	3.6	4.63	4.7	4.78	4.85
L110×70×	6	10	15.7	35.3	10.6	8.35	2.01	3.54	1.54	2.74	2.81	2.88	2.96	5.21	5.29	5.36	5.44
	7		16.1	35.7	12.3	9.66	2	3.53	1.53	2.76	2.83	2.9	2.98	5.24	5.31	5.39	5.46
	8		16.5	36.2	13.9	10.9	1.98	3.51	1.53	2.78	2.85	2.92	3	5.26	5.34	5.41	5.49
	10		17.2	37	17.2	13.5	1.96	3.48	1.51	2.82	2.89	2.96	3.04	5.3	5.38	5.46	5.53
L125×80×	7	11	18	40.1	14.1	11.1	2.3	4.02	1.76	3.11	3.18	3.25	3.33	5.9	5.97	6.04	6.12
	8		18.4	40.6	16	12.6	2.29	4.01	1.75	3.13	3.2	3.27	3.35	5.92	5.99	6.07	6.14
	10		19.2	41.4	19.7	15.5	2.26	3.98	1.74	3.17	3.24	3.31	3.39	5.96	6.04	6.11	6.19
	12		20	42.2	23.4	18.3	2.24	3.95	1.72	3.21	3.28	3.35	3.43	6	6.08	6.16	6.23

续表

角钢型号 $B \times b \times t$		单角钢								双角钢						
		圆角	重心矩		截面积	质量	回转半径			i_y，当 a 为下列数值				i_y，当 a 为下列数值		
		R	Z_x	Z_y	A	/kgm^{-1}	i_x	i_y	i_{y0}	6mm	8mm	10mm	12mm	6mm	8mm	10mm	12mm
			/mm		/cm^2		/cm			/cm				/cm			
L140×90×	8	12	20.4	45	18	14.2	2.59	4.5	1.98	3.49	3.56	3.63	3.7	6.58	6.65	6.73	6.8
	10		21.2	45.8	22.3	17.5	2.56	4.47	1.96	3.52	3.59	3.66	3.73	6.62	6.7	6.77	6.85
	12		21.9	46.6	26.4	20.7	2.54	4.44	1.95	3.56	3.63	3.7	3.77	6.66	6.74	6.81	6.89
	14		22.7	47.4	30.5	23.9	2.51	4.42	1.94	3.59	3.66	3.74	3.81	6.7	6.78	6.86	6.93
L160×100×	10	13	22.8	52.4	25.3	19.9	2.85	5.14	2.19	3.84	3.91	3.98	4.05	7.55	7.63	7.7	7.78
	12		23.6	53.2	30.1	23.6	2.82	5.11	2.18	3.87	3.94	4.01	4.09	7.6	7.67	7.75	7.82
	14		24.3	54	34.7	27.2	2.8	5.08	2.16	3.91	3.98	4.05	4.12	7.64	7.71	7.79	7.86
	16		25.1	54.8	39.3	30.8	2.77	5.05	2.15	3.94	4.02	4.09	4.16	7.68	7.75	7.83	7.9
L180×110×	10	14	24.4	58.9	28.4	22.3	3.13	8.56	5.78	2.42	4.16	4.23	4.3	4.36	8.49	8.72	8.71
	12		25.2	59.8	33.7	26.5	3.1	8.6	5.75	2.4	4.19	4.33	4.33	4.4	8.53	8.76	8.75
	14		25.9	60.6	39	30.6	3.08	8.64	5.72	2.39	4.23	4.26	4.37	4.44	8.57	8.63	8.79
	16		26.7	61.4	44.1	34.6	3.05	8.68	5.81	2.37	4.26	4.3	4.4	4.47	8.61	8.68	8.84
L200×125×	12	14	28.3	65.4	37.9	29.8	3.57	6.44	2.75	4.75	4.82	4.88	4.95	9.39	9.47	9.54	9.62
	14		29.1	66.2	43.9	34.4	3.54	6.41	2.73	4.78	4.85	4.92	4.99	9.43	9.51	9.58	9.66
	16		29.9	67.8	49.7	39	3.52	6.38	2.71	4.81	4.88	4.95	5.02	9.47	9.55	9.62	9.7
	18		30.6	67	55.5	43.6	3.49	6.35	2.7	4.85	4.92	4.99	5.06	9.51	9.59	9.66	9.74

注：一个角钢的惯性矩 $I_x=Ai_x^2$，$I_y=Ai_y^2$；一个角钢的截面模量 $W_{xmax}=I_x/Z_x$，$W_{xmin}=I_x/(b-Z_x)$；$W_{ymax}=I_yZ_y$，$W_{xmin}=I_y(b-Z_y)$。

举报电话：（010）88254396；（010）88258888
传　　真：（010）88254397
E-mail：　dbqq@phei.com.cn
通信地址：北京市海淀区万寿路 173 信箱
　　　　　电子工业出版社总编办公室
邮　　编：100036